北京市自然科学基金青年项目
——“北京市古建筑木材雷击起火机理及防护技术研究(编号 8164072)”资助
北京市自然科学基金面上项目
——“北京市古建筑屋顶琉璃构件雷击破坏机理研究(编号 8192052)”资助

古建筑雷击破坏机理及防护技术

李京校　主编

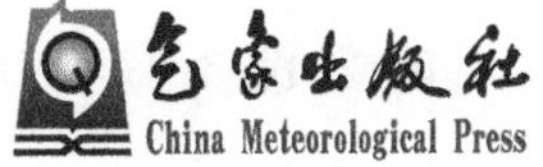

内容简介

本书依据相关课题研究成果，统计了古建筑雷电灾害特征，明晰了古建筑雷击火灾机理和古建筑琉璃瓦件雷击破坏机理，给出了古建筑雷电防护技术，介绍了相关防雷设计案例。本书立足于工程实用性，同时兼顾一定的理论深度，体现内容的完整性和知识覆盖面，系统讨论古建筑雷灾特征、破坏机理和防护技术。

本书共分为6章，内容包括雷电危害与古建筑防雷、古建筑雷电灾害统计分析、古建筑雷击火灾机理分析、古建筑琉璃瓦件雷击破坏机理、古建筑雷电防护技术、古建筑智能升降隐藏式防雷设计案例等。本书可以为从事古建筑防雷设计施工、防雷监管、防雷科学与技术研究的相关人员使用，也可以作为高等院校防雷或文物建筑相关专业学生的选修教材和教学参考书。

图书在版编目（CIP）数据

古建筑雷击破坏机理及防护技术 / 李京校主编. -- 北京 : 气象出版社, 2023.6
ISBN 978-7-5029-8014-6

Ⅰ. ①古… Ⅱ. ①李… Ⅲ. ①古建筑—防雷 Ⅳ. ①TU895

中国国家版本馆CIP数据核字(2023)第148925号

古建筑雷击破坏机理及防护技术
GUJIANZHU LEIJI POHUAI JILI JI FANGHU JISHU

出版发行： 气象出版社
地　　址： 北京市海淀区中关村南大街46号　**邮政编码：** 100081
电　　话： 010-68407112(总编室)　010-68408042(发行部)
网　　址： http://www.qxcbs.com　**E-mail：** qxcbs@cma.gov.cn
责任编辑： 王　迪　**终　　审：** 张　斌
责任校对： 张硕杰　**责任技编：** 赵相宁
封面设计： 艺点设计
印　　刷： 北京中石油彩色印刷有限责任公司
开　　本： 787 mm×1092 mm　1/16　**印　　张：** 11.75
字　　数： 313千字　**彩　　插：** 2
版　　次： 2023年6月第1版　**印　　次：** 2023年6月第1次印刷
定　　价： 80.00元

编委会

前　言

雷电是发生于大气中的一种瞬时大电流、高电压、强电磁辐射的长距离放电现象，雷电灾害泛指因雷击或雷电电磁脉冲入侵造成人员伤亡或财物受损、部分或全部功能丧失，酿成不良社会和经济后果的事件。根据卫星统计闪电频次，全球平均每秒有 40～50 次闪电发生，全年共发生闪电次数为 10.4 亿次，全球每年因雷击造成的人员伤亡超过 1 万人，所导致的火灾、爆炸等灾害时有发生。相比于现代建筑，古建筑的防雷保护更加迫在眉睫。雷击除直接击毁古建筑物构件外，还因为我国传统古建筑物大多为木结构，雷击将直接导致古建筑物起火，这将使古建筑大面积遭受损毁、造成难以挽回的损失。南朝梁萧子显写成的《南齐书》记载："雷震会稽山阴恒山保林寺，刹上四破，电火烧塔下佛面，而窗户不弄也"。南宋初庄绰在《鸡肋篇》中云"余守南雄州绍兴，丙辰（公元 1136 年）八月二十四视事，是日大雷破树者数处，而福慧寺普贤像亦裂，所乘狮子凡金所饰与佛面皆销释，而其余采色如故。与沈所书盖相符也！"

古建筑一般是指古人遗留下来的具有较长历史年代的宫殿、亭台、楼阁、庙宇、古塔、牌坊、古桥等建（构）筑物。我国古建筑是一个包含政治、宗教、艺术、文化、技术的大系统工艺，对世界建筑遗产有独特的贡献，其和欧洲建筑、伊斯兰建筑并称世界三大建筑体系。我国的古建筑非常多，截至 2019 年 10 月第八批全国重点文物保护单位核定公布后，全国重点文物总数为 5058 处，其中古建筑为 2160 处，接近总数的一半。此外，一些列入古墓葬、古遗址等重点文物，不少也与古建筑有关，如明十三陵、清东陵和清西陵等。古建筑是我国几千年来文化艺术的结晶，是悠久历史灿烂文化的记载者和见证者，大多数具有重要的政治、历史及文化艺术价值，是国家重要的人文旅游资源和珍贵文化遗产，具有不可复原性。保护这些古建筑，加强古建筑的安全性，对延续中国的古文明具有重要的指导意义。文物承载灿烂文明，传承历史文化，维系民族精神，是老祖宗留给我们的宝贵遗产，是加强社会主义精神文明建设的深厚滋养。

党的十八大以来，习近平总书记多次强调，要加强文物保护利用和文化遗产保护传承。保护文物功在当代、利在千秋。2015 年 1 月国家发布的《留住历史根脉，传承中华文明——习近平总书记关心历史文物保护工作纪实》反映了国家对古建筑保护的重视。2020 年 4 月 23 日习近平总书记在陕西考察时强调"要加大文物保护力度，弘扬中华优秀传统文化、革命文化、社会主义先进文化"。2022 年 7 月 16 日出版的《求是》杂志发表习近平总书记的重要文章提出"我们要积极推进文物保护利用和文化遗产保护传承，挖掘文物和文化遗产的多重价值，传播更多承载中华文化、中国精神和价值符号的文化产品"。目前正在推进的北京中轴线申遗工作以及出台的《北京中轴线保护管理规划（2022—2035 年）》也重点突出对古建筑的保护。在古建筑的安全保护中，防止自然灾害尤其是雷电的破坏是古建筑防护的重要任务之一。古建筑属于文化的重要组成部分，做好古建筑防雷也是保护文化、传承文化的重要任务之一。防止雷电灾害事故发生最重要的方法是安装防雷装置并定期进行检测维护，发现问题及时整改，确保防雷装置的可靠性、有效性。为此，作者愿将本人在古建筑雷电灾害防护方面参与的多年科研与工作成果总结出来以飨读者，为古建筑保护尽绵薄之力。

本书作者2007年开始雷电防护技术学习，特别有幸自2012年开始对故宫博物院等古建筑开展雷电防护技术研究，在北京市避雷装置安全检测中心、原北京市气象灾害防御中心工作期间，先后多次到古建筑场所实地调研查看，开展古建筑防雷检测、竣工验收，以及古建筑雷电灾害现场调查鉴定、风险评估等工作，根据积累的材料开展了古建筑防雷课题研究、标准编写等工作，作者整理了相关研究成果，编写了本书。

全书共分为6章，第1章介绍了雷电及其危害，分别综述了古建筑雷电灾害和防雷技术，总结了古建筑构件的雷击破坏特征和机理研究进展，包括古建筑雷击起火灾害成因、方式和影响因素等研究现状，归纳了古建筑雷电防护技术研究进展，给出了古建筑防雷新技术方法和装置以及防雷标准，提出了古建筑防雷有待深入研究的主要方向。第2章介绍了古建筑雷电灾害，分析古建筑雷灾特征和易遭雷击原因、雷击破坏方式，重点分析了故宫博物院和长城两个重点古建筑场所的雷击事故特征，包括故宫博物院自1420年以后雷击事故特征分析和故宫博物院某一次具体雷击个例进行分析。第3章介绍了古建筑雷击火灾机理分析，首先进行古建筑直击雷火灾成因总体分析，然后利用试验方法研究古建筑木材雷击损坏机理，分析雷击古建筑木材破坏或起火的具体特征和原因。最后分具体情况，利用数值模拟分析方法从古建筑防雷引下线温升、古建筑金属环雷电感应电压和感应电流等角度分析木材雷击起火可能情形或机制。第4章进行了古建筑琉璃瓦雷击分析，对于古建筑遭雷击破坏频次最高的部件琉璃瓦件进行分析，主要通过雷击琉璃瓦件试验方法或数值模拟分析方法，开展研究包括古建筑琉璃瓦件雷击致损观测分析、琉璃瓦件雷击致损电热耦合效应仿真、屋顶琉璃瓦模拟雷击破坏宏观特性分析、古建筑琉璃瓦件雷击损伤微观特征分析，便于对古建筑雷击破坏机理进行全面认识。第5章给出了古建筑防雷技术，针对古建筑防护设计与评估、防护特殊需求进行研究分析，构建防雷保护范围三维立体平台给出古建筑防雷设计与评估方法，分析古建筑坡形屋面雷击截收面积的精细化计算方法，研究古建筑防跨步电压和接触电压方法，给出古建筑防雷一般性建议等，最后对于开放段长城的防直击雷方法给予重点分析。第6章利用具体文物古建案例介绍了智能升降隐藏式防雷系统。本书附录A给出了统计的全国古建筑雷击灾害记录，附录B—D文物建筑防护技术标准(包括防雷装置检测标准)供读者参考。

本书在编写过程中得到了中国气象局政策法规司、北京市气象局、北京市文物局等单位的大力支持，特别是北京交通大学电气工程学院张小青教授、南京信息工程大学大气物理学院王振会教授等认真审阅全书，提出了许多宝贵意见和建议，在此一并致谢。同时，感谢北京市自然科学基金青年项目“北京市古建筑雷击起火机理及防护技术研究”(8164072)以及面上项目“北京市古建筑屋顶琉璃构件雷击破坏机理研究”(8192052)的支持，感谢在古建筑防雷研究过程中宋平健、李银生、白丽娟、张克贵、张华明、侯兆年、王玉伟等相关专家的大力支持，感谢北京万云安德防雷工程有限公司、北京雷布斯雷电科学研究院有限公司等单位技术支持。

由于作者水平有限，本书难免存在不足，恳请广大读者提出宝贵意见和建议。

作者

2023年1月30日

目　　录

前言
第 1 章　雷电危害与古建筑防雷 …… 1
1.1　雷电危害 …… 1
1.2　古建筑雷电灾害 …… 6
1.3　古建筑防雷技术研究 …… 10

第 2 章　古建筑雷电灾害统计分析 …… 14
2.1　全国古建筑雷灾特征和雷击原因分析 …… 14
2.2　故宫博物院雷电灾害及雷电活动特征分析 …… 16
2.3　故宫博物院“6・23”雷击事件分析 …… 22
2.4　长城雷击事故 …… 30
2.5　本章小结 …… 32

第 3 章　古建筑雷击火灾机理分析 …… 34
3.1　古建筑直击雷火灾成因分析 …… 34
3.2　古建筑木材雷击损坏实验研究 …… 40
3.3　古建筑防雷引下线温度模拟分析 …… 47
3.4　古建筑金属环路雷电感应电压和电流分析 …… 53
3.5　本章小结 …… 60

第 4 章　古建筑琉璃瓦件雷击破坏机理分析 …… 62
4.1　古建筑琉璃瓦模拟雷击致损过程闪络观测及损伤原因 …… 62
4.2　古建筑琉璃瓦件雷击致损电热耦合效应仿真 …… 71
4.3　古建筑屋顶琉璃瓦件模拟雷击破坏试验(10/350 μs 波) …… 81
4.4　古建筑琉璃瓦件雷击微观损伤特征分析 …… 88
4.5　本章小结 …… 97

第 5 章　古建筑雷电防护技术 …… 100
5.1　古建筑防雷设计与评估 …… 100
5.2　古建筑雷击截收面积计算 …… 107
5.3　古建筑防跨步电压和接触电压 …… 110
5.4　古建筑防雷建议对策 …… 112
5.5　开放段长城敌台接闪器的设置 …… 115

5.6 本章小结 …… 120
第 6 章 古建筑智能升降隐藏式防雷设计案例 …… 122
6.1 项目概况 …… 122
6.2 凉亭的传统防雷装置 …… 122
6.3 祠堂的升降隐藏式防雷装置设计 …… 125

参考文献 …… 130
附录 A 全国古建筑和故宫博物院雷灾统计 …… 137
附录 B 文物建筑雷电防护技术规范 …… 147
附录 C 文物建筑雷电防护技术规范 开放段长城 …… 160
附录 D 文物建筑雷电防护装置检测规范 …… 166

第1章　雷电危害与古建筑防雷

1.1　雷电危害

雷电是发生于大气中的一种瞬时大电流、高电压、强电磁辐射的长距离放电现象。当带不同电荷的积雨云互相接近到一定程度，或带电积雨云与大地凸出物接近到一定程度时，发生强烈的放电，发出耀眼的闪光，由于放电时温度高达 2×10^4℃，空气受热急剧膨胀，发出爆炸般的轰鸣声，此即闪电和雷鸣。雷电放电电流可达数十千安培，甚至数百千安培。放电瞬间，雷电流产生巨大的破坏力和很强的电磁干扰，容易造成严重的破坏。

闪电包括云闪和地闪，其中云闪一般对空中飞行器造成一定危害，地闪对地面上的人员、建筑物和设备构成较严重危害，其危害方式主要分为直接雷击、雷电感应、电磁脉冲辐射、雷电涌侵入、雷电反击等，雷电引起的效应包括热效应、机械效应和电动力效应等。

1.1.1　雷电危害方式

(1)直接雷击

在雷暴活动区域内，雷云直接通过人体、建筑物或设备等对地放电所产生的电击现象，称之为直接雷击。带电积云接近地面时，在地面凸出物顶部感应出异性电荷，当积云与地面凸出物之间的电场强度达到 25～30 $kV\cdot m^{-1}$ 时，即发生由带电积云向大地发展的跳跃式先导放电发生闪电。

直接雷击的主要破坏作用在于电流特性，雷电击中人体、设备或建筑物时，强大的雷电流转变为热能。雷击放电的电量大约为 25～100 C，雷击点发热量大约 500～2000 J，该能量可以熔化 50～200 mm^3 的钢材。雷电流的高温热效应将灼伤人体，引起建筑物燃烧，造成设备部件破坏。在雷电流经过的通道上，物体水分受热汽化而剧烈膨胀，产生强大的冲击性机械力。该机械力可以达到 5000～6000 N(苏邦礼 等，1996)，可使人体组织、建筑物结构、设备部件等断裂破碎，从而导致人员伤亡、建筑物破坏，以及设备毁坏等。

(2)雷电感应

1)静电感应

当空间有带电的雷云出现时，雷云下的地面及建筑物等，由于静电感应的作用均带上相反的电荷。由于从雷云的出现到发生雷击(主放电)所需要的时间相对于主放电过程的时间要长得多，因此大地可以有充分的时间积累大量电荷，然而当雷击发生后，雷云上所带的电荷，通过闪击与地面的异种电荷迅速中和。雷电的静电感应分为在地面物体金属构件(壳体，如金属屋面)上的感应和在线路(特别是架空线路导体)上的感应两种情况。用电容表示的一般是第一种情况下的感应高电压，如式(1.1)，而线路感应高电压一般不使用电容表示，而是另有公式(肖稳安 等，2006)。对于金属屋面，由于与大地间的电阻比较大，而不能在同样短的时间内相应消失，这样就会形成局部地区感应高电压，此电压从雷击开始随时间的推移下降，符合 RC 电路放电的规律(潘忠林，2012)，即：

$$U=\frac{q}{C}e^{\frac{T}{RC}} \tag{1.1}$$

式中：U 为雷击发生后，局部高电压地区与大地之间的瞬间电压，单位：V；R 为局部高电压地区对大地的散流电阻，单位：Ω；C 为局部高电压地区与雷云之间的电容，单位：F；q 为局部高电压地区积累的电荷量单位：C；T 为以发生闪击瞬间为零，雷击发生后延续的时间，单位：s。

如果建筑物金属屋顶或顶部金属对地绝缘，则在静电感应所引起的高电压作用下，金属体对其下方的某些接地物体将会造成火花放电。这种放电电流也是一个很大的脉冲电流，其电击效果虽然比直击雷小一些，但是也会导致设备和人员的损坏和伤亡，还可能引起火灾。如果顶部金属体的接地引下线在某个部位断开或电阻过大，则在这些部位也将出现高电压，造成局部火花放电，危及建筑物内设备与人员的安全，特别是电气设备安全。如果是存放易燃物品的建筑物，如汽油、瓦斯、火药库以及有大量可燃性微粒飞扬的场所，如面粉厂、亚麻厂等有引起爆炸的危险。

2)电磁感应

雷电流具有很高的峰值和波头上升陡度，能在所流过的路径周围产生很强的暂态脉冲电磁场，这种磁场将随着时间的变化而变化，并在附近的各类金属导体上激发出感应电动势或感生电流。在闪电电流入地过程中，变化的磁场在附近的金属导体上产生感应电动势或感生电流，也会造成电气设备的损毁。这种迅速变化的磁场能在邻近的导体上感应出很高的电动势，即法拉第电磁感应定律，如果是导体回路，闭合的形成短路过电流，是高温热源，引发火灾；开口的则会产生火花放电，直接引燃周围物体。

建筑物内通常敷设各种电源线、信号线和金属管道(如供水管、供热管和供气管等)，这些线路和管道常常会在建筑物内的不同空间构成环路。当建筑物遭受雷击时，雷电流沿建筑物防雷装置中各分支导体入地，流过分支导体的雷电流会在建筑物内部空间产生暂态脉冲电磁场，脉冲电磁场交链不同空间的导体回路，会在这些回路中感应出过电压和过电流，导致设备接口损坏。

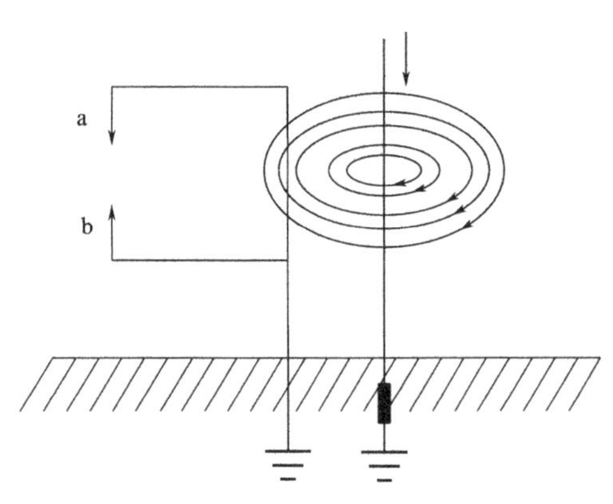

图 1.1　电磁感应的原理图

由于雷电流有极大峰值和陡度，在它周围的空间有强大的变化电磁场，处在变化的电磁场中的导体会感应出较大的电动势。在雷电流引下线附近放置一个开口的金属环，如图 1.1 所示，环上的感应电动势足以使开口间隙 a、b 间放电，放电时 a、b 间即产生火花，这些火花可以引起易燃物品着火和易燃气体爆炸。如果回路中有导体接触不良，也会使回路过热，引起易燃物品燃烧，引起火灾。防止的办法是把互相靠近的金属物品用导电体很好地连接起来。雷电的电磁感应引起火灾的例子也不少。

一般来说，感应过电压没有直击雷那么猛烈，但它发生的概率比直击雷高得多，因为直击雷只发生在雷云对地闪击时才会对地面造成灾害，而感应过电压则不论雷云对地闪击，或者雷云对雷云之间闪击(据观测资料介绍，雷云对雷云闪击比雷云对地闪击概率高得多)，都可能发生并造成灾害。此外，直击雷一次只能袭击一两个小范围的目标，而一次雷闪击可以在比较大范围内造成多个小局部同时发生感应雷电过电压现象，且这种感应高电压可以通过电力线、通信线路、电话线等金属导线传输得很远，致使雷害范围扩大。为了防止感应过电压发生，通常将建筑物的金属屋顶、建筑物内的大型金属物品等进行良好的接地处理，以便感应电荷能迅速地流向大地。对较大的缺口金属环，应用金属将缺口处连成闭合环，防止在缺口处形成高电压和放

电火花。

(3)电磁脉冲辐射

闪电放电时，其电流是随时间非均匀变化的。一次闪电往往由几个短脉冲放电组成。一个中等的雷电放电，其第一个脉冲电流幅值大约 40 kA，其最大电流陡度约为 15 kA·μs^{-1}。后续的脉冲电流幅值大约只有 18 kA，其最大电流陡度约为 50 kA·μs^{-1}，因此脉冲电流就向外辐射电磁波，这种电磁脉冲辐射虽然也随着距离增大而减小，却比较缓慢(与距离的一次方成反比)。在雷电的放电过程中，先导放电阶段会出现高频和甚高频等电磁辐射，而在回击阶段又会出现极大增强的甚低频电磁辐射。这些电磁辐射通过空间以电磁波的形式耦合到各类具有大量电子元器件的电气和电子设备，以及设备用的长电缆上，而长电缆由于距离长又造成与其他回路系统的耦合。当这些对瞬态电磁脉冲非常敏感的现代电子设备，如计算机、雷达等吸收了这些辐射的电磁脉冲后，会造成设备故障或损坏设备。

(4)雷电涌侵入

雷电涌侵入是在架空电力和通信线路、无线电天线或空中金属管道上产生雷电侵入波，沿线路或金属管道(如暖气管道、自来水管道)的两个方向迅速传播进入建筑物内，引起雷电过电压。当建筑物或设备并不处于雷暴活动区域内，或者虽然在雷暴活动区域内，建筑物或设备已受到防直击雷的防雷装置的保护与屏障，有时仍会遭到雷害，其原因可能就是在进线、出线或有关的金属管道上未采用防止雷电涌侵入措施。直击雷或感应雷都可能使导线或金属管道产生雷电过电压。

随着城市现代化的不断发展，科学技术的不断进步，智能建筑迅猛发展，各类信息系统得到广泛应用，特别是超大规模集成电路的应用，极大地提高了工作效率。但是，这些电子设备普遍存在着绝缘强度低、过电压和过电流耐受能力差、对电磁干扰敏感等弱点，一旦建筑物受到直接雷击或其附近区域发生雷击，雷电感应过电压、过电流会通过电源线路、通信线路、接收天线、金属管道和空间辐射等途径侵入建筑物内，威胁室内电子设备的正常工作和安全运行。如防护措施不当，这些雷害轻则使电子设备误动作，重则造成电子设备永久性损坏，严重时还可能造成人员伤亡。

这种事故的发生率很高，且往往事故又严重。直击雷电压低则几百万伏特，高则几千万伏特，甚至更高，即使感应雷电压往往也有几万伏特乃至几十万伏特，雷击电流往往是几十千安培，甚至几百千安培，会产生很大的破坏力。然而雷电流的波头时间一般只有几微秒，波尾也只有几十微秒。由此可知，它只是一个短暂的随机波。雷电流随时间以近似指数函数规律上升至峰值，由傅里叶变换可知，它包含丰富的高次谐波。高电位沿导线输入是用电设备被雷击的原因，高电位输入造成的雷击事故，占雷击事故的大多数，所以凡是有用电装置的地方，都必须对高电位输入加以防备。

(5)雷电反击

雷电反击通常是指接受直击雷的金属体(包括接闪器、接地引线和接地体)，在接闪瞬间与大地间存在很高的电压 U，此电压对与大地连接的其他金属物品发生闪击(又叫闪络)的现象称为反击。此外，当雷击到树上时，树木上高电压与它附近的房屋、金属物品之间也会发生反击。对于一般只有几十米的单根接闪器的引下线上电压(U)可按下式计算：

$$U = IR_I + L_0 l \frac{\mathrm{d}I}{\mathrm{d}t} \tag{1.2}$$

式中：I 为雷电流，单位：kA；R_I 为接地装置冲击电阻，单位：Ω；L_0 为单位长度电感，约 1.55 μH·m^{-1}；

l 为引下线的长度,单位:m;$\frac{\mathrm{d}I}{\mathrm{d}t}$ 为雷电流陡度,单位:kA·μs^{-1}。

由式(1.2)可知,全部电压由两部分组成,一部分是雷电流瞬时值的电阻压降,另一部分是雷电流在电感上的压降,它与雷电流的陡度有关。雷电流和雷电流波形的陡度是不同的,它们作用于空气间隙的击穿强度也不同。对于电阻压降,空气击穿强度约为 500~600 kV·m^{-1},而对电感压降则为前者的两倍,约 1000~1200 kV·m^{-1}。沿木材、砖石等非金属材料的沿面闪络强度为上述两种强度的1/2,即分别为 250 kV·m^{-1} 和 500 kV·m^{-1}。为了防止反击的发生,一般应使防雷装置与建筑物金属体间隔一定距离,使它们之间间隙的闪络电压大于反击电压。即:

$$E \times S \geqslant U_{\text{反击}} \tag{1.3}$$

式中:E 为介质闪络强度,单位:kV·m^{-1};S 为绝缘间隙距离,单位:m。

由于雷电电压的大小是在很大范围变化的,为了使各种建筑物能有效防止雷电反击,在具体做法上各国都有不同的要求。西方有些国家对防雷装置与建筑物金属体间规定要保留一定间隙,而我国在规范中对不同种类建筑物的间隙距离分别作了明确规定。在因为条件限制而无法达到所规定的间隔尺寸时,应把防雷引下线与金属体用金属导线连接起来,使它们成为等电位体而避免发生闪击。对房屋周围的高大树木都应留有足够距离,以免树木与房屋间发生雷电反击。

1.1.2 雷电流的破坏效应

雷电流也是电流,它具有电流的一切效应,不同的是它在很短的时间内以脉冲的形式通过强大的电流;尤其是直击雷,它的峰值有几十千安培,乃至几百千安培。持续时间只有几微秒到几十微秒,使雷电流具有特殊的破坏作用。

(1)雷电流热效应

强大的雷电流通过被击穿的物体时会产生大量的热量。根据焦耳定律,一次闪击的雷电流产生的热量(W):

$$W = R\int_0^t I^2 \mathrm{d}t \tag{1.4}$$

式中:W 为发热量,单位:J;I 为电流,单位:A;R 为雷电流通道的电阻,单位:Ω;t 为雷电流持续时间,单位:s。

实际上,雷电流作用的时间很短,散热影响可以忽略,在雷电流通路上由雷电流引起的温升(ΔT)为:

$$\Delta T = W/mC \tag{1.5}$$

式中:ΔT 为温升,单位:K;m 为通过雷电流的物体质量,单位:kg;C 为通过雷电流的物体的比热容,单位:J·$(\mathrm{kg}\cdot\mathrm{K})^{-1}$。

当雷电流通过金属体时,根据式(1.4)和式(1.5)可以计算出其温度,如果金属体的截面积不足够大时,可使其熔化。与雷电通道直接接触的金属因高温而熔化的可能性很大,因为通道的温度可达 6000~10000 ℃,甚至更高,因此在雷电流通道上遇到易燃物质,可能引起火灾。图 1.2 为 2004 年 5 月 11 日山西运城稷山县大佛寺遭雷击发生火灾,经消防人员奋

图 1.2 山西运城稷山县大佛寺遭雷击发生火灾(张华明 等,2013)

力扑救，大殿才免遭劫难，但仍有部分建筑被毁坏。

(2)雷电流机械效应

雷电流通道的温度高达几千摄氏度到几万摄氏度，空气受热急剧膨胀，并以超声速度向四周扩散，其外围附近的冷空气被强烈压缩，形成“激波”。被压缩空气层的外界称为“激波波前”。“激波波前”到达的地方，空气的密度、压力和温度都会突然增加。“激波波前”过去后，该区压力下降，直到低于大气压力。这种“激波”在空气中传播，会使其附近的建筑物、人、畜受到破坏和伤亡。这种冲击波的破坏作用就和炸弹爆炸时附近的物体和人、畜被损害一样。

与上面讲的冲击波相似的另一种冲击形式是次声波。体积庞大的雷雨云因迅速放电而突然收缩，当应电力(典型值为 100 $V \cdot cm^{-1}$)突然解除时，在一部分带电雷雨云中的流体压力将减小到 0.3 mm 汞柱的程度，这样形成稀疏区和压缩区，它们以零点几赫兹到几赫兹的频率向外传播。这就形成次声波，次声波对人、畜有伤害作用。

在被击物体内部产生内压力是雷电流机械效应破坏作用的另一种表现形式。由于雷电流幅值很高，且作用时间很短，当雷击于树木或建筑构件时，在它们的内部将瞬时产生大量热量。在短时间内热量来不及散发出去，致使这些内部的水分被大量蒸发成水蒸气，并迅速膨胀，产生巨大的内压力。这种内压力是一种爆炸力，能够使被击树木劈裂和使建筑构件崩塌。有关这类现象，国内外时有报道，图 1.3a 为 2020 年 9 月 7 日福建省泉州晋江市一旅游景点紫帽山上凌霄塔被雷击导致顶部受损严重，石块崩塌散落一地，图 1.3b 为 2012 年 6 月 23 日北京故宫内一棵古树遭雷击树皮被剥落的照片。

图 1.3　雷击古塔(a)和古树(b)

(3)雷电流电动力效应

由物理学可知，在载流导体周围空间存在磁场，在磁场里的载流导体受到电磁力的作用。如图 1.4a(肖稳安 等，2006)，如果导线 A、B 都有电流，那么导线 A 的电流会在它的周围空间产生磁场，而导线 B 在导线 A 所产生的磁场里将受到电磁力的作用。同理，导线 B 上的电流也会在它的周围空间形成磁场，导线 A 在该磁场里，也会受到电磁力的作用。这样两根载流导体相互间有作用力存在，一般把这种作用力叫做电动力。

根据安培定律的推导，如图 1.4a 的每根平行导体，当 A、B 上分别通过电流 I_1 和 I_2(单位：kA)，AB 的距离为 d(单位：m)时，每米导线所受的作用力按下式(式中 l_0 为 1 m)计算：

$$F = 1.02 \frac{2l_0}{d} I_1 \times I_2 \times 10^{-8} \tag{1.6}$$

假定雷击的瞬间两根导线的电流 I_1 和 I_2 都等于 100 kA，两导线的距离为 50 cm，计算结果

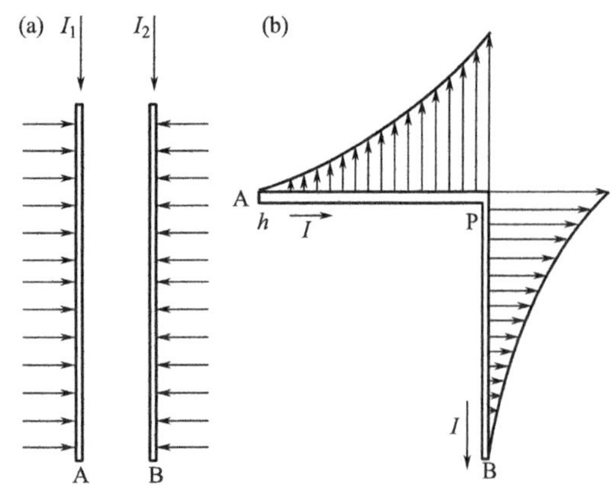

图 1.4　雷电流通过导线时的电动力
(a)两根平行导线间的电动力
(b)弯曲导线的电动力

表明,这两根导线每米都受到 408 kg 的力。由电工学可知,这两根导线受到的力有迫使它们靠拢的趋势。因此,雷击的时候,由于电动力的作用,也有可能使导线折断。同样,在同一根导线或金属构件的弯曲部分有雷电流通过的时候,如图 1.4b 所示(肖稳安 等,2006),其中流过 AP 段的电流产生的磁场可使 BP 段金属构件受到电动力;流过 BP 段的电流产生的磁场,可使 AP 段构件受到电动力,当电动力足够大的时候也会使构件受到破坏。

由安培定律推导可知,凡弯曲的导体或金属构件,在拐弯部分将受到电动力作用,它们之间的夹角越小,受到的电动力越大。当弯曲的夹角为锐角时受到作用力最大,钝角较小。故接闪器及其引下线不应出现锐角的弯曲,尽可能采用钝角拐角,在不得已采用直角拐角时应加强构件强度,尤其是引下线一般应尽可能采用弧形拐弯,俗称“软连接”;这样可使构件受到的应力较小,而且不集中在一点,雷击造成的损坏就相对小一些。

1.2　古建筑雷电灾害

1.2.1　古建筑雷电灾害总体研究

高大恢弘的建筑,飞檐翘角的林立,以及多处在空旷孤立地带或土壤电阻率突变的地方,另有部分古建筑顶部还有金属构件,这些因素导致了多数古建筑非常容易遭受雷击(王时煦,1994;王时煦 等,2000)。自古至今,古建筑遭受雷击破坏或起火的事故非常多(张华明 等,2013),甚至一起事故中多个宫殿遭雷击破坏(李京校 等,2014)。北京故宫自 1420 年建成后至 2018 年有记录的雷击事故共 51 起,建成后第二年即遭雷击起火,三大殿完全被烧毁;天坛在明朝至少遭受 9 次雷击,其后在 1889 年祈年殿因雷击引起大火完全焚毁;2008 年 5—8 月全国重点文物保护单位北京云居寺多次遭雷击,寺院内古建筑及设备遭到损坏,部分线缆被烧毁。古建筑中的塔,一般是该区域最高的建筑,也是雷电经常“光顾”的对象,有不少毁于雷击,如海南文昌文笔塔这座百年古塔 1993 年遭雷击,2001 年再遭两次雷击,原本七层的古塔被破坏得仅存底层。2005 年 7 月,四川广元苍溪县一明代古塔遭雷击后通体裂缝,塔顶刹座被击落,部分檐部垮塌,毁坏严重。

一些学者分析了古建筑某一次雷击灾害事故,姜启成等(2010)、杨仲江等(2009)、李京校等(2016a)分别分析了苏州紫金庵、扬州重宁寺、故宫博物院等重要古建筑发生的某次雷灾事故,研究了古建筑雷击原因和雷击方式,并提出了相应防护技术。也有学者通过分析古建筑场所多次雷击事故,研究了古建筑易遭雷击的原因和规律。王时煦等(2000)通过分析故宫博物院 41 起雷灾事故认为,雷电落在何处主要取决于内因(地质、地势及环境条件)和外因(雷云的活动情况),故宫博物院容易落雷主要原因是该区域土壤电阻率低且位于北京市主要雷暴路径上;张华明等(2013)通过全国 80 起古建筑雷击事故分析了古建筑遭受雷击部位的分布规律和易受雷击的原因;李京校等(2016a)分析了故宫博物院自 1420 年建成后有记录的 51 起雷击事故时间、空间、雷

击部位和类型等特征(雷击部位规律见图 1.5);边旦洛布等(2018)通过分析西藏地区 21 起藏式古建筑雷灾事故,分析总结藏式古建筑雷灾特征。白丽娟(2005)对于故宫博物院雷电灾害事故进行了系统研究分析,认为应从古建筑的重要性和雷击事故的严重性来考虑古建筑防雷规划。这些研究给出了古建筑不同部位遭受雷击的概率,分析了古建筑雷击灾害规律,对于古建筑雷电防护具有较重要的指导意义。

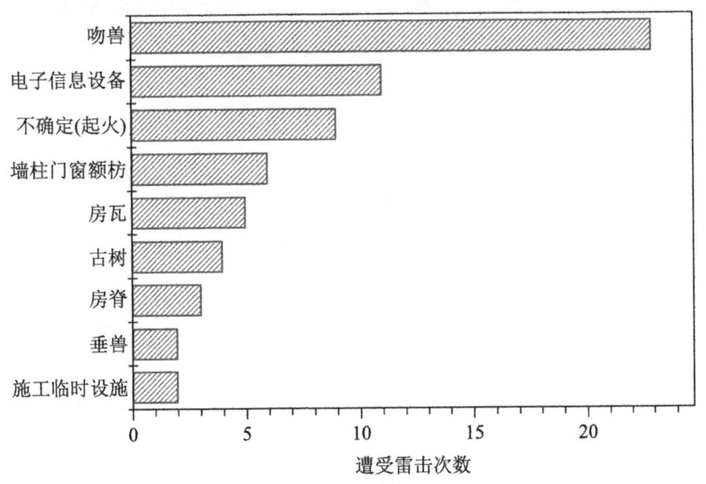

图 1.5　1420—2014 年故宫博物院有记载的雷灾事故雷击部位规律分布

此外,张华明等(2015)利用层次分析法(AHP)结合古建筑雷灾规律等因素对古建筑进行了防雷分类,陶彪等(2009)、李鹏(2017)研究了古建筑雷电灾害风险评估方法。丁士章等(1990)、吴寿锽等(1993)利用冲击电压发生器对古建筑木塔和金属塔的缩小模型在实验室中进行了雷击次数模拟实验研究,发现木塔的引雷半径较小,带金属体的木塔引雷概率大于纯木塔,这些研究加深了对古建筑雷电灾害的认识。

1.2.2　古建筑屋顶构件雷击研究

我国古建筑屋顶材料不同于西方的古建筑,西方古建筑以石质材料为主,屋顶多采用石质构件,与我国古建筑琉璃瓦、青瓦的屋顶有较大区别。古建筑屋顶的琉璃构件在我国古建筑中扮演着非常重要的角色,特别是明、清时期宫廷或寺庙等级较高的古建筑最多。关于琉璃构件的自身病害机理或防护技术目前已有研究(Zhao et al.,2010;Dilireba et al.,2020),而针对琉璃构件的雷击破坏的研究目前非常少(张华明 等,2015)。琉璃构件是每个历史时期的产物,是反映当时历史与文化的实物载体,是不可再生的露天文物,无论从实用功能还是文化艺术功能,琉璃构件都具有非常重要的作用(吴燕春 等,2017)。作为人类的文化艺术瑰宝,古建筑琉璃构件的任何损坏和破坏都难以弥补,而雷击是琉璃构件破坏的主要自然灾害之一(An et al.,2013),如雷击古建筑琉璃吻兽、房脊、房瓦等,引起脱落、断裂、破碎甚至导致古建筑起火焚烧(图 1.6、图 1.7)。

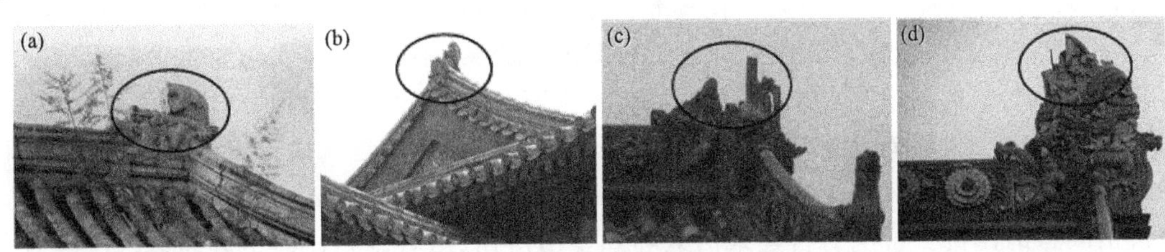

图 1.6　古建筑琉璃兽件雷击破坏

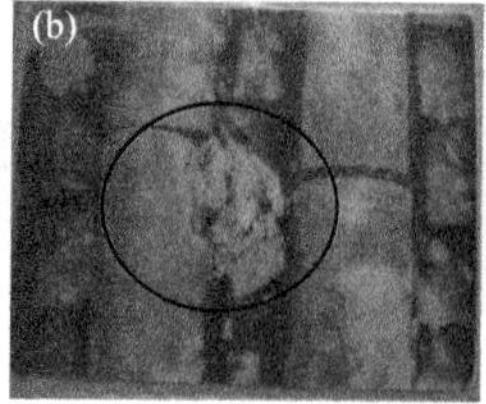

图 1.7 古建筑琉璃瓦件雷击破坏

古建筑高耸挺拔的屋脊及突出的吻兽、走兽这些琉璃构件均为屋顶的尖端部分，这些部位大气电场畸变最明显(郭秀峰 等，2013)，特别是屋脊两端的吻兽，作为整个古建筑的最高点，雷电发生时最容易接闪造成破坏。张华明等(2013)统计全国 80 起古建筑雷击事故中的雷击部位规律，得到雷击吻兽为 24 次(占比为 30%)，所占比例最高；李京校等(2016a)统计故宫博物院有记载的 51 起雷击事故资料，得到雷击琉璃兽件(吻兽和垂兽)为 25 次(占比 49.02%)，雷击琉璃瓦件(屋脊和房瓦)为 8 次(占比 15.69%)，二者所占比例非常高。琉璃构件如遭雷击，当雷电能量太大时还可能引起其下的木材着火(白丽娟，2005；张华明 等，2015)，此外，雷击琉璃构件如雷击吻兽后其掉落过程中可能对古建筑屋顶琉璃瓦或地面人员造成二次危害。

雷击在极短时间内造成古建筑构件破坏，过程复杂，与电学、热学和机械学均相关。目前大多数研究认为，雷电击穿空气、击中古建筑构件以后，雷电流进入其后无法形成良好的泄放通道，由于较大的焦耳-楞次热效应导致水分剧烈蒸发并迅速膨胀，气体膨胀的机械作用造成建筑物构件的破坏(陈加清 等，2004；万雪 等，2016)，但是具体的破坏机理尚不十分清晰。特别是古建筑琉璃构件是一种含铝的硅酸盐化合物且表面涂釉质经烧制而成的材料(段鸿莺 等，2011)，琉璃构件正常情况下表面覆盖釉质，有较好的防水性和绝缘性，这和雷电击中的人畜、金属体、大地等导电物体不同，雷电流如何进入琉璃构件产生破坏并不十分清晰。初步研究认为(李媛 等，2013)，当在长久风化或冻害作用下，琉璃构件出现微裂纹或者构件表面釉质剥落，或者琉璃构件自身存在一定瑕疵内部会有一些孔隙、裂隙或缝隙等，这些情况下导致琉璃构件材料渗透性增加，特别是在雷雨季节雨水充沛，水分以毛细管运输方式进入构件孔隙或裂纹内而含水率增大，最终导致雷电流进入从而造成破坏，详细机理有待进一步研究。

由于自然界的闪电具有很大的随机性和瞬时性，利用冲击电流或电压发生器模拟雷击实验方法是研究雷击破坏的有效手段之一(张义军 等，2006；Hirano et al.，2010)。黄玉茹等(1989)采用 1.25/50 μs 冲击电压波对故宫博物院建材样品和模型砌块做了雷击实验，发现瓦、灰、木板的联合耐冲击电压的能力低于这三种材料单独的冲击强度之和，但并未分析雷电高电压击穿空气击中古建筑构件，进而泄放雷电流造成古建筑构件破坏这一本质。另外，鉴于试验成本较高，在进行雷击模拟试验基础上利用数值模拟分析方法研究古建筑雷击破坏基础性问题更合理。

1.2.3 古建筑雷击起火研究

古建筑由于其自身的材料、结构、位置等特点，从古至今其遭受雷击后起火的事故发生率较高(李京校 等，2014)。故宫自建成后有记录的雷击事故共 51 起中，有 9 起为雷击起火事故(李京校 等，2016a)；王时煦(1994)统计分析了 1954 年至 1993 年调查到的北京地区的雷击事故共计 143 次，其中因雷击引起火灾 70 次(占比为 48.95%)，纯系古建筑被雷击起火 27 次(比例为 18.88%)；张华明等(2013)统计的 80 起古建筑雷击事故中起火的有 21 起(比例为 26.25%)，仅次于雷击吻兽的比例。雷电对古建筑的破坏如雷击房檐、房脊、吻兽等，引起断裂、破碎、脱落，最严重的是由于雷击引起火灾(图 1.8)。由于古建筑多为木制结构，火灾荷载密度较大，一旦遭

雷击起火，火势蔓延，易造成彻底的毁坏，文化遗产损失将无法估算，对古建筑危害最大（白丽娟，2005）。

图 1.8　古建筑雷击起火破坏（张华明 等，2013；白丽娟，2005）

Nilufer 等（2004）、李京校等（2016b）、张华明等（2020）分析研究了古建筑雷击火灾方式和成因，陈华晖等（2016）利用冲击电流发生器对布达拉宫金顶、白玛草墙、阿嘎土等材料样品进行模拟雷击烧蚀或开裂实验，认为在长时间雷击或多重雷击作用下草墙容易引燃。Li 等（2017）利用 10/350 μs 波形雷电流进行古建筑木材雷击模拟实验，研究了木材雷击起火的影响因素和破坏方式，发现影响因素为木材含水率、密度、厚度和雷电流大小等因素，破坏方式包括雷电弧热量、雷电流注入木材发热温升以及雷电空气冲击波效应，给出了古建筑木材引燃机理。此外，王雪顽等（1992）以故宫为例研究了古建筑沿面粉尘抗电强度和可燃性，结果表明，粉尘对木材的沿面击穿电压无显著影响，多次闪击容易导致粉尘燃烧。白丽娟等（2013）分析了武当山太和宫（铜制，俗称“金殿”）未做防雷装置时出现的“雷火炼殿”现象，即雷电高温可能熔化太和宫铜顶。

古建筑自身电磁屏蔽性能差或几乎没有，其室内电子设备易出现感应过电压，不同于现代建筑钢筋网格结构有一定屏蔽功能。在这种情况下，一是古建筑由于防火、防盗及管理等方面的需要，近年来陆续地安装了一些监控、消防、通信类电子系统，而这些电子系统的耐压水平较低，对电磁干扰十分敏感。当雷电流沿引下线泄放时产生的磁场容易引起周围设备出现感应过电压，造成其破坏或者产生电火花（陈水明 等，1998）。二是雷电电磁脉冲在古建筑场所的架空电线上形成过电压或者由于雷电感应出现过电压，电线绝缘遭破坏短路而起火（杨世刚 等，2010a）；三是一些古建筑内人为增加了各种金属壁板、吊装天花板及各种电子设备，当其与接闪器、引下线间隔距离不够时，容易出现雷电反击产生火花（刘荣 等，2000）。

这些研究表明，雷电直接击中古建筑木质构件、雷电电磁感应等均有可能引起古建筑着火。直接雷电引发文物建筑火灾主要有两种途径，一是古建筑遭受直接雷击，雷电火花引燃木材或雷电流在泄放过程中引燃了木材；二是雷电流沿着古建筑内电源或信号线路侵入或者泄流时，因雷电流太大导致线路自身起火进而引燃木材，或者线路沿着木料敷设但未做绝缘措施出现放电引燃木材导致火灾（张华明 等，2020）。对于未安装防雷装置的古建筑，雷击起火多是直接击中古建筑木质构件引起，也可能先击坏琉璃构件进而引起其下的木质构件着火（白丽娟，2005）；对于安装防雷装置的古建筑，当防雷装置不符合规范要求时也可能导致起火（王雪顽 等，1992；刘荣 等，2000）。古建筑受现场条件所限，引下线根数较少，每根引下线分得的雷电流较大，当距离木质界面（如墙面、柱面、椽面等）太近，或引下线横截面积太小发热较大时，容易因雷击引燃起火，其概率较现代建筑物要大。现代建筑引下线和钢筋框架结构焊在一起封装在混凝土中，每根引下线分得的雷电流较小。李京校等（2016b）、高杰（2006）分析得到雷电流经过防雷装置引下线时可能产生高温。张义军等（2009）指出，半峰值时间较长的雷电，容易造成木结构或其他可燃物的高温燃烧起火；李良福等（2014）、刘俊（2014）认为，对于长时间雷击能量能使接闪杆顶部高温熔化，而且直径越小的钢导体，温度上升很快，呈指数形式增长。李京校等（2019）利用

图 1.9 日本古建筑防雷引下线设置
(a)唐招提寺,(b)药师寺

有限体积法进行了古建筑明敷引下线不同材料、形状、横截面积的温升模拟,研究了雷电击中古建筑接闪器后电流沿引下线泄放时发热温升空间分布特征,对于优化引下线到木质界面间距的设计,给出相关定量分析。日本古建筑防雷引下线设置距离木质界面约 2 m(图 1.9),非常重视避免引下线高温引燃这种情况发生。

此外,国外关于古建筑雷击起火的研究较少,主要原因是欧洲古建筑、伊斯兰古建筑主要以砖石材料为主,不容易雷击起火,和我国古建筑有较大区别。深受我国古建筑影响的东亚古建筑雷击起火有一些研究,如对日本天龙寺雷击火灾分析(李采芹 等 2009)。另外,国内外一些对森林雷击起火机理的研究对古建筑木材雷击起火研究有一定指导和借鉴意义(朱易 等,2012;Darveniza et al. ,1994)。

1.3 古建筑防雷技术研究

1.3.1 古建筑防雷技术总述

对于古建筑防雷,学者认为我国古建筑避雷方法主要有两种,采用绝缘避雷与采用防雷装置接闪泄流原理。第一种是通过分析山西应县木塔、五台山佛光寺基本不遭雷击认为,古建筑主要靠绝缘避雷(丁士章 等,1988;高策 等,1986),或者古建筑选择位置合理靠周围环境自然消雷(Yang et al. ,2011;高策 等,1992),但是仅从个例不遭雷击就归于绝缘避雷这种理论难以成立,历史上有很多古建筑遭受雷击甚至完全被毁(王时煦,1994;杨仲江 等,2009),此外,山西应县木塔有遭雷击的记录(郝孝智 等,2003)。第二种是结合湖南岳阳慈氏塔自塔顶有铁链沿墙角垂至地面认为这是最早的防雷装置(金磊,1996),或者其他古建筑仰起“鸱尾”(吻兽)中吐出一根向天空的金属长舌即为现代接闪杆的雏形,其认为古建筑需要采用防雷装置,但是这种“鸱尾”金属丝很少见到接地(Hu et al. ,2011;虞悦 等,2019),另外,由琉璃陶制成的“鸱尾”是古代的一种防火愿望或文化象征(唐代《炙毂子》一书在记载了这样一件事:汉朝时柏梁殿遭到火灾,一位巫师建议,将一块鱼尾形状的铜瓦放在屋顶上,就可以防止雷电引起的天火),不具备防雷接闪功能。另外,也有研究认为有的古建筑设有防雷装置——“雷公柱”,雷电流通过其泄放入地(龙非了,1963),其实“雷公柱”材料本身为木材,导电性差难以泄放雷电流,会造成木材击裂或起火(周乾,2019),以往发生的古建筑雷灾也证实了这一点(龙非了,1963)。此外,古籍中记载的“避雷室”即“石室”,不是真正具有避免遭受雷击的作用,主要是用来防止雷击后的起爆或燃烧灾害(虞悦 等,2019)。受自然科学发展的限制,古代对于建筑物采取的避雷措施虽有时代的局限性,不可能与现代的避雷措施相提并论,但是反映了古人很早就注意到建筑物防雷的重要性并采取一定的防护措施(魏平凡,2005)。是否存在绝缘避雷是一个较有意思的争议研究,目前绝大多数观点还是否认绝缘避雷(虞悦 等,2019;徐满平,1998),认为需要安装接闪杆等防雷装置(吴保安 等,2008)。张玉桦等(2009)、安卫华等(2011)、唐生昊(2014)、龚家军等(2008)、

万丽岩等(2008)分别对嵩山古建筑群、故宫太和殿、西藏文成公主庙、湖北武当山古建筑、辽宁兴城古建筑的防雷装置和具体防雷技术进行了分析探讨。

1.3.2 古建筑防雷具体技术研究

在古建筑具体防雷技术方面,尚杰等(2007)提出,当古建筑引下线的布设距离不能满足国家规范要求时可通过加粗引下线的方法解决。王玮(2017)研究认为,防雷引下线入地点距古建筑出入口或人行道的水平距离应不小于 3 m,而不是接地装置。李京校等(2015)研究了单檐古建筑、重檐古建筑和古塔,根据其房檐到屋脊(塔尖)的水平距离和垂直距离的关系(图 1.10),判断出应该按房檐还是屋脊(塔尖)偏移,给出了坡形古建筑的雷击截收面积计算方法。齐飞等(2015)进行了古建筑防直击雷三维保护研究,通过虚拟现实技术和先进的三维可视化建模展示手段(图 1.11),对古建筑群防雷装置保护范围进行精确模拟展示和整体风险评价,能直观具体看到接闪器保护效果,特别是对于飞檐翘角的保护情况,为古建筑防护提供了一定指导。杨成山等(2015)分析第一批全国重点文物保护单位青海省塔尔寺的防雷情况,给出在塔尔寺雷暴路径上安装合适高度的接闪杆提前接闪拦截,再由古建筑屋顶安装的接闪带进行二次接闪,从而有效预防和减少该寺的古建筑遭受直接雷击,这样防护效果更好,但是成本会很高,适合雷暴高发区而且防护要求高的古建筑防雷。曲扎江措等(2012)分析藏式古建筑的结构特征、建筑材料、高原气候背景,结合雷电放电特性和雷击目标物的选择特征,给出西藏古建筑防护措施。

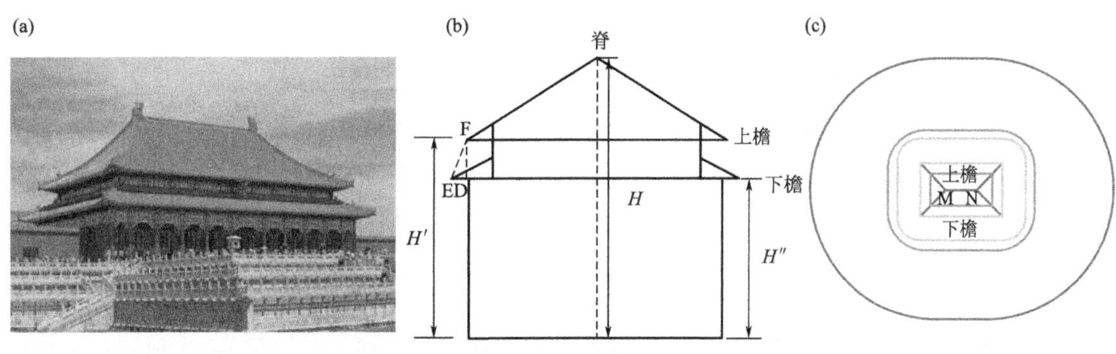

图 1.10 重檐古建筑截收面积计算

(a)重檐古建筑图,(b)重檐古建筑剖面图,(c)偏移后的截收面积图

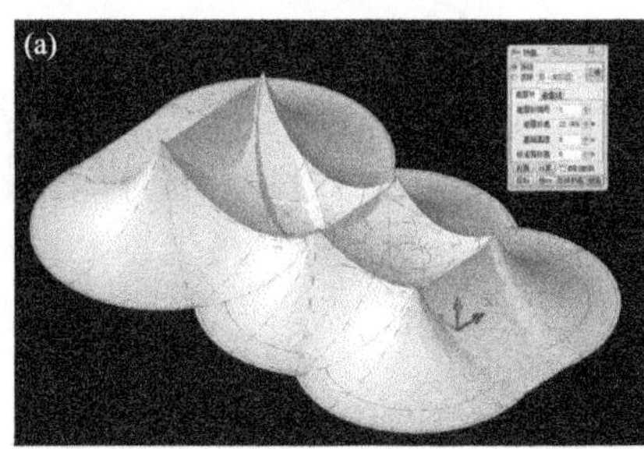

图 1.11 古建筑接闪器保护范围三维可视化图

(a)接闪器保护范围三维模型,(b)叠加古建筑后的三维可视化图

很多学者及古建筑专家都认为,应研究古建筑外部防雷装置的形式及其布置方式,使其与古建筑及其周围环境相协调,在不影响古建筑自身情况下做好防雷保护工作(张义军 等,2009;李京校 等,2015),这是非常关键的一点。目前有些在古建筑场所安装仿真树形接闪杆,不影响古建筑原貌的同时起到接闪防雷作用。此外,一些古建筑场所采取可升降式接闪杆进行直击雷

防护，甚至研究采用接闪器发射井（刘世宇 等，2019），发射井隐藏于古建筑场所地下，无雷电时收起多针接闪器到发射井内，减少对古建筑环境的影响，但是雷电精细化预警以及后期维护需要加强和完善。古建筑防雷装置施工中对于复杂吻兽构件位置处安装接闪器较费力，此外古建筑几乎没有自然接地体，布设人工接地体非常不易。多数古建筑下部有须弥座，地面多坚硬地或山石，缺少合适的人工接地体的埋设场地，导致接地引下线过长，超过了相应土壤电阻率的接地体有效长度；或者不便于开挖布设接地体（如为回避地下文物遗存），即便开挖因土壤状况太差，布设的接地体电阻值难以满足要求，目前有采用新型接地极或添加降阻剂的方法（吴孟恒 等，2007），如河北保定直隶总督府的电解离子接地棒，埋设深度很浅（图1.12），对古建筑基础部分影响较小，但接地阻值符合防雷规范要求，且电阻值稳定性好。

图 1.12 古建筑接地装置电解离子接地棒

近年来，雷电监测预警系统在各地不断建立，雷电监测预警服务也迅速展开，但目前针对古建筑的专项服务还比较少。因此，加强雷电监测预警服务在古建筑雷电防护中的应用，有针对性地开展相应业务的研究和推广，如预警到雷电活动可断开古建筑的相关电源等，也是做好古建筑防雷保护的重要方面。

1.3.3 古城墙防雷技术研究

作为古建筑的重要组成部分，长城等古城墙类建筑（含烽燧等）的防雷也非常重要。长城（明代）总长度 8851.8 km，跨越 15 个省、自治区、直辖市，属于第一批全国重点文物保护单位，在世界上有重要影响，近些年也多次发生雷击事故。此外还有南京的明城墙、浙江临海古城墙（防海水）、安徽凤阳古城墙、河南开封古城墙、湖北荆州古城墙等全国众多古城墙，一方面是需要做好古城墙自身的雷电防护，另一方面是开放段城墙上人员的雷电防护。宋平健等（2015）研究了长城的防雷保护，给出了开放段长城本体及长城上游客的防雷保护具体措施，考虑到设置接闪器对敌台墙体的扰动及对长城整体风貌的影响，并牵头编写了开放段长城的防雷技术规范。总体而言，古城墙的防雷技术研究目前较少。

1.3.4 古建筑防雷标准现状

自 1982 年 11 月 19 日《中华人民共和国文物保护法》颁布实施后，文物部门根据古建筑重要性对其陆续安装防雷装置。近些年发布实施了不少古建筑防雷技术方面的标准，在古建筑防雷中发挥了重要作用，如国家文物局发布《文物建筑防雷工程勘察设计和施工技术规范（试行）》（文物保发〔2010〕6 号），中国建筑科学研究院牵头编写了国标《古建筑防雷工程技术规范》（GB 51017—2014），以及其编写的国标图集《古建筑防雷设计与安装》（15D505），山西省气象局牵头编写的行标《文物建筑防雷技术规范》（QX 189—2013）。此外还有一些地方标准，北京市气象局先后主持编写了地标《文物建筑雷电防护技术规范》（DB11/T 741—2021）、《文物建筑雷电防护装置检测规范》（DB11/T 2016—2022）、《文物建筑雷电防护技术规范 开放段长城》（DB11/T 1142—2014），河南省气象局主持编写的地标《古建筑防雷装置施工安装标准图集》（DB41/T 1494—2017），安徽省黄山市气象局主编的地标《木结构徽派建筑防雷技术规范》（DB 34/T 1593—2012）等。这些标准明确了或提出了古建筑防雷分类、防雷勘察设计、防直击雷、防雷击电磁脉冲、防雷装置安装施工与维护等要求或技术方法，较好地指导了古建筑防雷。

总之，古建筑承载灿烂文明，传承历史文化，是宝贵的历史遗产，对古建筑雷电灾害及防雷技术的研究成果较好地提升了人们对于古建筑雷灾的认识，同时为开发有效的防护装置提供了重要的理论基础。目前针对古建筑构件雷击破坏规律特征和雷击破坏机理已有不少研究，对于雷击起火的影响因素和破坏方式也有较多探索，古建筑防雷新技术方法和装置也有很多新进展，但是这些方面还有待进一步研究完善。建议从古建筑雷击破坏机理、实用的防雷新技术、古建筑雷击选择性、雷击精细化监测等方面开展深入研究。应在雷击模拟实验基础上结合数值模拟分析方法进一步研究古建筑雷击破坏机理和古建筑雷击选择性等基础性问题，在深入明晰雷击破坏机理基础上提出古建筑雷电防护新技术。非常关键的是，研究提出的新技术既要有效保护古建筑，提高古建筑防雷安全性，同时尽量减少或避免对古建筑自身原貌的影响。

第2章　古建筑雷电灾害统计分析

本章分析古建筑雷灾特征和易遭雷击原因、雷击破坏方式，重点分析了故宫和长城两个重点古建筑场所的雷击事故特征，包括故宫自1420年以后雷击事故特征分析和故宫一次具体雷击个例分析。通过分析，为古建筑雷击破坏机理研究提供基础，为古建筑的防雷和管理提供参考。附录A给出了统计到的全国古建筑雷灾事故，供读者参考（这些雷灾事故主要来自关象石等(1997)、王时煦(2000)、白丽娟(2005)、李采芹(2009)、黄燕虹等(2012)、张华明等(2013)以及气象网站、古建筑网站或新华网等权威网站的报道）。

2.1　全国古建筑雷灾特征和雷击原因分析

2.1.1　全国古建筑雷灾主要特征

我国地域辽阔，古建筑分布众多，雷电活动规律因地区差异很大。从地理条件看，湿热带地区的雷电活动多于干冷地区，在我国是华南、西南、长江流域、华北、东北、西北依次递减。古建筑物的特殊性决定其雷击规律与现代建筑物有所不同。张华明等(2013)共收集了全国古建筑雷击案例80起，其中直接调查的4起，从相关文献中收集的古建筑雷击事故67起(王时煦 等，2000；白丽娟，2005)，还有9起来自于发生雷灾的古建筑网站或新华网等权威网站。

从表2.1可见，古建筑吻兽等突出部位的雷击事故共发生24起，占雷击事故总数的30%，古建筑所在的位置已经决定了古建筑易遭受雷电侵袭，而屋脊、挑檐、走兽，左右吻兽及宝顶等又处于古建筑物上部的尖端，按雷击规律它们都是易于被雷击的部位，因此对古建筑物吻兽等突出部位的防雷保护尤为重要。

随着社会对古建筑物保护、开发的重视，越来越多的古建筑周围安装了服务于古建筑的电源、通信、安防系统等服务设施，在调查中发现，古建筑中服务设施的雷电防护都比较简单，对其防雷装置维护也不重视，因此服务设施遭雷击排在古建筑雷击事故的第二位，有18起，占古建筑雷击事故的22.5%。古塔、古亭等古建筑不管位置在哪里都属于比较高建筑物，容易遭受雷击，共发生11起雷灾事故，古树雷击也有10起，古树雷击不仅会使古树遭受损失，而且会使旁边的古建筑物受连累。

古建筑遭雷击后起火21起，古建筑起火造成的火灾损失是无法以金钱来估量的，除建筑物本身的艺术价值以外，在建筑物内一般还保存着大量的历史雕塑、绘画、古代碑刻等具有极强欣赏价值的珍贵文物和艺术品。有雷击史的古建筑有9起，说明发生雷击的地方容易再次发生雷击。虽然古建筑雷击造成的人员伤亡比例很小，但是影响却很大，会造成较大的经济损失。

表2.1　古建筑雷击部位雷击次数统计(张华明 等，2013)

	雷击部位或对象					
	吻兽	古树	塔亭	服务设施	起火	其他
雷击次数	24	10	11	18	21	9
百分比/%	30	12.5	13.75	22.5	26.25	11.25

注：一次雷击事故中可能多个部位或对象遭受雷击破坏。

表 2.2 给出了对收集的 80 次雷击古建筑案例的统计，32 起发生雷灾的古建筑位于山顶、山腰或山脚下，位于河道、湖泊或周围有池塘的古建筑雷击次数为 23 起，既在山中又有水源古建筑雷击 9 起，处于市区或平原的仅有 16 起，可见发生雷灾的古建筑 80%位于易于遭受雷击的地方，表明现存古建筑大多数位于易受雷击侵扰的地方，防雷现状不容乐观。例如故宫内的建筑物落雷较多，其原因在于紫禁城周围是护城河，并且护城河至今仍然有水，导致故宫内地下的土壤电阻率相对较低；而且院内又有高大的古树，因此故宫成为易受雷电侵扰的地方。

表 2.2　古建筑地理位置及其遭雷击次数(张华明 等,2013)

	依山而建	依水而建	依山伴水	市区
雷击次数	32	23	9	16
百分比/%	40	28.75	11.25	20

根据本书附录 A 雷灾事故数据，统计有具体月份记录的雷击事故(116 次)，得到全国古建筑雷灾月份分布图(图 2.1)。从图中可见，3—10 月均有古建筑雷击事故发生，其中主要集中在 6—8 月(合计占比 76.72%)，其中最多的是在 8 月份(占比 29.31%)，在 3 月、10 月最少，各为 1 次。雷灾分布和全国闪电月份分布较为一致(王娟 等,2015)。

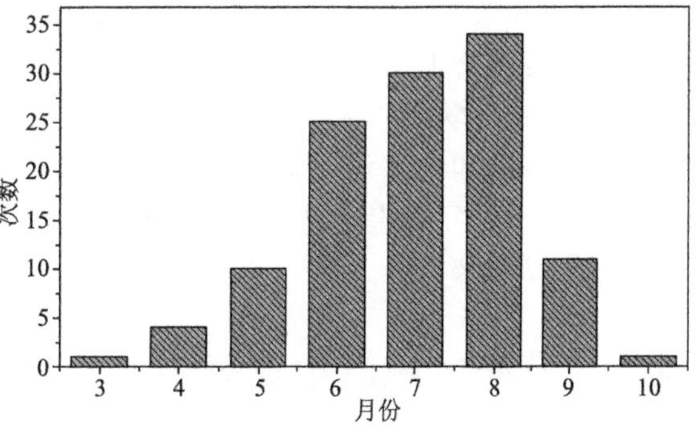

图 2.1　全国古建筑雷灾月分布

2.1.2　古建筑易遭雷击原因分析

古建筑物结构、用途、性质及所建地理环境与一般建筑物不同，容易遭受雷击。具体表现在以下几个方面。

(1)大多数古建筑为显示雄伟和壮观，一般选择建在开阔区域、地势较高山上或山脚、江河湖泊附近，这些地方都易遭受雷击。以北京的古建筑来说，其位置多数是处于空旷平坦之地，修建的大型重要古建筑犹如“鹤立鸡群”，形成孤单的高建筑。如北京西城区天宁寺塔高达 57.8 m，海淀区八里庄的慈寿寺塔高度也约有 50 m。较高的宫殿、城门楼多在 40 m 左右，比如正阳门城楼、天坛祈年殿、鼓楼及钟楼的高度都在 40 m 以上，故宫太和殿等的高度接近 40 m。在城市没有出现高楼大厦以前，这些古建筑基本就是地面物中的最高点。由于空中雷云所带的电荷，在地面上被感应出与雷云相反的电荷时，将会吸引地面相反的电荷，而这些相反的电荷会立即集中在高出地面的物体上，较高建筑物上的电荷和云层中的电荷造成接触放电的机会要比其他地面物多得多。当雷云压低时，它所带的电荷就会向地面相反的电荷放电。因为当时古建筑没有避雷设施，必然容易遭受雷击。当古建筑建在山脚或者江河湖泊附近，这些地方土壤电阻率容易有突变，进而容易感应出电荷，易被雷电侵袭，如故宫周围有 50 m 宽的护城河，城内还有蜿蜒的金水河，地下则有古河道，导致故宫地区土壤电阻率相对较低，这是故宫易遭雷击的原因之一。

(2)从结构上看，为了体现古建筑的精致美观，古建筑物都建有高耸的屋脊，以及各种飞檐、翘角、吻兽、塔刹等，都是突出建筑轮廓，容易遭受雷击的部位。古代建筑在结构上通常由两部分组成：一是基座，多用砖石砌成；二是大木，就是在基座以上的木结构，它由上架(梁、檩)、下架(柱、枋)、斗拱组成，屋顶有泥背或锡背，最上层是琉璃瓦。这样的结构在没有避雷设施时，当遇雷雨屋顶接闪后，因为大木结构是不导电的，使屋顶与大地之间形成绝缘层，雷电无法由接闪部位传入地下，瞬间放出巨大的雷电流，必然导致木结构起火燃烧。

(3)虽然我国古建筑主体多以砖木结构为主，但部分古建筑顶部也有不少金属材质装饰物；另外多数古建筑物大殿正脊中部埋设有金属宝盒，有的建筑物屋顶为金属宝顶，屋顶内部还有锡背(防潮)，还有的建筑物屋面有金属链条作装饰用，这些金属物均没有任何接地处理。当空中雷云带电荷时，这些金属体容易被感应出与雷云相反的电荷，进而遭受雷击。此外，重建或修复的古建筑物内部结构已经发生了变化，增加了不少现代元素，比如修复的大梁，为了牢固结实在内部嵌入了钢板之类的金属物；为了安全，安装了监控、消防报警等设备，这些金属物体或电气、电子设备给古建筑带来了更多的雷电入侵通道。

(4)古建筑所在之处，大都有高大树木相依，而这些高大的古树很容易成为雷电的危害对象，特别是易受直击雷的侵袭，引起雷电反击，增大了古建筑受雷击的概率。我国的古建筑群，历来还有种植树木用来烘托和美化环境的习惯。栽种的松、柏等均为多年生植物，都长得比较高，有的甚至超过古建筑本身高度。雷雨时，淋湿的树木成为导体，极易接闪，而树木接闪时，常会向附近的建筑物上反击，祸及古建筑，导致雷击破坏。

(5)不少古建筑年久失修，长年累月经受风雨侵蚀，原有的绝缘性能遭到破坏，一些立柱、砖墙为电荷的聚集和向上运行提供了通道，增加了古建筑物本身的雷击概率。古建筑多为木结构，木材经过千百年变得十分干燥，在雨天潮湿，电阻率变小，并且内部积满灰尘，易积蓄静电，带有电荷容易引来雷电。

2.2 故宫博物院雷电灾害及雷电活动特征分析

北京故宫博物院(简称故宫)为第一批全国重点文物保护单位，占地面积 72 万 m^2 以上，建筑面积超过 14 万 m^2，房屋约 9000 间。主体建筑体积大而高耸，骨架以木制结构为主，是世界现存最大、保存最完整的古建筑群，被誉为世界五大宫之一，并被联合国教科文组织列为“世界文化遗产”，是国家重要的人文旅游资源和珍贵文化遗产，具有不可复原性。因此，故宫的安全保护显得尤为重要，防止自然灾害的破坏也是故宫的重要任务，防护雷电就是其中之一(李京校 等，2014；马宏达，1989)。故宫建成之初，就有雷害相伴，此后不断出现雷击起火、损毁建筑物的事故发生(白丽娟，2005)，解放后唯一的一次火灾也是因雷击引起的，如 1987 年 8 月 24 日夜故宫景阳宫起火，2011 年和 2012 年又发生三起雷灾事故。目前已有不少关于故宫防雷技术的探索(黄燕虹 等，2012；安卫华 等，2011；王时煦 等，2000；)，但关于故宫长时间雷电灾害统计分析尚无。

在雷电灾害分析方面，国内外不少人分析过不同时间段某一范围(全国或某省市)雷电灾害特征(Dlmini，2009；Ronald et al.，2000；马明 等，2008a；杨世刚 等，2010；Elson，2001；程琳 等，2013；高燚 等，2014)，或某一行业的雷灾特征(甘璐 等，2014；张华明 等，2013)，而对某一重大场所长时间序列的雷击事故分析还较少。故宫近 600 年的历史长河中，多次遭雷击破坏甚至焚毁然后原址重建，到了近现代增加了一些电子信息设备和服务设施，但雷击因素中的地理位置、土壤属性、建筑自身结构基本未发生变化，所以统计分析故宫长时间序列雷击事故还是很有意义的。本节利用故宫自建成 594 年(1420—2014 年)以来长时间序列雷电灾害事故资料及 2005—2014 年故宫及周边区域内闪电定位资料，分析故宫雷击事故的时间、空间分布、雷击类型、雷击位置等特征，以及故宫及其周边区域雷电时间、空间、电流强度分布等特征，并探讨其原因，为故宫的防雷和管理提供参考。

2.2.1 资料和方法

(1)利用故宫 1420—2014 年记录的所有雷电灾害资料(主要来自白丽娟(2005)、王时煦

(2000)、李采芹等(2009),以及故宫古建部和北京市避雷装置安全检测中心进行的雷灾调查统计资料),统计故宫雷灾事故的年、月、空间(场)分布和雷击类型、雷击位置等特征。资料中1949年以前记录的雷击灾害的时间为农历,统一换算为公历。雷击损害类型的划分标准参考《雷电灾情统计规范》(QX/T 191-2013)。

(2)采用北京市2005—2007年的SAFIR3000闪电定位数据和2008—2014年ADTD闪电定位数据进行统计。许多研究表明,雷电放电可以对距离雷击点1 km范围内的电子信息设备产生电磁感应作用,影响系统运行或造成破坏(张小青,2000),所以筛选了故宫周围四个方向1 km范围内10年的闪电定位数据。故宫南北长960 m,东西宽750 m,扩展后长为2960 m,宽为2750 m,面积约为8.14 km^2。对所选范围内的闪电定位数据进行统一格式的处理(其中SAFIR3000闪电定位资料为世界时,先转换为北京时即世界时加上8),然后分析雷电的日、月、空间位置、电流强度分布特征。

2.2.2 故宫雷灾事故时空分布特征及损害特征

2.2.2.1 雷击次数及时间分布特征

故宫从1406年开始建设,明朝永乐十八年(1420年)建成用作皇宫,1911年清朝溥仪皇帝退位搬出,1925年作为博物院对外开放,到2015年共594年历史。在此期间,统计有记录的雷击事故共51起(一起雷击事故可能有多个对象遭雷击),以100年为一个时间段划分,不同时间段雷击次数的分布见图2.2a。可以看到,故宫每百年至少发生2起雷电灾害事故,其中在1420—1500年、1500—1600年、1900—2000年雷灾事故较多,最多的是1900—2000年(23起,其中4起是接闪杆接闪)。故宫作为明朝皇宫时间为225年(1420—1644年),发生雷灾事故18起;作为清朝皇宫时间为268年(1644—1911年),发生雷灾事故4起;1949年以后发生雷灾事故29起。

1900—2000年雷灾事故较多,且多发生在1949年以后,究其原因,一是随着社会发展,故宫内加装了不少照明、电话、防盗系统、暖通、广播、消防自动报警、消防喷淋等线路或设施,一定程度上增加了雷击风险,导致雷灾事故增多;二是该时间段较近,近年来人们对雷击灾害的重视和监测手段的增加,雷灾事故的记录可能更为完善。1949年以后故宫每十年的雷灾事故的统计结果见图2.2b,在1990—2000年发生雷灾次数最多9起,多为雷电感应雷击灾害。其次是1950—1960年发生雷灾次数6起。

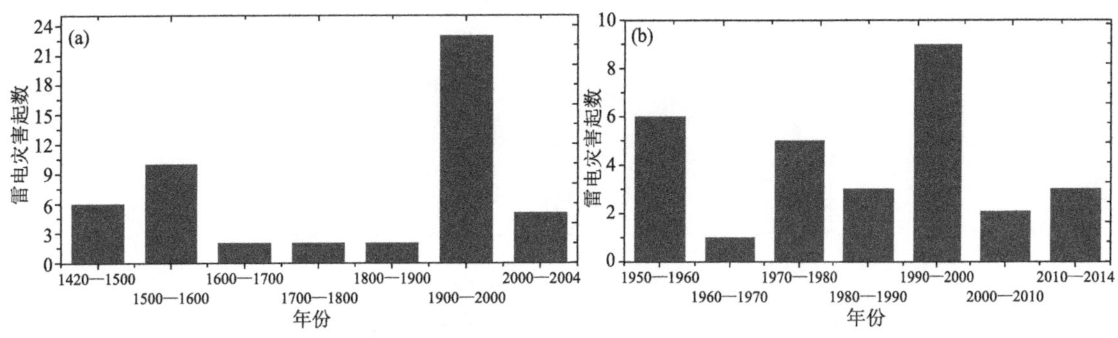

图2.2 故宫雷电灾害事故年分布

(a)每百年雷灾事故分布,(b)每十年雷灾事故分布

故宫雷电灾害时间的月分布见图2.3(其中有4起雷灾事故无月份记录,统计时未包含),雷电灾害发生在5—9月,主要在6—8月,合计占87.23%;其中以8月最多,占34.04%;5月最少,占4.26%;其他月份无雷电灾害记录。故宫发生的雷电灾害最早的时间为5月9日,最晚为9

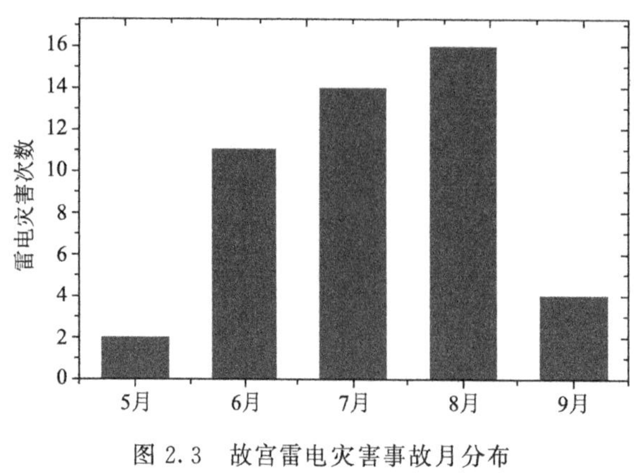

图 2.3　故宫雷电灾害事故月分布

月 27 日。

2.2.2.2　雷击事故的空间分布特征

故宫以乾清门为界线，全部建筑由“前朝”与“内廷”两部分组成(即“工作区”和“生活区”)。故宫四角有角楼，四周有城墙围绕，城墙外面由筒子河(护城河)环抱。四面各有一门，正南是午门，为故宫的正门。统计故宫不同建筑的雷击次数，得到故宫雷击事故空间分布图 2.4，超过 2 次(含 2 次)的雷击场所见表 2.3。从图 2.4 可以看到，总体上南部宫殿、城门遭雷击次数要比北部多，这可能与南部高大建筑物较多以及南部有内金水河穿过，土壤电阻率更低有一定的关系。

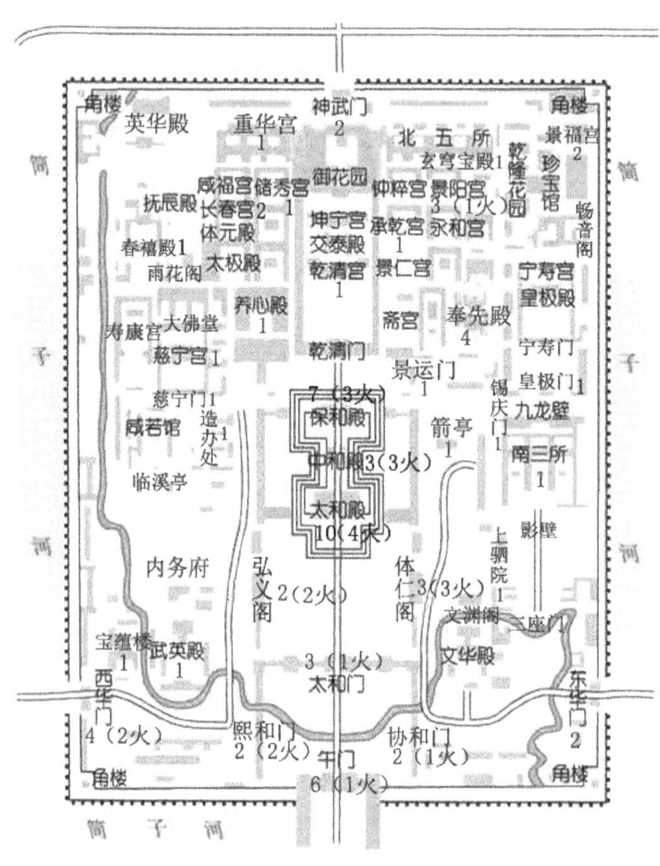

图 2.4　故宫雷击场所空间分布(括号内数字为着火次数)

此外，故宫中轴线上及其两侧的古建筑雷击次数较多，其中太和殿遭雷击次数最多，为 10 次(含 2 次为太和殿维修时杉槁、脚手架分别遭雷击)，其次为保和殿 7 次，再次为午门 6 次，原因亦可能是中轴线及其两侧的建筑多数较高，易遭雷击。

由雷击事故的统计记录还发现，故宫较矮的建筑并非不会遭受雷击，如箭亭、承乾宫、景阳宫、慈宁门、养心殿西配殿(高仅 4.5 m)均曾遭到直接雷击，较矮建筑同样也应安装防雷装置。

表 2.3 给出了不同宫殿、城门安装防雷装置的时间(王时煦 等,2000)、最后一次遭雷击时间。从该表可看到,安装防雷装置后(主要是外部防雷装置),除了午门西南角亭斜脊上走兽遭到一次雷击外,其他建筑都未遭受雷击破坏;另外,发现安装的接闪杆有接闪(如东华门、长春宫等),未造成古建破坏,说明安装防雷装置对直击雷的防护起到了很好的作用。但是由于缺少防感应雷击装置,还会遭受雷电破坏,如 1993 年保和殿东庑、1994 年宁寿宫、1995 年永寿宫,虽然在遭雷击之前都安装了接闪杆,但报警系统分别都遭雷电感应袭击而失灵。

表 2.3　故宫雷击次数较多场所及防雷装置安装时间和最后一次雷击时间

场所名称	雷击灾害次数	安装防雷装置时间	最后一次雷击时间
太和殿	10(4 次着火)	1957 年安装,2006 年大修时重做	2006 年(施工的脚手架)
保和殿	7(3 次着火)	1957 年	1993 年(报警系统失灵)
午门	6(1 次着火)	1957 年	1970 年(西南角亭斜脊上走兽)
奉先殿	4	1957 年安装,1992 年防雷改造	1643 年(吻兽、隔扇、铜环)
西华门	4(2 次着火)	1957 年	1862 年(吻兽)
景阳宫	3(1 次着火)	1993 年	1987 年(雷击起火)
中和殿	3(3 次着火)	1960 年	1597 年(着火)
太和门	3(1 次着火)	1960 年安装,2006 年大修时重做	1862 年(吻兽)
体仁阁	3(3 次着火)	1957 年	1783 年(雷击起火)
弘义阁	2(2 次着火)	1957 年	1597 年(着火)
协和门	2(1 次着火)	2009 年	1597 年(雷击起火)
东华门	2	1957 年安装,2013 年大修时重做	1957 年(接闪杆接闪)
长春宫	2	1993 年	1996 年(接闪杆接闪)
景福宫区	2	未安装	1995 年(报警系统失灵)
熙和门	2(2 次着火)	2009 年	1758 年(着火)

故宫雷击事故次数较多,首先是该地方发生的自然闪电较多。故宫有内金水河,河内一般都有水,外围是 50 m 宽的护城河,其西北部、西部不远处均有较大面积的水域(分别为北海、中南海),故宫位于古河道上,交错的水道和宽阔的水域,使故宫下垫面土壤电阻率很低,成为北京地区的活动雷电通道。北京市气象台统计分析表明,北京地区雷暴系统主要移动路径为西山→八里庄→故宫→朝阳门→十八里店→宋家庄→百子湾→通州(王时煦,1996),从西北到东南,恰巧经过故宫。其次,故宫高大恢弘的建筑,飞檐翘角地林立,部分建筑防雷装置不完善(1957 年前基本无防雷装置)是故宫易遭雷击破坏的直接原因。

2.2.2.3　故宫雷击损害类型

统计故宫的雷击类型见图 2.5,直接雷击破坏所占比例最高,为总雷击次数的 75.51%,同时发生直击雷和雷电感应破坏为 12.24%,单一雷电感应破坏比例为 8.17%,其他形式雷击破坏比例为 4.08%。故宫雷击损害类型分为建筑物物理损坏的 D2 型及电涌导致的电气电子系统功能损坏的 D3 型;损失类型包括故宫内配电、安防、通信等系统的损失 L2(主要在解放后),还包括了文化遗产损失 L3

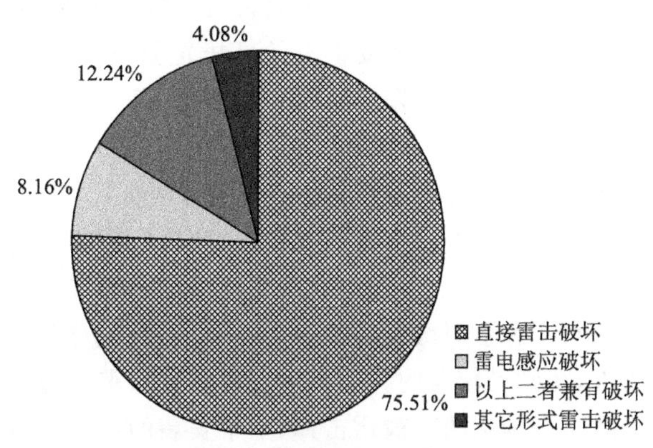

图 2.5　故宫雷击损害类型分布

和由此带来的经济损失 L4。

没有安装防雷装置以前，直接雷击破坏次数较多，1957 年以后开始在故宫逐步安装防雷装置，直接雷击破坏次数相对减少。雷电感应破坏主要发生在电子信息设备或金属线缆增多以后的现代，单一的和同时发生雷电感应破坏事故合计占 20.40%。新中国成立前故宫雷电感应破坏仅出现一次(《明史》卷二八描述：奉先殿明崇祯十六年(1643 年)六月丙戌，雷震奉先殿鸱吻，隔扇皆裂，铜环尽毁)，雷电在铜环内产生感应电流，致使其发热烧毁。

故宫多为砖木结构，不同于现代建筑钢筋网格结构，对雷电无屏蔽作用，对雷电电磁脉冲比较敏感。故宫内的配电、安防、通信等线缆由于古建筑保护的要求，多数顺外墙体敷设，接地施工受限，地面很难挖沟埋地敷设，且线缆电磁屏蔽措施一般不完善。该区域发生闪电时，会在一定范围内出现雷电电磁脉冲，如果附近的线缆或电子信息设备未屏蔽，会出现感应雷击破坏。雷电感应破坏会引起防火、防盗报警系统失灵，报警系统一旦失灵出现问题，将增大故宫自身安全隐患。

故宫有记录的球形雷灾事故为两起，一起是 1970 年 7 月，午门西南角亭一球形雷滚动到室内，墙面被火球撞击的地方已被烧焦，室内两中柱间拴的铁丝烧断；另一起是 1991 年 8 月 14 日，春禧殿的西配殿后坡琉璃瓦遭球形雷击破坏。

2.2.2.4　故宫雷击建筑物位置统计分析

统计故宫宫殿场所不同部位遭雷击次数，见第 1 章图 1.5 所示。雷击吻兽(正脊两端吻兽)次数 23 次(其中 4 次为击中吻兽旁的接闪杆)，雷击电子信息设备 11 次，这与张华明等(2013)统计的 80 起古建雷击事故得到的结果基本一致。

依据古建筑的构造，吻兽是最突出的部位，有的吻兽前后有很粗的拉固铁链，有的古建筑还有金属体宝顶，这些金属物体的存在容易使附近大气电场发生畸变(王时煦 等，2000)，从而使闪电先导易于在此处发生雷击，所以该部位的雷击率最高。电子信息设备雷击及原因见 2.2.2.3 节分析。不确定部位次数主要指雷击起火次数，因为对于故宫这种木制结构为主的古建筑，一般雷电击中古建筑某部位时，闪电火花直接引燃木材或者闪电电流产生的高温引燃木材(李京校 等，2016b)，因雷击起火造成的损失一般都很严重，很难确定雷击部位。

故宫明朝时期雷击起火为 5 次，清朝为 3 次，新中国成立为 1 次。故宫三大殿(太和殿、中和殿、保和殿)自建成后共 5 次被焚毁，其中 3 次都是雷击起火三大殿同时被毁(分别是 1421 年，即建成后的第二年、1557 年、1597 年)。同一起雷击起火事故超过 3 个宫殿被全部烧毁的共有 4 次，超过 3 个宫殿同时遭破坏的共有 7 次，其中最严重的一起是明嘉靖三十六年(1557 年)故宫三大殿及午门外左右廊因雷击起火而焚毁，5 年后重建工程才完成。

墙柱门窗额枋类遭受雷击的事故主要发生在新中国成立前，新中国成立后仅有一次(2003 年击中南三所正门的东山墙、山花、吻兽、正脊)，此类雷击多是侧击雷引起的，即雷电未击在古建最高位置，击在侧面某部位。

故宫内古树曾 4 次遭雷击(2012 年两次，分别为国槐和柳树，1992 年、1970 年各一次，均为松树)，古树遭雷击后可能树皮被剥掉、树枝折断或树干劈裂引起古树死亡。古树腐朽时更易于遭受雷击，在古树上拴铁丝或搭铁架也会增加古树遭雷击的概率。

故宫太和殿两次维修过程中临时装置(脚手架、临时杉槁)遭雷击，说明维修施工过程中也要防雷，特别是较高的脚手架等也要做好防雷措施。此外，1980 年 8 月，正在施工的养心殿院内西配殿正脊南端的吻被雷击掉，上午安装的正吻，午后即遭雷击，因此建议防雷和古建施工最好同步进行。

2.2.3　故宫及周围区域雷电活动分布特征

统计故宫及其周边 1 km 范围内的 SAFIR3000 和 ADTD 闪电定位资料，得到 2005—2014 年该区域共发生闪电 172 次，其中正闪 28 次，负闪 144 次。最早闪电出现在 4 月 18 日，最晚闪电出现在 10 月 2 日。

图 2.6 为故宫及其周围闪电日分布特征，闪电日分布呈现出三个高峰，12:00—18:00 时间的最多，占全天 34.3%。18:00—24:00 时间段次之，占 29.66%。00:00—06:00 再次之，06:00—12:00 最少。

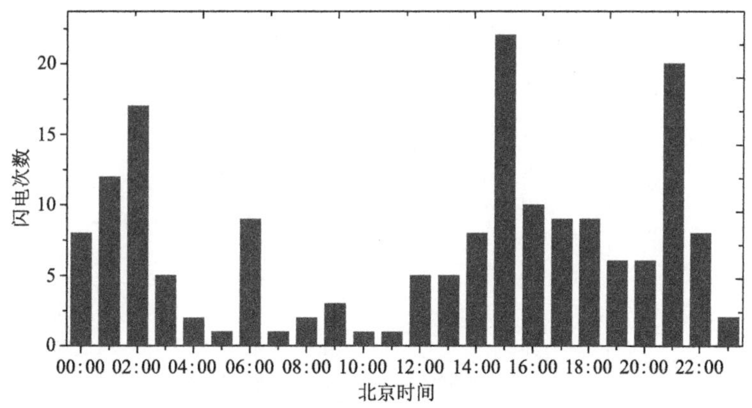

图 2.6　故宫及周围区域闪电日分布

图 2.7 为该区域闪电月分布，可看出 4—10 月均有闪电发生，主要发生在 6—8 月，占 91.86%；其中 8 月闪电最多，占 45.93%；1—3 月和 11—12 月无闪电发生。与图 2.3 雷击事故月分布对比，总体上较为一致。值得注意的是，7 月虽然雷击事故较多，但闪电次数却相对不多，这种现象原因可能是该月闪电次数虽然不多，但是雷电流强度比较大，易造成破坏。

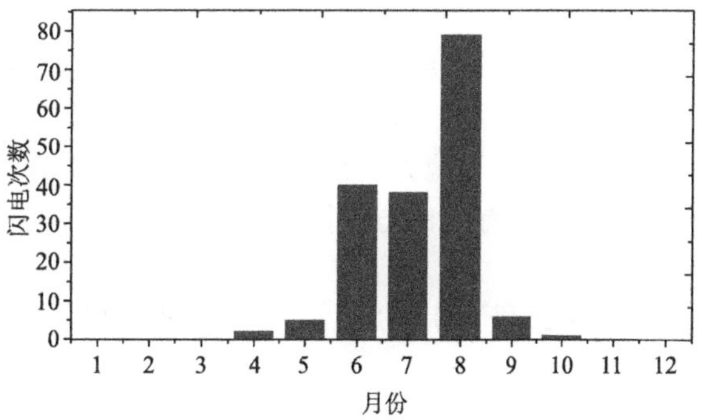

图 2.7　故宫及周围区域闪电月分布

统计该区域雷电电流强度分布(其中负闪电流数值取绝对值，正闪电流数值不变)，得到图 2.8。从图中可看到，雷电流大小在 30～40 kA 分布的最多，所占比例为 23.26%。雷电流大小总体呈正态分布，即中间所占比例大，两端所占比例小。其中最大雷电流为 237.9 kA，大于 150 kA 的闪电为 4 次，雷电流强度大多数在 100 kA 以下。另外，依据《建筑物防雷设计规范》(GB 50057—2010)，故宫属于二类防雷建筑物，当雷电流小于 10.1 kA 会发生绕击，小于该强度的雷电流所占比例为 8.72%，

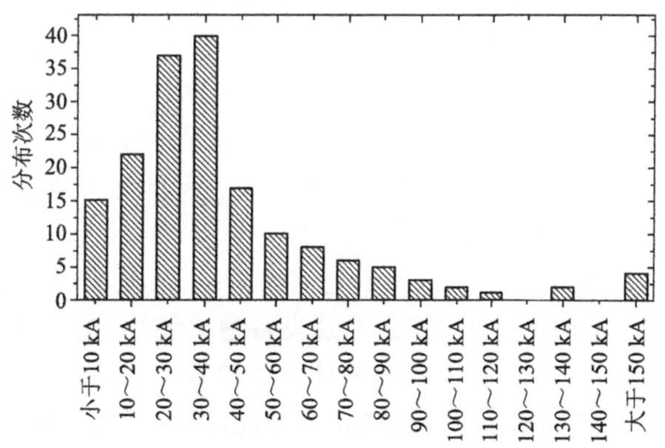

图 2.8　故宫及周围区域闪电电流强度分布

可以认为发生雷电绕击的概率为 8.72%。

从该区域闪电空间分布(图 2.9)可以看到,2005—2014 年在故宫院内至少发生 18 次闪电,共造成 4 起雷电灾害事故。此外,故宫附近 1 km 范围内的闪电产生的雷电电磁脉冲、雷电波入侵也有可能导致故宫内电子信息设备遭受破坏或误动作。由于该区域闪电资料积累时间较短,空间分布上并无很明显规律,有待于积累更长时间闪电资料进行统计分析。

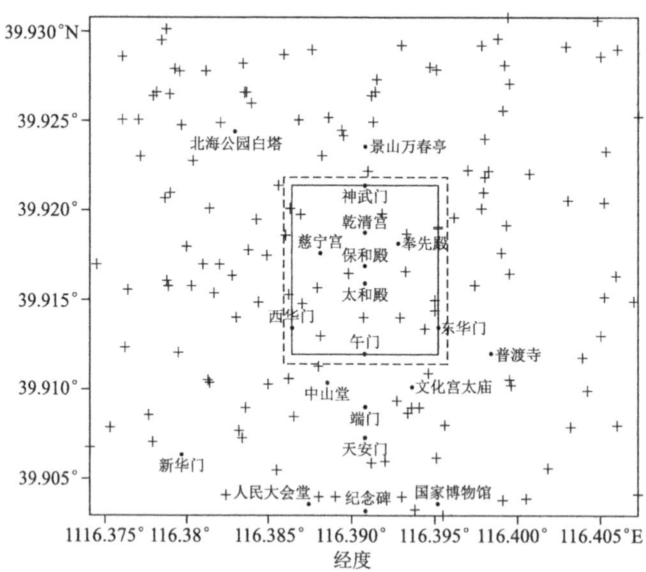

图 2.9　故宫及周围 1 km 区域闪电空间分布图(实线代表故宫城墙,虚线代表护城河外边界)

一般来说,雷灾频次与致灾因子(雷电活动)一般呈正相关,与承灾体(人类、建筑和电子信息设备)的脆弱程度也相关,其中雷电活动又和孕灾环境(气候、地理等)有关(马明 等,2008b)。致灾因子和孕灾环境人类难以改变,可以改变的是增强承灾体的抵抗性,如在故宫安装完善的防雷装置,采取有效的防雷措施和对策,可以尽最大可能减少或避免故宫发生雷击事故。

2.3　故宫博物院"6·23"雷击事件分析

故宫从明朝永乐十八年(1420 年)建成到清朝溥仪退位(1911 年)共 491 年中,有记录的雷击事件约有 34 起,新中国成立后故宫的防雷工作受到国家重视(安卫华 等,2011;白丽娟,2005;王时煦,1996),但仍有多次雷击记录,如 2011 年和 2012 年故宫三次遭雷击,所以很有必要研究故宫的雷击具体原因及相应对策。目前对某次雷击事故具体分析的主要有对学校及风景区重大雷击事件天气背景的分析(孙军 等,2010;许爱华 等,2004),对储油罐雷击起火成因及防护的探讨(冯民学 等,2007),对通信基站建设诱发雷电灾害事故调查(李家启,2012)和对高速公路雷击的研究(程琳 等,2011),以及对苏州紫金庵、扬州重宁寺藏经楼等文物保护单位的雷击灾害和雷电防护分析(姜启成 等,2010;杨仲江 等,2009)。

2011 年 6 月 23 日故宫修缮中心、箭亭、电管科办公室、锡庆门售票处、宝蕴楼后驻故宫武警院内这五个场所的建筑物及设备遭受雷击,造成古建筑和设备的损坏,本节就此次雷击事故进行综合分析。首先利用该日气象相关资料,分析了这次雷暴天气背景、大气电场和闪电分布特征;接着根据雷击现场的调查情况,探讨了故宫遭雷击的原因和防雷的薄弱环节,针对存在的问题提出了防雷整改建议,最后对故宫防雷提出了一些思考。

2.3.1 相关资料分析

2011年6月23日16:00时左右(北京时,下同),北京市城区出现强对流天气,故宫上空云层低且发生对地放电,16:00—17:00故宫院内发生雷击事故,据故宫修缮中心和电管科西办公室值班人员描述,这两场所的雷击事件发生在16:50左右,其他场所雷击具体时间不详。利用该日常规天气资料、卫星和雷达资料、大气电场资料、闪电定位资料,对这次雷灾事故天气背景以及雷击时间段大气电场和闪电特征详细分析如下。

2.3.1.1 天气实况及大气环流特性分析

此次强对流天气过程降雨强度之大,在北京历史上是不多见的,降水时段主要集中在该日16:00—19:00,此次降雨市区平均降水72 mm,超过120 km^2 的区域降水量在100 mm以上。降雨区域从北京市西北往东南方向发展,当日15:00降雨带到达北京市西北部的延庆县,17:00石景山区模式口站出现最大雨强(128.9 $mm \cdot h^{-1}$),18:00南郊观象台达到最大雨强(59 $mm \cdot h^{-1}$),其中天安门站和南长街站(两个观测站距离故宫最近)16:00—17:00的降水分别为33.4 mm、32.8 mm。

由图2.10a给出的6月23日14时500 hPa天气尺度环流背景场可看出,在暴雨发生前中高纬度贝加尔湖附近为一强大的高压,在高压前部的日本海北部经东北到华北北部为一横槽;高压发生倾斜迫使横槽南压,槽后冷空气的强烈补充南下使得北京西北向激发出闭合的小低压,并在偏西偏北气流的引导下逐步影响北京,强降雨中心正好与该低压中心吻合。同时,700 hPa系统和500 hPa配合密切,在北京东北方向有一高压脊,渤海至辽东有偏东风,这种形势的出现有利于大量的不稳定能量和水汽在华北地区聚集。在低纬地区,西太平洋副热带高压稳定少动,从高空到地面均为该形势。副高西侧的偏南暖湿气流将不稳定能量和水汽大量地聚集在北京地区,与切变线的偏北气流在北京附近产生强烈的辐合。

分析14:00 850 hPa风场(图2.10b)可以看到,近地面有10~16 $m \cdot s^{-1}$ 的低空急流,并随高压的北抬不断加强。由于地面有冷空气不断补充,低压不断加强,明显的切变线出现于河北中北部,温度场则表现为自西南向东北伸展的暖舌,北京处在暖舌的前部。另外,高低空具有很强的风向切变,500 hPa为西北风,850 hPa为西南风。随着低涡呈现东西向,经向环流转为纬向环流,横槽不断南压,使得700 hPa冷槽叠加于850 hPa暖脊上,造成大范围不稳定。当500 hPa干冷空气随着横槽一次次南摆加强时,造成北京地区出现很强的雷阵雨。

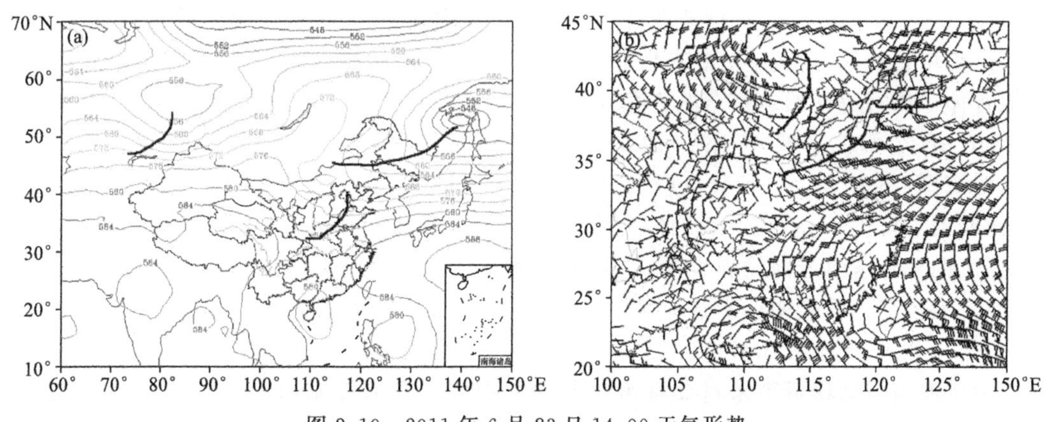

图2.10 2011年6月23日14:00天气形势

(a)500 hPa位势高度场(dagpm),(b)850 hPa风场($m \cdot s^{-1}$)

2.3.1.2　卫星资料和雷达资料分析

卫星红外云图的云顶温度资料可以反映出对流系统的强度和发展趋势。分析雷击时段内北京地区的 FY-2E 静止卫星红外云图可知，此次雷击事件是由一个中尺度对流系统(MCS)的强烈发展造成的，对流单体于 6 月 23 日 10:00 左右出现，并逐渐东移发展。从该日 16:01 卫星红外云图(图 2.11a)上可发现，北京城区附近存在亮温为－52 ℃的强对流区；随着中尺度对流系统的进一步发展，对流云团进一步加强；从 16:31(接近雷击发生的时刻)卫星红外云图(图 2.11b)可看出，北京区域上空的对流上升云顶比较明显，雷击区附近云顶相对较平坦，由于高空横槽向东南移动影响北京，使得低层辐合加强，强对流云团在北京上空不断发展。强水汽累积区云团同时伴随着低层高能中心移动，表明云内整层含水量充沛，为雷电的发生创造了很好的水汽条件。

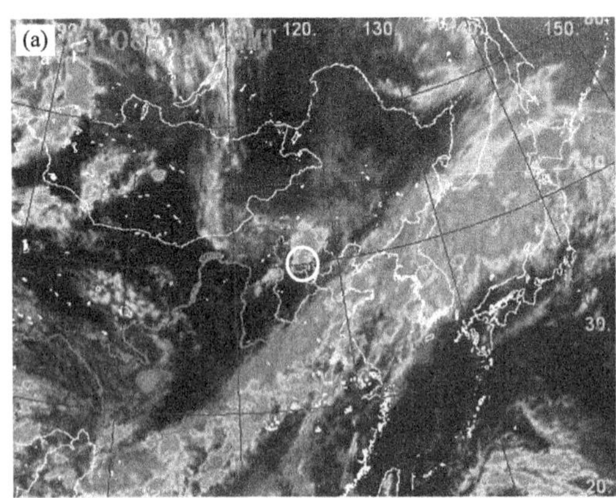

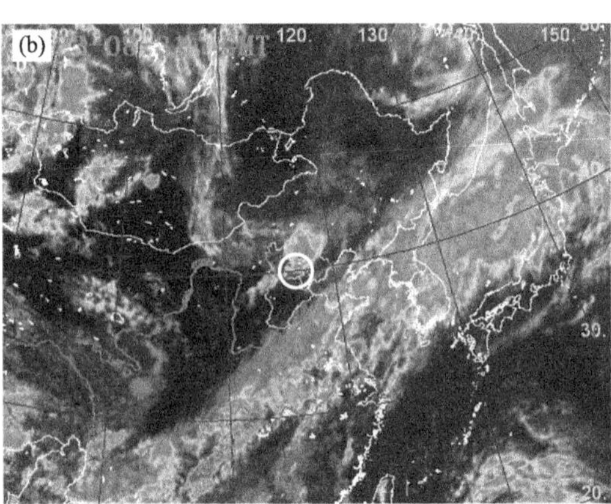

图 2.11　2011 年 6 月 23 日 FY-2E 卫星红外云图

(a)16:01,(b)16:31,北京为图中“○”位置

本节所用雷达资料来自北京市南郊观象台 CINRAD/SA 天气雷达(116.4719°E,39.8089°N)观测资料。2011 年 6 月 23 日 14:00—18:00，在有利于对流发展的环境条件下，北京西南部到东北部之间不断有中尺度对流单体自西南向东北方向活动，并展现出较复杂的空间结构。

从 16:00—17:00 雷达回波图(图略)看，可以明显地看到东北—西南向的强回波东移南压的发展过程，与高空天气形势的演变基本一致。整个强回波在张家口东部形成后逐步向东南方向有组织地移动，由多个发展旺盛的 β 和 γ 中尺度对流单体组成，并在前进方向的右侧不断的激发新的对流单体。从 16:48 雷达回波图(图 2.12a)来看，强对流区向东移动逼近北京城区，而回波中心强度也增长到 50 dBZ。在影响北京北部地区的带状强回波南部，存在一强烈发展的中尺度对流辐合体。故宫所在的北京东城区存在成片的回波强度大于 35 dBZ 的强对流区，最大回波强度超过 45 dBZ。沿北京城区东南—西北走向做雷达回波垂直剖面图(剖线位置见图 2.12a 蓝色箭头)，对该图(图 2.12b)进行分析可以发现对流单体最强回波达到 55 dBZ，该回波垂直厚度从 2 km 伸展到 5 km，35 dBZ 的回波伸展到 8 km 高度，最高回波高度约为 11 km。由回波结构看，回波由西北往东南方向倾斜发展，强回波的水平空间尺度范围在上百千米左右。强雷达回波移动、发展演变过程表明这次致灾暴雨、雷电是由强对流云团活动造成的。

2.3.1.3　大气电场资料分析

本节所使用的电场资料来自北京市气象局分别安装在海淀站(116.28°E,39.98°N)、朝阳站(116.48°E,39.95°N)、南郊观象台(116.47°E,39.80°N,位于大兴区)的大气电场仪，这三个电场仪所在位置到故宫的距离分别为 12.19 km、8.87 km、14.01 km，其空间分布见图 2.13d。电场仪为法国阿古斯公司的 StormDetec 猎雷者Ⅱ，其探测范围为±650 kV · m^{-1}，有效探测距离为 8～15 km。

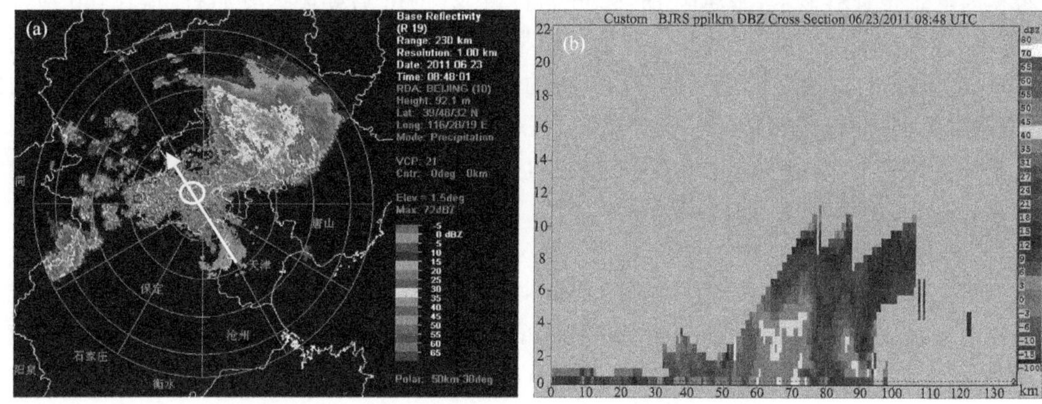
图 2.12　2011 年 6 月 23 日 16:48 时雷达图(见彩图)
(a)雷达回波图,图中椭圆为故宫所在的北京中心城区,(b)图(a)中箭头位置对应的垂直剖面图

从图 2.13 可看到,海淀站观测到的大气电场值 15:45 出现抖动,16:00 后抖动较大,电场值达到±8 $kV \cdot m^{-1}$,此后一直抖动变化,另外说明 16:00 之前已发生闪电;朝阳站 16:00 以前电场值约为 0 $kV \cdot m^{-1}$,证明该区域尚未发生闪电,在 16:00 到 16:30 时,大气电场值发生剧烈的抖动,其电场最大值达到 30 $kV \cdot m^{-1}$,最小值为−25 $kV \cdot m^{-1}$,此段该地区上空对流云电荷结构发生变化,云内发生放电,该地区有闪电发生;16:40 到 17:10 抖动稍小,此后又变大。观象台站 16:00 到 16:30 开始出现抖动,预示初步有闪电,16:30 到 17:00 抖动特别剧烈,说明其上空的对流云内有闪电发生。

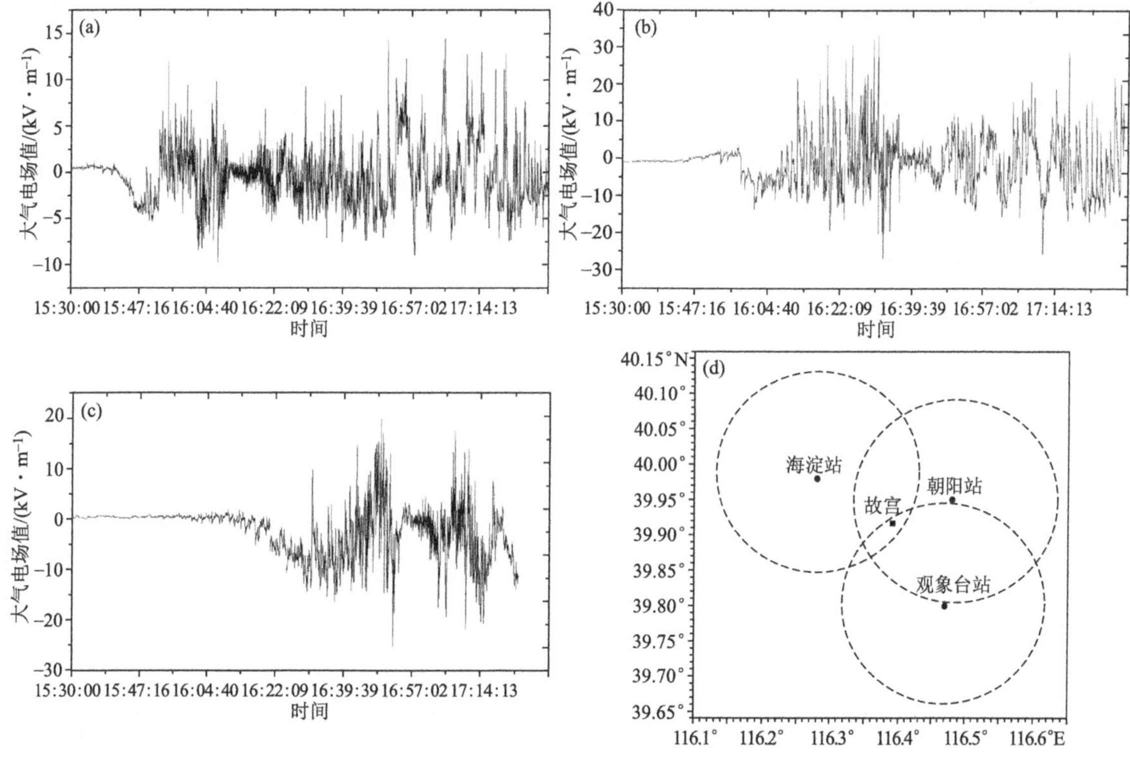

图 2.13　2011 年 6 月 23 日 15:30—17:30 大气电场变化及三个站点分布
(a)海淀站,(b)朝阳站,(c)观象台站,(d)三个站空间分布,圆圈(半径 15 km)代表电场仪探测范围

根据闪电定位资料显示，海淀区 15:52 开始打雷，21 min 后朝阳区开始打雷，16:50 南郊观象台（位于大兴区）出现雷电，电场抖动开始时间早于闪电出现时间。海淀观测站电场值抖动开始的最早，朝阳站次之，观象台电场值抖动开始的最晚，说明这次雷暴从北京西北往东南方向发展，这和降水发展方向一致。另外，故宫修缮中心和电管科西办公室遭雷击时（约 16:50），观象台大气电场值达到 $\pm 20\ \mathrm{kV \cdot m^{-1}}$，大气电场绝对值最大，海淀站正电场值 $15\ \mathrm{kV \cdot m^{-1}}$，负电场值 $-10\ \mathrm{kV \cdot m^{-1}}$，朝阳站为 $\pm 10\ \mathrm{kV \cdot m^{-1}}$。

2.3.1.4 闪电定位资料分析

利用电力部门闪电定位系统所监测的资料来分析雷击时段闪电相关特征。该定位系统采用高精度时差加方向综合定位，能探测每次地闪的位置、时间、极性、强度等信息，其闪电电流测量范围为 15～800 kA，闪电定位精度约 0～5 km，探测站间距在 150～200 km 时，探测效率大于 90%。

分析北京市 2011 年 6 月 23 日 15:30—17:30 每 30 min 闪电分布（图 2.14），该日 15:30—16:00 闪电主要位于海淀、昌平和怀柔区域，主城区没有闪电；在 16:00—16:30 北京中心城区（包括东城区和西城区，故宫位于东城区）闪电非常密集，分布范围呈团簇状，此外北京东北部密云县闪电也较多；在 16:30—17:00 闪电分布呈带状，主要位于门头沟北部—石景山—主城区一带，中心城区闪电较为密集；在 17:00—17:30 闪电基本远离中心城区，移向北京东南部的通

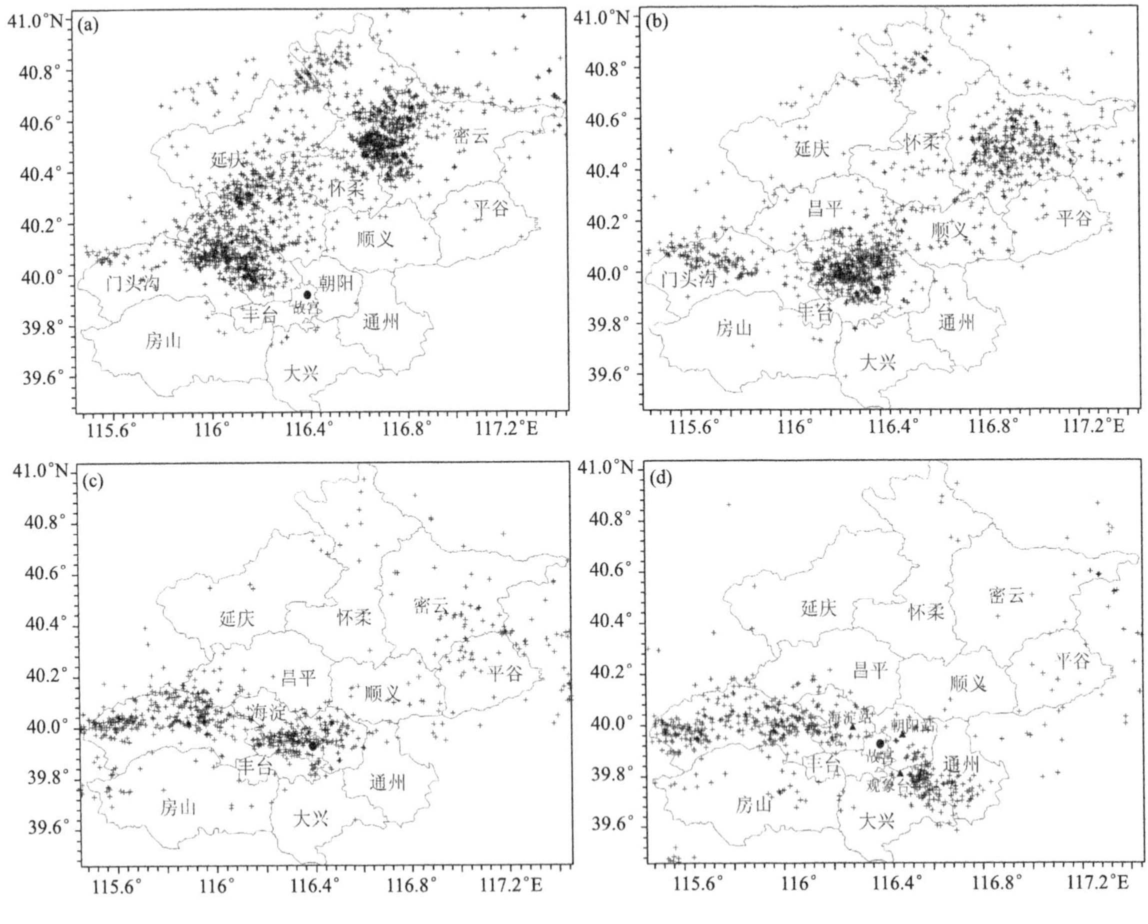

图 2.14 北京地区 2011 年 6 月 23 日 15:30—17:30 每 30 min 闪电分布

(a)15:30—16:00，(b)16:00—16:30，(c)16:30—17:00，(d)17:00—17:30，图中“●”为故宫位置

州，另一部分由门头沟北部移向中南部。从每 10 min 闪电次数分布(图 2.15)来看，15:30—15:40 闪电次数最多，当然这时主要位于北京西北部，其次为 16:20—16:30 闪电次数最多，且这时闪电多位于中心城区；17:00 之后闪电变得很少。总体来说，该次天气过程闪电从西北往东南发展，逐渐减少。这和雷达回波探测到的强回波发展运动方向一致，和不同站大气电场值开始抖动先后顺序较为吻合。

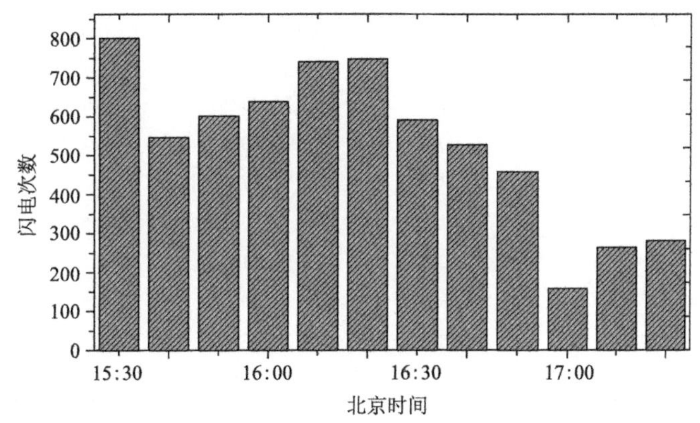

图 2.15　北京市 2011 年 6 月 23 日 15:30—17:30 每 10 min 闪电分布

鉴于北京中心城区的闪电主要发生在 16:00—17:00，所以统计该时间段故宫及周围闪电发生情况。保和殿(39.9169°N，116.3908°E)基本位于故宫中心位置，所以选择保和殿为中心，其周围 10 km 内的闪电进行统计。图 2.16a 为该日 16:00—17:00 故宫保和殿 10 km 范围内闪电空间分布图，该时间段正闪 5 次，负闪 251 次，共发生闪电 256 次，平均 4.25 次 · min^{-1} 以上，最大正闪电流强度 114.7 kA，最大负闪电流强度为 −203.1 kA，故宫雷击正是发生在这个时间段内。表 2.4 给出了故宫保和殿附近方圆 2.5 km 范围内的闪电情况，该区域该时间段共有 13 次闪电，均为负闪，最大电流强度为 −38.0 kA，最小为 −8.4 kA，平均强度为 −21.58 kA。其空间分布见图 2.16b，图中数字和表 2.4 中序号一一对应，结合表 2.4 可知图 2.16b 每次闪电的具体时间和电流强度。

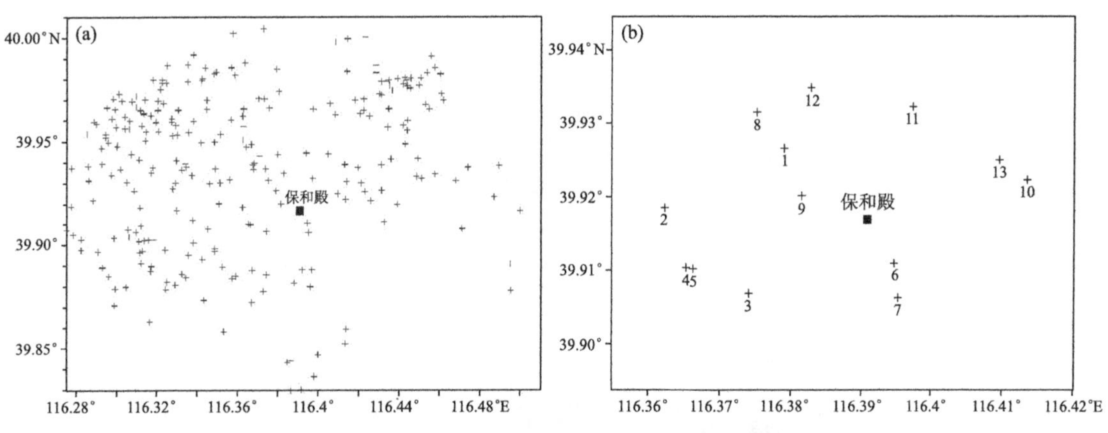

图 2.16　2011 年 6 月 23 日 16:00—17:00 故宫保和殿周围闪电分布

(a)10 km 范围，(b)2.5 km 范围，图中数字和表 2.16 中序号相对应

表 2.4 2011 年 6 月 23 日 16:00—17:00 故宫保和殿 2.5 km 范围内的闪电

序号	时间	闪电纬度 °N	闪电经度 °E	到保和殿 距离/km	闪电强度 /kA
1	16:15:57.1556	39.9265	116.3790	1.467001	−26.5
2	16:20:42.2222	39.9185	116.3623	2.437063	−28.5
3	16:21:50.7707	39.9068	116.3741	1.813847	−18.8
4	16:21:54.7179	39.9103	116.3653	2.295328	−17.2
5	16:21:54.7517	39.9101	116.3662	2.230178	−14.9
6	16:22:34.5941	39.9109	116.3946	0.741722	−8.4
7	16:29:15.4847	39.9062	116.3951	1.245028	−20.1
8	16:31:58.6685	39.9315	116.3752	2.098866	−23.7
9	16:34:14.1676	39.9201	116.3814	0.877070	−18.5
10	16:38:53.8893	39.9223	116.4135	2.026850	−34.6
11	16:44:20.9593	39.9323	116.3972	1.797267	−11.1
12	16:48:41.6409	39.9348	116.3828	2.104049	−20.3
13	16:56:34.9216	39.9250	116.4096	1.838914	−38.0

2.3.2 雷击原因分析

故宫“6·23”雷击事件中五个遭雷击的场所具体分布位置见图 2.17。北京市避雷装置安全检测中心会同故宫古建部对雷击灾害现场进行的调查发现，故宫此次发生的雷击事件其雷击类

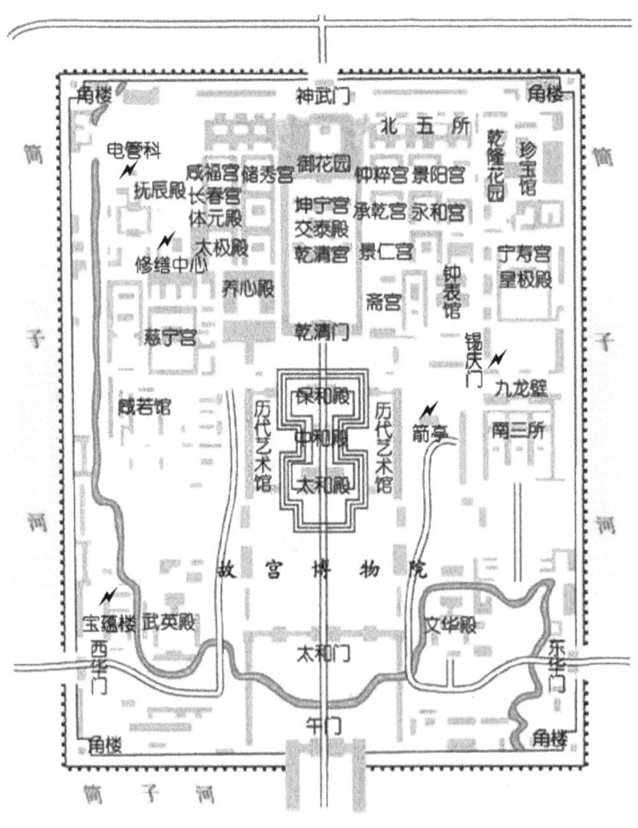

图 2.17 2011 年故宫“6·23”遭雷击的五个场所示意图(图中“ϟ”位置)

型既有雷击建筑物的 S1 型(S1 及下文的 S2、D2、L2 等见《雷电防护　第 2 部分:风险管理》,又有雷击发生在建筑物附近区域的 S2 型;损害类型包括建筑物物理损坏的 D2 型及电涌导致的电气电子系统功能损坏的 D3 型;损失类型包括故宫内配电、安防、通信等系统的损失 L2,还包括了文化遗产损失 L3 和由此带来的经济损失 L4。

从遭雷击的地方来看,锡庆门、箭亭较矮遭雷击,而西侧较高的太和殿、保和殿未发现有雷击损坏现象。锡庆门、箭亭均未安装接闪带,太和殿、保和殿安装有接闪带,可能当时也在接闪,只因为有防直击雷措施,所以未遭破坏。如果当时在太和殿、保和殿引下线处安装雷击计数器,将会对雷击点的查找和雷击损坏的原因分析提供更多的方便。王时煦(1996)认为高大恢弘的建筑,飞檐翘角的林立,加上发达的水系使土壤电阻率很低,以及北京地区雷暴系统主要移动发展路径(西山→八里庄→故宫→朝阳门→十八里店→宋家庄→百子湾→通州)经过故宫,这些原因综合在一起,是故宫易遭雷击的原因,但雷电具体击在哪个宫殿、哪个位置,即雷击点的选择,受很多因素的影响。故宫此次雷击事件的具体情况见表 2.5,针对此次雷击原因分析及整改建议见表 2.6。

表 2.5　故宫雷击具体情况

	雷击地方	雷击具体情况
1	修缮中心	该日下午 16:50 左右遭雷击,修缮中心屋脊西端瓦件被击破脱落,因当时办公室电源已拉闸断电,配电盘也按规范要求加装了浪涌保护器,因此未造成用电设备损坏,但修缮中心办公区内多处网络交换机、监控摄像头等信息设备遭损坏
2	西华门宝蕴楼后武警部队院内	驻故宫武警部队院内 2 台大型监视器、2 台电视机、3 台摄像机、1 台 DVD 机及网络信息端口遭损坏
3	电管科西办公室	该日下午 16:50 时许,电管科办公室 6 台电脑和 1 台空调损坏。据事发现场人员描述,雷击时空调室内断路器冒出火球;使用计算机的工作人员当时身体有电流通过的麻木感觉
4	锡庆门售票处	锡庆门售票处建筑遭雷击,造成建筑物屋顶兽头损坏。雷击时因室内已拉闸断电,没有造成室内用电设备损坏
5	箭亭	当时并没有注意到其遭雷击,后来工作人员发现箭亭正脊、房檐遭破坏,脊上走兽和房檐古瓦脱落才发现遭雷击

表 2.6　故宫雷击原因分析及整改建议

	雷击原因分析	整改建议
1	修缮中心雷击原因为该区域内所有建筑物均无直击雷防护措施,木工房工作室为钢架结构且高于区域内其他建筑,虽然钢架作了接地处理,但屋顶未设置接闪器,直击雷落在屋脊上造成建筑物损坏。同时雷电感应在办公区域内的信息系统中产生过电压,各类架空线缆也未采取屏蔽措施,因此造成多处信息设备损坏	依据国家标准 GB 50057-2010 第 4.3.1 条、北京市地方标准 DB 11/741-2010(北京市文物局等,2021)第 7.1.1 条的规定,古建筑应加装直击雷防护装置,接地阻值不大于 10 Ω。信息设备前加装信号浪涌保护器。架空线缆按 GB 50057-2010 第 4.2.3 条规定,应改为埋地引入(出),埋地长度应符合国家标准 GB 50343-2012 第 5.3.2 条规定
2	宝蕴楼后武警院内总配电及各分配电盘和用电设备处均未按相关规范要求加装浪涌保护器,总配电盘为 TN-C 方式供电,无 PE 线,监控室内监控台和网络机柜均未接地,各类金属线缆未采取屏蔽措施,遭雷电波入侵及雷电电磁脉冲破坏	依据 GB 50057-2010 的规定总配电及各分配电盘和用电设备处应按要求加装适配的浪涌保护器,其配电应改为 TN-S 或 TN-C-S 系统。金属线缆采取屏蔽措施,监控室内设备做好接地及等电位连接,并确保接地阻值不大于 10 Ω

续表

	雷击原因分析	整改建议
3	电管科西办公室雷击原因为建筑物无直击雷防护，配电分盘及用电设备处均未按防雷规范要求安装浪涌保护器，雷电波入侵电源系统，造成用电设备损坏	依据 GB 50057-2010 第 4.3.1 条的规定安装接闪带，配电分盘及用电设备处均应按防雷规范要求安装适配的浪涌保护器
4	锡庆门售票处雷击是由于建筑无直击雷防护，且室内用电设备较多，增加了遭雷电袭击的概率，未采取完善的综合防雷措施	按照 GB 50057-2010 第 4.3.1 条、DB11/741-2010 第 7.1.1 条的规定完善直击雷防护措施，并完善线缆屏蔽、设备等电位连接和接地，电源及信息线路的浪涌保护等
5	箭亭雷击原因为建筑正脊、斜脊和屋檐未按防雷规范要求安装接闪带，从而遭直接雷击	按照 GB 50057-2010 第 4.3.1 条规定正脊、斜脊和屋檐等安装接闪带，完善直击雷防护措施

图 2.18　故宫某殿的垂脊下半部分未安装接闪带(图中方框位置)

虽然故宫在防雷方面近些年做了很多工作，但是在其建筑物的防直击雷和电气电子系统的防雷电电磁脉冲两方面均存在薄弱环节。部分建筑物没有安装直击雷防护装置或现有防雷装置不完善，不能对建筑物完全保护，如图 2.18 为故宫内某殿的垂脊下半部分未安装接闪带，不能有效保护建筑物的檐角、吻兽及走兽。这些位置均为建筑物最突出的部位，甚至是故宫区域内的最高点，更是易遭受雷击的部位。故宫内的部分配电线路及监控、广播、通信等信息系统线缆由于受古建筑保护要求的制约，多数为沿外墙体敷设，且线缆电磁屏蔽措施不完善，因此该区域发生雷云对地放电时容易出现设备损坏。

鉴于故宫的社会地位及古建筑的结构特点，故宫的雷电防护应全面规划、系统防护、综合治理。首先，雷电防护应严格执行国家、地方相关技术标准及要求，规范防雷设计、施工中各个环节。其次，对古建筑的直击雷防护和电气电子系统的雷电电磁脉冲防护统筹规划、综合防护，同时做好针对游客的雷电接触电压及跨步电压的防护。再次，完善防雷装置的检测、维护与管理，对检测中发现的防雷隐患及时排除，将雷击可能性降到最低。

2.4　长城雷击事故

2.4.1　长城雷击事故统计

长城是我国古代劳动人民创造的伟大奇迹，是中国历史悠久的见证，是中华历史上最具代表性的古建筑之一。万里长城雄伟状观，从辽宁到甘肃东西横贯 10 个省(区、市)，是世界历史上伟大的工程之一，被视为中国的象征。北京地区开放的四段游览区域长城多为依山势南北走向而修建，长城东西两侧为山谷，这一特殊地形造成游览区域平均雷暴日数比全市年平均雷暴日数大约多了 5 d。近些年仅北京境内的长城就多次发生雷电事件，严重威胁着长城及游人的安全。

古人为了防守边塞，在北京周边大多数长城修建在最高的山脊上，甚至不乏在高山绝壁上修建敌台。海拔增高后，自然灾害现象就难以避免，比如雷击灾害。从被雷击中过的敌台外表可以看出，雷击的力量远超出想象，成片的砖石都被削掉，形成特殊的雷击灼伤痕迹(图 2.19，图 2.20)。当然很多敌台也存在从上到下的贯穿裂痕，不是雷击造成的，可能是由于地基不稳、塌陷引起的。

图 2.19　长城密云 255 号敌台雷击破坏及修复图(尚珩 等,2022)*

(a)雷击破坏后的敌台,(b)2019 年抢险加固后的敌台

(1)古代关于长城雷击记录

正是因为对雷电的敬畏,在史书中也有不少雷击长城事件的记载(尚珩,2022)。

1)正德十年(1515 年)闰四月,蓟州赚狗崖东墩及新开岭关雷火,震伤三十余人。

2)万历十九年(1591 年)五月,是日,马水口雷火烧台。

3)万历二十五年(1597 年)七月,黄花镇雷火毁台、垣及神火器具。

4)万历三十三年(1605 年)五月,顺天巡抚刘四科奏:本月初六日,蓟镇石塘路大雷雨,击死住操勇壮、援兵朱昂等三名,并牧放马三匹,及佣工锄田人刘大益等二名,又烧伤牧马幼童谭喜儿等五名。十一日,松棚路九十四号台被雷火霹破门楼,将佛郎机、快枪等件弃掷台下,多有折损,火箭、火药悉行焚毁。十六日,燕河路四号台,被雷火震倒南、北、西三面垛口,焚毁火器等件,其砖瓦木料弃掷墙外,并跌伤军妻二口。

5)万历四十二年(1614 年)五月,是日酉时,密云杨洼台霹雳雷火,烧毁台上层楼,并火器、火药、火箭无存,装就神炮放尽,击死南兵一名。

明朝人在修建长城的时候应该了解雷电的危害,但是苦于科学技术的匮乏,还没有认识到电的本质。明朝工匠虽然不懂雷电本质,但懂得雷击后怎么修,在长城沿线的石碑中有这样的修缮工程纪录碑刻。图 2.21 为鲇鱼池修长城敌台的残碑,现位于河北遵化县汤泉公社鲇鱼池村东北沙坡峪台 81 号敌台旁边。碑文中详细纪录了“左营官军奉文派修毛山雷击图圄”,方法是“用砖石和灰浆灌缝抿抹,修砌……”*。

图 2.20　擦崖子关西山顶瞭望山敌台雷劈痕迹(尚珩 等,2022)

图 2.21　关于长城雷击维修的石碑(尚珩 等,2022)

* 引自尚珩,老丁 2022 年 3 月 7 日发表《长城知识/长城被雷电击中过吗》一文。

(2)近些年关于长城雷击记录

长城是雷击人员伤亡频发场所,近些年长城人员雷击伤亡情况如下。

1)1998 年 8 月 30 日,一对徒步走长城的英国青年在密云司马台长城 16 号烽火台内避雨时,一女青年在探出头观望雨情的一瞬间遭雷击身亡。

2)2004 年 7 月 23 日下午 3 时许,昌平居庸关长城 8 号烽火台遭雷击,在烽火台内避雨的游客被雷击几乎全部倒下,其中 15 名游客昏迷送医院救治。

3)2005 年 8 月 12 日 13 时,两名希腊游客在密云司马台长城 11 号烽火台上游览时,不幸遭遇惊雷,其中一名 25 岁的希腊女游客被雷击中,当场死亡,疑为拨打手机时引发感应雷所致。

4)2008 年 8 月 14 日 14 时 30 分,北京怀柔区慕田峪长城 8 号烽火台遭到雷击,造成三名美国游客、两名香港游客和四名内地游客受伤。

5)2009 年 6 月 13 日下午,当 5 名游客在怀柔区雁栖镇西栅子村附近攀爬箭扣长城时突遇雷击,2 名游客(一对新婚博士夫妇)当场遭雷击身亡,另 3 名游客受轻微伤。当时有 5 人在朝"鹰飞倒仰"地段爬去,随着一声响雷,一道闪电在 5 人中末尾的两人中间炸出一道红光,两人掉到了 30 多米高的断崖下,另 3 人也被炸倒在地。

6)2013 年 6 月 4 日下午 3 时许,伴随着电闪雷鸣,一名 14 岁的男孩在怀柔慕田峪长城攀爬时,不慎被雷击伤右臂,随即口吐白沫,晕倒在地上。

7)2017 年 9 月 10 日上午,天津黄崖关长城景区突降阵雨,并伴有雷电、阵雨。由于雨势来得很急,在长城上的游客没能及时下山,就跑到就近的敌楼中躲雨,在 11:20 左右,一道响雷击中了在 16 号敌楼内躲雨的部分游客,导致 7 人不同程度受伤。

以上统计到的长城雷击事故中发生在怀柔慕田峪 2 次,怀柔箭扣长城 1 次,密云司马台长城 2 次,昌平居庸关长城 1 次(延庆八达岭长城暂未见到记录)。这些雷灾发生地多位于燕山山脉的南侧,再往南为北京地区的平原,雷灾易发生可能和北京地区雷暴下山增强有一定关系,有待于进一步研究。

2.4.2 长城易遭雷击原因分析

长城雷击事故较多,根据全国防雷专家关象石高工解释,主要原因包括以下方面。

第一,北京的平均雷暴天数明显高于同纬度的其他城市甚至低纬度地区。这是由于北京东南临平原、西北靠山的特殊地形引起的,来自西南方向的暖湿气流在燕山南麓沿山坡抬升,很容易发展成带电的积云或积雨云。

第二,长城多数位于山顶部,非常暴露突出,容易遭受雷击。长城的结构与大多数中国古建筑一样,为砖石结构,与现代建筑的钢结构或钢筋水泥结构相比,它的特殊性在于本身没有任何防雷作用,走在长城上会像走在山路上一样可能遭受雷电侵袭,躲进砖石结构的敌楼里和躲在没有任何防雷装置的建筑物内一样会被雷击。

第三,首都北京名气大,北京长城名气更大。长城上游人如"过江之鲫",人多则发生雷击伤亡事故的概率就越大。

第四,在一些游览区,防雷设施并不健全。为保护文物和环境,在长城敌楼或烽火台上并没有安装接闪器(接闪杆、带、网),在这样的长城敌楼或烽火台容易遭受雷击破坏。

2.5 本章小结

(1)全国古建筑雷灾事故 3—10 月均有发生,其中主要集中在 6—8 月(合计占比 76.72%),

其中最多的是在8月份(占比29.31%),在3月、10月最少,各为1次。雷灾分布和全国闪电月份分布较为一致

(2)统计1420—2014年故宫有记录的雷电灾害次数共为51起,分布较多的时间段为1420—1500年、1500—1600年、1900—2000年;雷电灾害分布在5月到9月,主要分布在6—8月,合计占87.23%,其中以8月最多,占34.04%。空间分布上故宫南部的建筑遭雷击次数要比北部的多,中心轴线上的比两侧的多,其中太和殿雷击次数最多,遭雷击起火的次数也最多。遭雷击最多的部位为吻兽,其次是电子信息设备。雷击类型为直击雷最多,近些年感应雷击的次数在增加。

(3)统计2005—2014年故宫及周边1 km范围闪电定位资料,得到该区域雷电日分布主要在下午和前半夜,占总数的63.95%,其中15:00最多;月分布为4月到10月,主要分布在6—8月,合计占91.86%,其中8月最多,占45.93%。雷电流在30～40 kA分布的最多,占总数的23.26%,总体呈正态分布。整体而言,雷电灾害和雷电活动在时间分布上较为一致。

(4)引起故宫2011年“6.23”雷击的这次强雷暴天气是由中尺度对流系统(MCS)强烈发展造成的,在天气形势场、卫星云图、雷达回波图、大气电场图、闪电分布图上都有明显的特征。从大气电场资料上看故宫附近的三个站均出现绝对值大于10 $kV \cdot m^{-1}$的抖动,电场抖动开始时间早于闪电出现时间。从闪电定位仪监测得到故宫周围闪电很密集,距故宫中心保和殿2.5 km范围内出现13次闪电。该次雷击事件既有直接雷击,也有雷电感应及雷电波侵入导致的古建筑场所设备损坏。

(5)长城易遭雷击原因主要包括北京的平均雷暴天数明显高于同纬度的其他城市、长城多数位于山顶部非常暴露突出、长城上游客众多发生雷击伤亡事故概率较高、在一些游览区防雷设施并不健全等。

第3章　古建筑雷击火灾机理分析

古建筑遭受雷击的火灾转瞬即至，来势汹汹，是可怕的"古建筑杀手"。直接雷击引发古建筑火灾原因，一是雷电火花引燃木材或雷电流在泄放过程中引燃了木材，二是雷电流沿着电源线或信号线侵入或者泄流进而导致线路自身起火引燃木材；雷电电磁脉冲引起古建筑起火包括在古建筑场所内电子电气设备感应过电压出现电火花，或线路产生感应过电压发生短路而起火，此外，还有金属设备与防雷接闪器、引下线间距不够产生雷电反击进而出现火花等。本章首先对古建筑直击雷火灾成因进行总体分析，然后利用模拟雷击试验方法研究古建筑木材雷击损坏机理，分析雷击古建筑木材破坏或起火的具体特征和原因。最后分具体情况，利用数值模拟分析方法从古建筑防雷引下线温升、古建筑金属环雷电感应电压和感应电流等角度分析木材雷击起火可能方式和机制。

3.1　古建筑直击雷火灾成因分析

3.1.1　概述

古建筑由于其自身的结构、位置等特点，从古至今，其遭受雷击或因雷电起火被焚毁的事件时有发生。从史料记载看，古建筑火灾包括人为失火、兵火、地震火灾、雷击火灾。张华明等(2013)统计80起古建筑雷击事故中，起火的有21起，所占比例为26.5%，仅次于雷击吻兽的比例(30%)。王时煦(1994)自1954年至1993年亲自调查到的北京地区的雷击事故共计143次。其中因雷击引起火灾的70次，占总雷击次数49%，纯系古建筑物被雷击起火27次，所占比例19%。所以研究古建筑雷击起火成因和途径很有意义。

目前在古建筑防雷方面不同学者做了不少有益的探索，王时煦等(王时煦，1994；王时煦 等，2000)对古建筑防雷做了较多研究，取得了古建筑防雷方面的很多成果；Fan等(2011)、张玉桦等(2009)分析了古建筑群防雷隐患并给出了相应的对策；安卫华等(2011)、刘建峰等(2012)分别对故宫太和殿、南京明孝陵明楼修缮工程防雷设计施工进行了分析探讨；蔡纪鹤(2008)，曲扎江措等(2012)分别依据古塔类建筑、藏式古建筑特点提出了对应的防雷措施；杨仲江等(2009)、姜启程等(2010)、李京校等(2014)由古建筑雷击事故分析给出对古建筑防雷的措施；刘荣等(2000)对雷击某古建筑防雷系统时的电磁暂态过程进行分析，提出了防雷电反击的改进方法。这些分析研究在涉及到古建筑雷击着火时，多数仅是描述到古建筑接闪带(针)接闪后雷电流使引下线发热升温，但温升具体为多高，不同种类金属引下线温升分别是多少，引下线过渡阻值偏大或断开具体情况又是怎样，危害是什么，尚未给出定量的分析。现就这些方面进行详细地分析。

图3.1　古建筑木材构造示意图(宋刚，2020)

3.1.2　古建筑木材分析

3.1.2.1　古建筑所用木材

我国古建筑大多是以木材为主要建筑材料，除石坊、砖塔外，屋架主要为木结构，其中梁、柱、斗、拱、

檩、椽、窗、扉等均为木材制作(图 3.1)。古建筑立柱和横梁为粗大木料,望板和支承木楞架空交错,集中在闷顶里,天花板均系薄板架于木楞木条之上,火灾荷载较大,有的古建筑内还有帷帐、贴纸等,都是易于燃烧、蔓延和扩大燃烧的材料。

一般的古建筑每平方米建筑面积约需用 1 m^3 的木材,远远大于现代建筑中木材用量每平方米不应大于 0.03 m^3 的标准。如北京故宫所有宫殿都是木质结构,每平方米约用木材 2 m^3,70 万 m^2 皇宫,共用木材 140 万 m^3,故宫中最大的建筑太和殿面积为 2377 m^2,据测算使用了 4754 m^3 木材。古建筑中的木材,经过几百年的干燥,含水量远低于正常干木材的含水量(正常为 12%～18%),再加上年代久远,木材枯朽,因此极易燃烧,在干燥的季节甚至遇到雷电引起的火花就会起火。

3.1.2.2　古建筑燃点和自燃点

燃点指可燃物质着火的最低温度,即可燃物质在某一点(或局部)被外来火源引燃后(雷电火花),将火源移去仍能保持继续燃烧的最低温度(赵秋生 等,2008)。自燃点是能使可燃物质发生自燃的最低温度,即可燃物质由于外界加热或自身化学反应、物理或生物作用等产生的热量而升温到无需外来火源就能自行燃烧的温度(如雷电高温)。这两者都从温度角度反映了可燃物质着火或爆炸的难易程度,其最大差别在于燃烧发生时有无明火直接作用,一般情况自燃点温度高于燃点。表 3.1 给出了常见的古建筑木材的燃点(张泽江 等,2010),这些木材的燃点在 250～290 ℃,最低的为扁柏(253 ℃),最高的为楠木(283 ℃)。它们自燃点在 420～460 ℃。无论是雷电直接击中古建筑木材,或者雷电沿引下线泄放时引起的温升,当温度高于此时,都有可能引燃古建筑木材。

表 3.1　常见古建筑木材的燃点

木材名称	燃点/℃	木材名称	燃点/℃
杉木	275	椴松	253
红松	263	山毛榉	272
落叶松	271	针枞	262
白桦	263	梧桐	264
扁柏	253	楠木	283
马尾松	270	青皮竹	260
石栎	280	柳杉	275

3.1.3　直击雷引起火灾分析

3.1.3.1　直接击中古建筑木材引起火灾

直击雷的效应分为热效应、电效应和机械效应。一般情况下,在被直接雷击的古建筑上产生的热效应包括闪电通道底部与雷击点处的热效应和雷电流注入雷击点后流经引下线后的热效应两种。前者近似被看作火花间隙的放电发热现象,其能量转换过程复杂,温升过程难以计算;后者发热过程稳定,基本属于阻性发热(刘俊,2014)。

当雷电直接击中建筑物发热时,这个发热基本等同于雷电放电电弧通道底部的温度,其下层的温度达到 6000～10000 ℃,极易引燃古建筑木材。当雷电直接击中古建筑木材,引起着火,即雷击点接触处的热效应。当房檐下雨淋湿或立柱受潮变湿,变得容易导电,易吸引雷电,有可能击在古建筑房檐下的立柱或檐枋上,雷电流对其发热,导致火灾;也有可能雷电直接击穿屋顶,击在古建筑望板和支承木楞上引起着火。

公元 762 年西藏布达拉宫一场雷击引发大火,导致布达拉宫内 1000 多间房屋中绝大多数被烧毁;明天顺元年(1457 年)北京天安门前身承天门、明嘉靖十八年(1539 年)北京鼓楼分别遭雷击起火被毁；明嘉靖三十六年(1557 年)紫禁城三大殿(包括太和殿、中和殿、保和殿及午门外左右廊)因雷击火灾而焚毁；光绪十五年(1889 年)8 月 24 日天坛祈年殿因雷击起火，整个祈年殿化为灰烬。这些情况多是出现在较早年代未安装防雷装置的古建筑上，鉴于现在很多古建筑已安装防雷装置，本节未深入探讨该方面。

3.1.3.2　引下线自身电阻发热引起火灾

当雷电先击中古建筑上接闪器，沿引下线快速泄放。古建筑基本均为明敷引下线，当雷电流沿引下线泄放时，在通路上会产生温升。在建筑物遭受雷击后，雷电流会沿着建筑体内各种金属导体通路流入大地，由于金属体自身存在着电阻：

$$R=\rho_{阻}\frac{L}{S} \tag{3.1}$$

式中：$\rho_{阻}$ 为金属体的电阻率，单位：Ω · m；L 为金属体长度，单位：m；S 为金属体的横截面积，单位：m^2。雷电流经过它们时会产生热量，根据焦耳定律，这种热量可表示为：

$$W=R\int_0^t I^2\mathrm{d}t \tag{3.2}$$

式中：W 为发热量，单位：J；I 为电流，单位：A；R 为雷电流通道的电阻，单位：Ω；t 为雷电流持续时间，单位：s。实际上，雷电流作用的时间很短，散热影响可以忽略，在雷电流通路上由雷电流引起的温升(ΔT)为：

$$\Delta T=W/mC \tag{3.3}$$

式中：ΔT 为温升，单位：K；m 为通过雷电流的物体质量，单位：kg；C 为通过雷电流的物体的比热容，单位：$\mathrm{J\cdot(kg\cdot K)^{-1}}$。其中，

$$m=\rho_{密}V=\rho_{密}LS \tag{3.4}$$

将式(3.1)—(3.4)整合，得到：

$$\Delta T=\frac{\rho_{阻}\int_0^t I^2dt}{S^2\rho_{密}C} \tag{3.5}$$

从推导得到的式(3.5)可以看到，温升和引下线的横截面积 S、电阻率 $\rho_{阻}$、密度 $\rho_{密}$、比热容 C，以及雷电流强度 I、电流持续时间 t 有关，和引下线长度 L 无关。

《雷电防护　第 1 部分：通则》(IEC 62305.1—2010)中所给引下线温升计算见式(3.6)，利用该式和上面推导出的式(3.5)分别求出引下线温升数值，将二者结果作图对比，见图 3.2 所示。

$$\Delta\theta=\frac{1}{\alpha}\left[\exp\frac{\frac{W}{R}\times\alpha\times\rho_o}{q^2\times\gamma\times C_w}-1\right] \tag{3.6}$$

式中：$\Delta\theta$ 为导体的温升，单位：K；α 为电阻的温度系数，单位：$1\cdot K^{-1}$；$\frac{W}{R}$ 为冲击电流的单位能量，单位：$\mathrm{J\cdot\Omega^{-1}}$；$\rho_o$ 为环境温度下导体的电阻率，单位：Ω · m；q 为导体的截面积，单位：m^2；γ 为材料的密度，单位：$\mathrm{kg\cdot m^{-3}}$；C_w 为热容量，单位：$\mathrm{J\cdot(kg\cdot K)^{-1}}$。

以引下线常采用的钢、铜、铝三种金属材料为例，根据每种金属的属性(电阻率 $\rho_{阻}$、密度 $\rho_{密}$ 和比热容 C)，引下线的直径取 ø4(钢取 ø5)、ø6、ø8、ø10、ø12、ø14、ø16、ø18(单位：mm)8 种情况，式(3.5)中雷电流波形为 10/350 μs 波形，雷电流取值为 150 kA；式(3.6)中所用参数具体取值见规范 IEC 62305.1—2010。根据这两个公式作出不同材料的引下线温升和直径关系如图 3.2 所示。

从图 3.2 中看出，不同金属材料引下线在相同横截面积、相同雷电流时其温升不一样。其中钢引下线的温升最高，铝次之，铜最低，这与它们各自的电阻率大小有关。整体而言，用

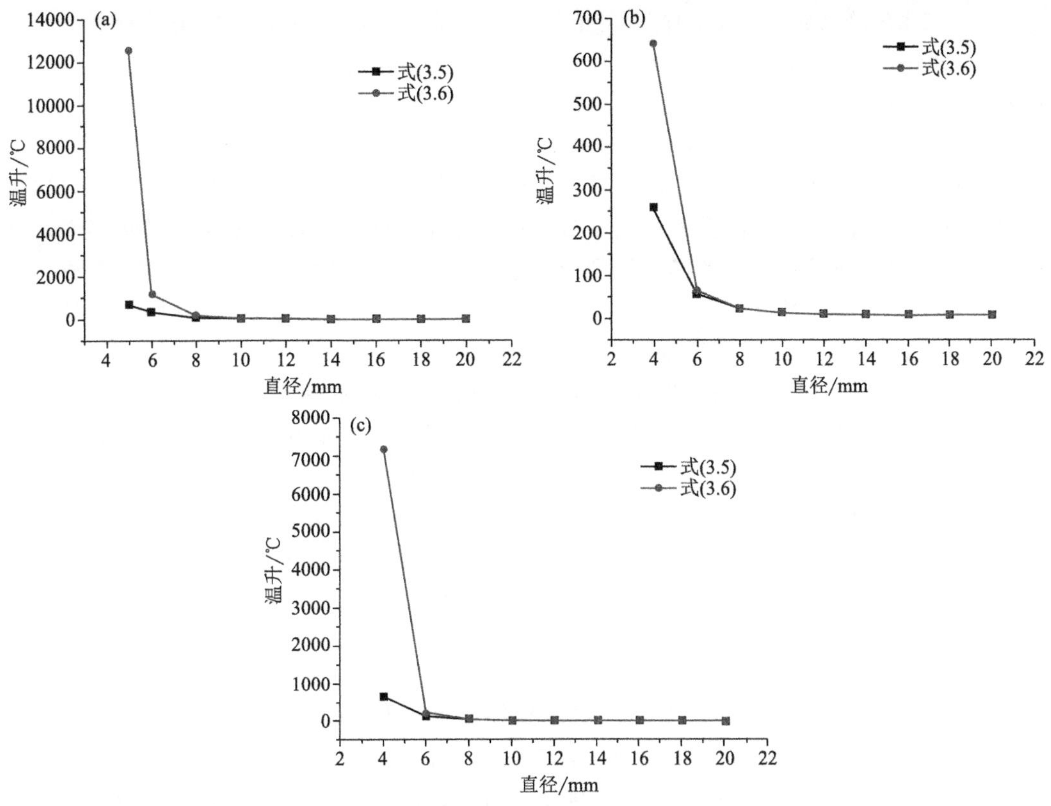

图 3.2　不同材料的引下线温升随直径变化

(a)钢引下线,(b)铜引下线,(c)铝引下线

IEC62305.1—2010 的公式温升要比式(3.5)的稍高些,对于直径较小的引下线,IEC62305.1—2010 给出的算法公式温升值太大,与实际情况难以符合,这是因为 IEC62305.1—2010 公式整体是 e 的指数函数形式,在某些自变量范围的陡度变化过大。当引下线直径小于 8 mm 时,温升变化的陡度很大,即温升变化过于偏高,与实际情况难以符合。式(3.5)应该更适合计算古建筑明敷引下线的温升。

直径小于 8 mm 的引下线其直径对其温升有较大影响,如果引下线太细,会出现雷击时引下线发热过大而熔断或者是直接引燃古建筑木材。根据表 3.1 中最低燃点的古建筑木材(扁柏,燃点 253 ℃,故宫武英门的抹角梁采用该木),雷电流设为 150 kA,利用式(3.5)得出对应的钢引下线直径为 6.40 mm。考虑雷电流的趋肤效应,雷电流主要分布在引下线的表面,发热不均匀,所以有可能表面发热温度更高,很有可能雷击时引起古建筑着火。

再以常见的直径 10 mm 的钢引下线为例,以雷电流 10～200 kA(每 10 kA 取一数值)为变量画图,如图 3.3 所示。计算中分别按式(3.5)和式(3.6),时间取 350 μs。

从图 3.3 可看到,随着电流强度增强,温度是逐渐升高的,但是相对于引下线直径对温升影响而言,雷电流大小对温升变化相对较小。

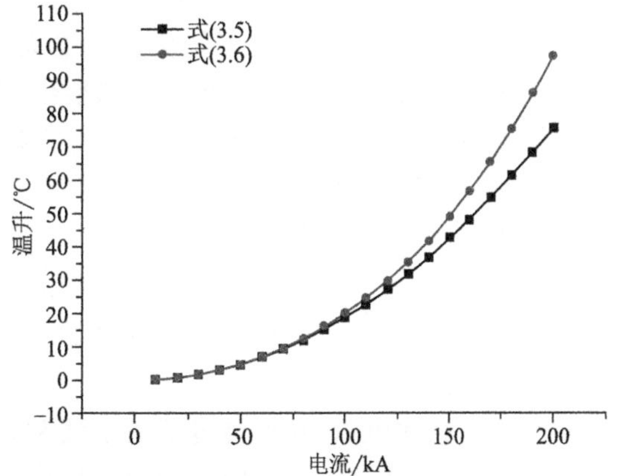

图 3.3　直径 10 mm 的钢引下线的温升和雷电流关系

当雷电流从 10 kA 增大到 200 kA 时，温升值从 5 ℃升高到 90 ℃，温升主要是随着引下线直径变化明显。此外，对于受雷电流影响大小和受直径大小影响(图 3.2)类似，利用式(3.6)计算出的雷击温升值比式(3.5)要大。

3.1.3.3 引下线过渡阻值偏大温升引起火灾

如果引下线到接地体完全是贯通的，引下线自身阻值较小。但一般情况需引下线与接闪带(杆)焊接相连，不同段钢筋焊接贯通做引下线(较高的古建筑)，以及地面处设置断接卡。这样当引下线与接闪带(杆)搭接，或者是不同段钢筋相连搭焊、热熔焊，焊接处有虚焊、夹渣、焊瘤、咬边、焊缝不饱满等缺陷时，会引起过渡电阻偏大。当采用螺丝扣连接和压接时，特别是设置断接卡时，容易生锈、腐蚀或螺丝扣压接不紧密，会使过渡阻值偏大。

引下线与接闪带(杆)搭接处一般位于古建筑房瓦上，发热不易引起着火，主要分析位于古建筑外墙或梁柱的不同段引下线焊接地方或断接卡连接处的过渡电阻。由于过渡电阻不是金属体自身的电阻，不能用金属体电阻率推算得出，故不能直接利用式(3.5)、式(3.6)计算温升。虽然可以将式(3.6)的电阻率用 R/lS 替换，但根据 3.1.2.2 节分析，不适宜用其进行计算。对式(3.3)进行修改后可以进行此类计算。已知断接卡连接的长度、横截面积，求出相连部分的体积，更换式(3.3)中的质量为体积，得到式(3.7)。

$$\Delta T = W/Q_C V = R\int_0^t I^2 \mathrm{d}t / Q_C V \tag{3.7}$$

式中：R 为过渡电阻值，单位：Ω；V 为导体相连接部分的体积，单位：$\mathrm{m^3}$；Q_C 为体积热容量，单位：$\mathrm{J\cdot(m^3\cdot K)^{-1}}$，由质量热容量($\mathrm{J\cdot(kg\cdot k)^{-1}}$)乘以密度($\mathrm{kg\cdot m^{-3}}$)得到。

现以两根直径 10 mm 的圆钢导体相搭接作为引下线，以 150 kA 雷电流为例，过渡电阻分别设为 0.0025，0.005，0.0075，0.01，0.015，0.02，0.025，0.03，0.035，0.04，0.045，0.05(单位：Ω)。两圆钢导体搭接长度不小于圆钢直径的 6 倍，防雷引下线圆钢的直径最小值为 10 mm，即搭接长度最小值为 60 mm，搭接长度分别取值为 0.06、0.07、0.08、0.09、0.1、0.12、0.13、0.14、0.15、0.16(单位：m)，分别求出对应的体积 V，根据式(3.7)计算的结果，得到图 3.4。

从图 3.4 可看到，随着搭接长度越短(即连接处体积越小)，过渡阻值越大，温升越高。当搭接长度为 0.1 m，过渡阻值为 0.03 Ω 时(GB 50057—2010 规定的过渡电阻合格值)，温升能达到 4166 ℃。若金属导体通路弯曲或形成环路，特别是在金属导体接头处，容易诱发雷电的火化放电效应。当然可能因为锈蚀、连接不紧密等原因，阻值会更大，发热更多。

引下线搭接处过渡电阻值较大，雷电流泄放经过时，可能会使搭接处熔焊，使其良好连接。但在此时，会出现温度过高或可能会发生电火花，引起古建筑木材过热而着火，仍然是不允许的。在引下线接触不良处，可能出现金属熔化，有时甚至出现熔体飞溅，这种飞溅熔体产生的火花对易燃的古建筑，特别是有腐朽干木材的古建筑，以及引下线搭接处距离木材距离太近的(图 3.5)，是较具有危害性的。同时也使金属引下线的强度和韧性大大降低。

以圆钢引下线为例，其熔点是 1530 ℃，直径 10 mm，搭接处长度 12 cm，对应的过渡阻值是 0.0132 Ω。超过该过渡阻值，发热会将钢熔化，进而将其焊接。对于连接处虚焊的，雷电高温会将其焊接(但仍需考虑其飞溅熔体对木材的引燃作用)，对于连接处因为锈蚀或者断开的，难以起到焊接作用。

对于防雷接地电阻，其主要包括引下线和接地体自身的电阻、接地体与土壤之间的接触电阻、雷电流经接地体流入土壤中散布时的电阻。哪个部位电阻大，一般在该部位发生过热甚至融化现象，如果是接地极电阻较大，在地下产生较大的热量，但这种热量对地面古建筑一般没有影响，除了容易发生雷电反击外，本节未做分析。

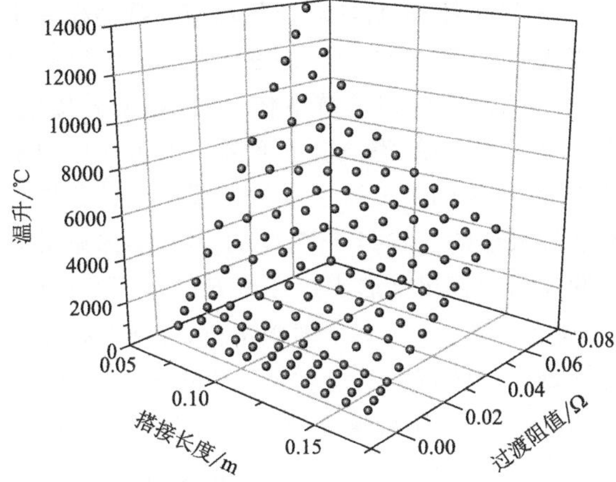

图 3.4 温升和过渡阻值、搭接长度(即体积)的关系

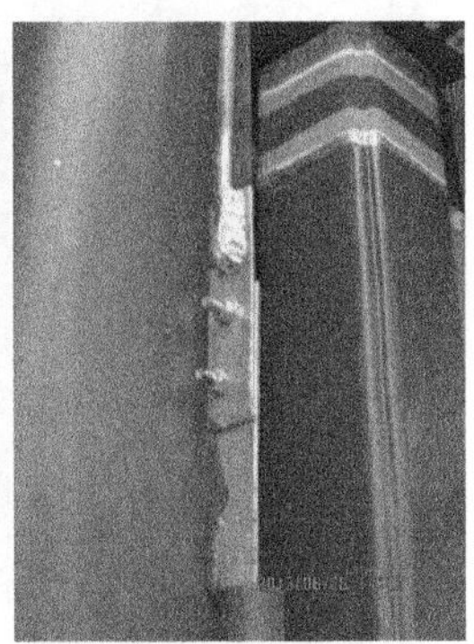
图 3.5 距离立柱太近的古建筑引下线

3.1.3.4 引下线断开时雷击引起火灾

在古建筑场所，雷电的火花效应可能引燃含水量极低的古建筑木材。雷电在引下线上产生的火花分为电火花和热火花两种，所谓热火花是指熔化材料的燃烧碎片从热点喷出，电火花就是指电介质在高电压下的击穿(包括电介质表面的闪烁现象)(潘忠林，2012)。当雷电流很大而引下线导体搭接处接触不良，电阻很高时，该搭接处就变为喷发热火花的热点(见3.1.2.3节分析)。引下线断开时产生的则为电火花，这两种火花可能同时出现，也可能不同时出现。火花的引火性在很大程度上取决于火花包含的总能量以及该能量滞留的时间。

古建筑屋顶接闪器接闪雷电以后，雷电流沿着引下线泄放入地必须有通流路径。当引下线断开时，雷电流不能入地，它的能量未释放掉，就转向绝缘最薄弱的部位放电，会出现放电火花，可能会引燃古建筑木材。当雷电压非常高时，这些断口处甚至可能形成爆炸火球，伤及古建筑自身及附近的人员和物品。

若古建筑引下线从某个位置断开，上、下两段均存在，则上下两段会发生击穿放电。以山西应县木塔为例，该塔高67.31 m，设古塔引下线断口处上段长度为66 m，材质为圆钢，直径为10 cm，钢的电阻率为1.2×10^{-7} Ω·m，由式(3.1)得到该段引下线的电阻为0.101 Ω，雷电流取值及断开口宽度见表3.2，由引下线上电压和断口宽度得到断开处电场强度见该表所示。当断口处场强超过500 $kV\cdot m^{-1}$时会被击穿，产生电火花。当雷电流强度越大，断口处宽度越小，则电场强度越大，越容易发生击穿放电产生电火花。

若下段引下线缺失(如施工被破坏掉)，雷电沿引下线断口处上端首先向附近的其他金属物体上放电产生火花，或者穿过墙体向室内金属物体(如古建筑后安装的暖气管道、消防管道等)上放电。若附近没有其他金属物体，则直接向古建筑立柱或墙体放电。

表 3.2 应县木塔(高 67.31 m)引下线断开处电场强度(单位：$kV\cdot m^{-1}$)

雷电流/	断开口宽度/m						
kA	0.01	0.02	0.05	0.1	0.2	0.5	1
10	100	50	20	10	5	2	1
20	200	100	40	20	10	4	2
50	500	250	100	50	25	10	5
100	1000	500	200	100	50	20	10
150	1500	750	300	150	75	30	15
200	2000	1000	400	200	100	40	20

图 3.6 2001 年江苏省沭阳县万匹乡蔡庄村 8 名小孩遭雷击场所

2008 年 8 月 11 日江苏扬州重宁寺藏经楼发生雷击着火事故(杨仲江 等,2009),雷电流沿屋脊金属镇脊兽南侧的两根铁链下传,因铁链未做接地,雷电流将屋顶击穿,沿铁链下面的两根木立柱向下迅速传导,强大的雷电流在木材末端产生火花使得立柱和地板燃烧。2001 年 7 月 11 日江苏沭阳县万匹乡蔡庄村旗杆组 8 名小孩在废弃的窑厂烟囱(高 24 m,附近空旷)下面躲雨时被雷击,导致 6 死 1 重伤。该烟囱的防雷引下线在距离地面 6 m 处断裂,未接地(图 3.6),导致强大的雷电流在引下线断裂处形成剧烈的放电火球,造成了重大人身伤亡(杨仲江,2009)。一些古塔也存在类似问题,自身高度较高,又多位于山上,处于较高位置,防雷引下线如果断开也较危险,断开处有可能产生雷电火花造成古塔起火或周围人员伤亡。

3.2 古建筑木材雷击损坏实验研究

3.2.1 概述

上节提到古建筑由于其自身的结构、位置等特点,从古至今其遭受雷击破坏或因雷电起火被焚毁的事件时有发生(李京校 等,2016a;张华明 等,2015)。古建筑中的木材多历经几百年,年代久远,易变得枯朽和质地疏松,遭雷击后易起火燃烧(王时煦,1994),导致大量携带有历史信息的标本性构件快速彻底消逝;或者遭受雷击后损坏,木材力学支撑性能降低,对古建筑的整体结构安全性造成隐患,所以研究古建筑木材雷击损坏成因和途径很有意义。

目前国内外关于对雷击损坏古建筑木材方面的研究非常少,雷击损伤或破坏研究主要集中在人工复合材料、森林雷击起火或雷击金属体方面。Hirano 等(2010)利用模拟雷电流对石墨/环氧复合材料层压板的直接损伤效应进行了大量的实验研究,分析了纤维损伤面积和最大损伤厚度随电荷量、电流峰值及作用积分的变化规律。Wang 等(2014)对碳纤维复合材料的雷击烧蚀损伤和雷击后的剩余强度等进行了理论分析和数值模拟。王富生等(2014)对复合材料做雷电冲击测试,发现雷电击中瞬间产生的高电势、温度及热应力主要沿复合材料顶层电导率最大方向对称扩展。在森林雷击起火研究方面,Latham 等(1989)最早研制出小尺度雷击火模拟实验平台,采用了当地森林可燃物作为实验材料,得到了不同可燃物的点燃概率 Logistic 方程;Darveniza 等(1994)也研制了雷击实验台,从能量角度进行研究计算雷电点燃可燃物所需要的能量。朱易等(2012)在室内用人工电弧模拟地闪的放电过程,对森林雷击起火中影响引燃的连续放电时间、可燃物含水率和组成结构等进行了分析,林其钊等(1999)从闪电的形成与发展、能量与功率方面,研究了雷击引发森林火灾的条件。雷击金属物体研究方面,Metwally 等(2004)采用回击后长持续时间电流分量和波形为 1.2/50 μs 的模拟雷电压分析了雷击金属的损伤特性。Paisios 等(2007)采用波形为 10/350 μs 的模拟雷电流研究了雷击金属圆导体的温升特性。刘亚坤等(2016)利用波形为 30/80 μs 等冲击电流对金属油罐损伤进行了实验研究,认为金属损伤面积主要取决于雷电流幅值,损伤深度主要取决于转移电荷量;糜翔等(2015)进行了雷电流对圆

钢损伤的实验，分析认为雷击电弧放电的高温效应造成金属材料结构损伤。这些研究对古建筑木材雷击损坏机理的研究有积极的借鉴意义。

雷击损坏古建筑木材的作用机理较复杂，利用模拟雷电流实验的方法是较有效的方法。本节在实验室利用雷击模拟装置，选用 IEC62305.1-2010 推荐的 10/350 μs 的首次雷击的电流波形，选择古建筑有代表性的木质材料，进行了古建筑木材雷击受损方式及影响因素的研究。改变古建筑木材性状或雷电流参数，分析古建筑木材雷击受损和古建筑木材含水率、木材厚度及雷电流大小的关系，探明雷电在古建筑构件上热效应作用机理，确立雷击点处能量的耗散方式，揭示雷击木材破坏机理和特征，为古建筑雷电防护提供指导和参考。

3.2.2　实验装置与方法

本实验在北京雷电防护装置测试中心进行，实验设备主要采用中国 GTPS30-20kV 型多波形发生器(如图 3.7，可产生最大 25 kA 的 10/350 μs 直击雷电流波形，$Z>0.2\ \Omega$)。鉴于击中木材的一般不会是雷电感应波(选用 8/20 μs 的感应电流波形时，木材表面无任何变化)，所以选用 10/350 μs 直击雷电流波形。该雷电发生器主要包括充电装置、电容器单元、可控触发放电装置和控制系统等，其中控制系统主要由人机界面、参数设置及安全保护功能等组成，显示屏可实时显示当前电压、充放电状态。采集雷电流波形的数字荧光示波器(美国 Tektronix DPO3054)，可精确显示雷电流峰值、波前时间、转移电荷、单位能量等多项参数，可直接存储电流波形。另外采用摄像机录像记录雷击发生的全过程，并用照相机拍摄实验结果。该实验室海拔高度为 32.5 m，做实验期间该实验室温度为 26～28 ℃，相对湿度为 42%～45%。

雷电冲击实验装置示意见图 3.8 所示，其中古建筑木板两端分别设置一螺丝钉，插入木材内部，雷电冲击发生器电流线分别与两螺丝钉良好相连。两螺丝钉的间距为 10 cm，两者之间为铜导线，铜线直径为 1.25 mm，在两螺丝钉之间放置该铜线，铜线放入木材表面挖的 1.5 mm 深的凹槽内，并且用胶带缠绕固定。铜线一端良好连接在螺丝钉 1 上，另一端与螺丝钉 2 保持一定的间隙距离，使放电过程为电弧放电，与雷电直接效应的作用过程一致。当冲击电压升高时，该距离可以设置变大。螺丝钉 2 良好接地，每次实验完用接地杆释放设备残余的电流，保证实验的安全性。

图 3.7　20 kV 多波形雷电发生器

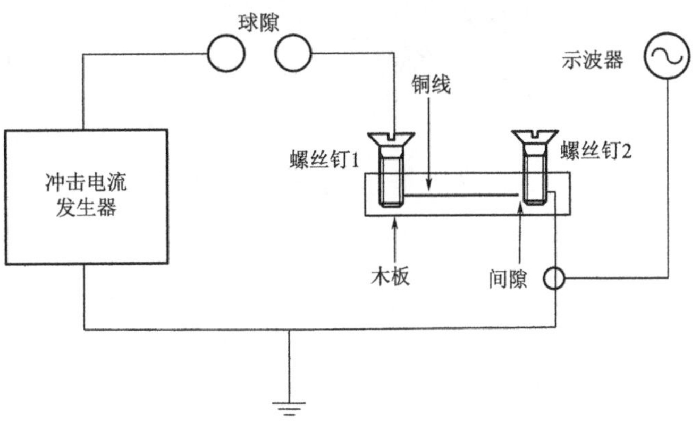

图 3.8　雷击木材实验布置示意图

本实验先采用瑞士 HAEFELY 公司的电压分压器(图 3.9)，选用 1.2/50 μs 的冲击电压波，得到木材击穿电压具体数值和铜线到螺丝钉 2 的间隙距离，然后进行雷击冲击实验。实验中主要选择了古建筑椽子和望板构件(松木材料)，由于长年风吹日晒或遭潲雨以及自然老化，木材表面较粗糙有毛刺。在实验不同含水率和不同电流强度时，同样材质木板其厚度统一为 2 cm；

当实验不同厚度受损情况时，同样材质木板分别选取厚度为 1、2、3、4 cm(图 3.10)，另外每个木板只有一个放电位置，且保证每次实验放电位置相同。

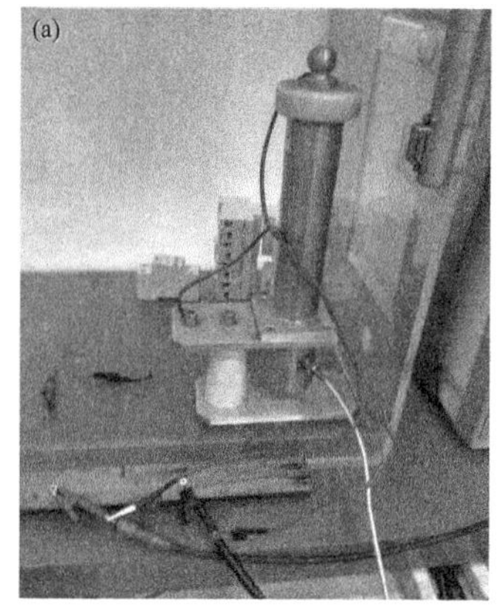

图 3.9　电压分压器与木材连接图(a)和分压器读数界面图(b)

图 3.10　不同厚度的古建筑木材

3.2.3　实验结果及分析

当古建筑无防雷装置时，雷电可能直接击中古建筑木质构件(额枋、梁柱、窗户、斗拱等)或者先击穿屋面房瓦然后击中望板或椽檩；当有防雷装置但保护不完善时，击中不在保护范围内的部分或发生雷电绕击击中古建筑木材，如图 3.11 所示，可能直接击中古建筑房檐的椽子或望板，特别是当雷雨天房檐或望板淋湿时。本节研究的是雷电已经击中古建筑木材后的损坏情况，不考虑雷击点的选择性。

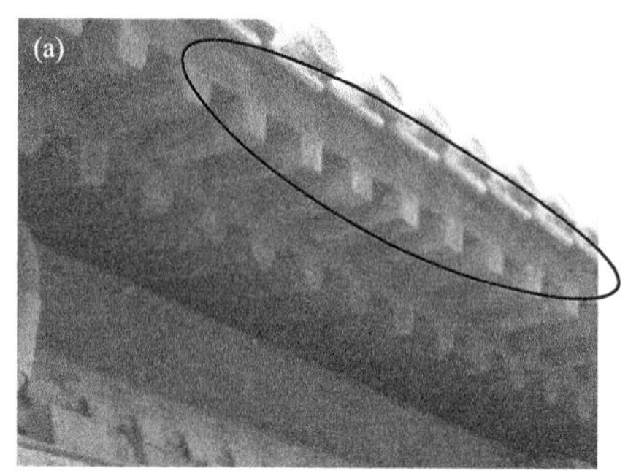

图 3.11　古建筑木材示意图，故宫养心殿的椽子(a)和望板(b)，图中椭圆位置

3.2.3.1　实验总体结果

实验过程中，首先是雷电冲击设备进行电容充电，然后自动触发开关产生模拟雷电释放雷电流。在此瞬间，会产生“啪”的一声巨大爆炸声音，放置实验样品的实验台玻璃门被冲开，有很强的白光瞬间出现又消失，接着有很多耀眼的火星四处飞散，慢慢消散，见图 3.12。瞬间出现又消失的白光为模拟的闪电，耀眼火星为引燃木质物的火星。初步分析是雷电木材击中后，先把木材表皮击成很多的细小微薄的木材屑，雷电电弧燃烧木屑或木材表面的毛刺出现很多的火星。从两螺丝钉之间铜丝的表面看，铜丝表皮烧黑，有黑色物质附着，为树木高温分解的成分和碳化后的炭黑物质，同时靠近螺丝钉 2 的铜丝端熔蚀变尖。如果铜丝与螺丝钉 2 完全连通，则为铜丝熔化、崩裂为多段。从雷击后木材的表面形貌上看，雷击后木材试样部分表面出现灼烧糊

斑,同时出现损伤凹坑或者裂缝,特别是出现裂缝影响古建筑木材的支撑强度,或者容易进水变腐朽或招引虫害。

图 3.12　雷击木材过程不同状态(前后间隔几十毫秒)(见彩图)

3.2.3.2　木材不同含水率的实验结果

测量木材含水率(相对含水率,全文同)影响主要因素包括纹理方向、温度和测量时插入深度。一般横纹方向比顺纹方向含水率数值要小,本实验在测量时统一选择顺纹方向,含水率测试仪(标智 GM610)插入深度统一为 2 mm。测量时会出现同一块木材不同位置的含水率并不完全一致,这和古建筑木材实际情况一致,雷雨天雨点溅到椽子上,木头上含水率可能为不均匀状态,含水率高低不一,为解决该问题本实验中同一块木板上雷电冲击部位含水率测量 3 次,然后求平均值。实验中依次增加古建筑木材的含水率(每次增加约 5%),保持木材厚度、材质不变,当含水率不同时雷击冲击结果详见表 3.3 和图 3.13 所示。总体而言,木材直接遭受雷击部位变得发黑,有烧糊迹象,木材水分明显蒸发减少,缠绕固定铜丝的胶带因高温变得发黑。瞬间的大电流在其流出位置(即在螺丝钉 2 处)击出损伤坑或裂缝,其中损伤坑一般为椭圆状或方形状。当含水率越高,击出的损伤坑或裂缝越深,说明含水率越高,雷电流注入木材中越深。

表 3.3　木材(厚 2 cm、电流 20 kA)不同含水率雷击后状态变化

编号	冲击前木材含水率	冲击后木材含水率	木材状态
1	32.3%	26.2%	烧糊变黑,击出一方形的损伤坑,深约 0.3 cm,长 0.8 cm,宽 0.3 cm
2	37.8%	34.4%	烧糊灼黑,击出一近似方形的损伤坑,深约 0.5 cm,长约 1.2 cm,宽 0.6 cm
3	42.2%	36.7%	有灼烧痕迹,击出一近似椭圆形损伤坑,深约 0.6 cm,长 2.8 cm,宽 0.8 cm
4	47.6%	38.1%	木材表面被炸起一斜劈(长约 5.5 cm),出现长条形损伤坑,深 0.4 cm,最宽处 1.0 cm,最窄处 0.2 cm,周围水分蒸发明显
5	52.7%	38.8%	沿木材纤维方向出现一条长裂缝,深 2 cm(即击裂),长约 12 cm,宽 0.3 cm

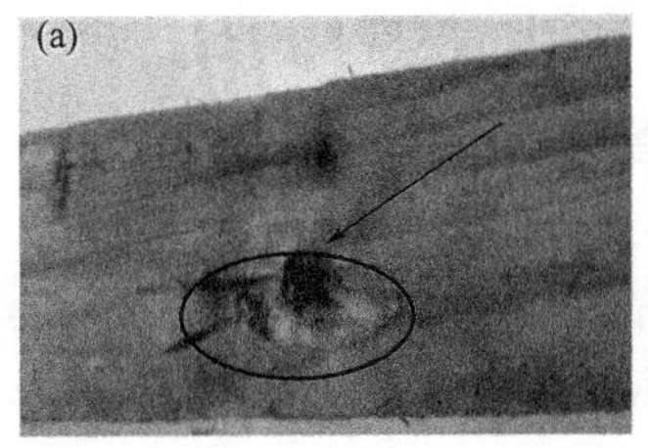
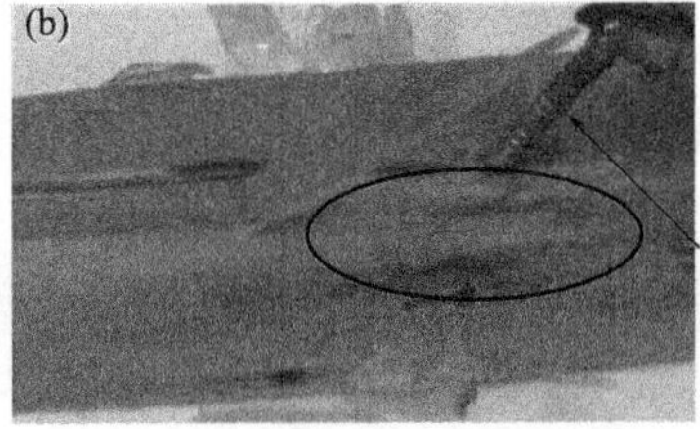
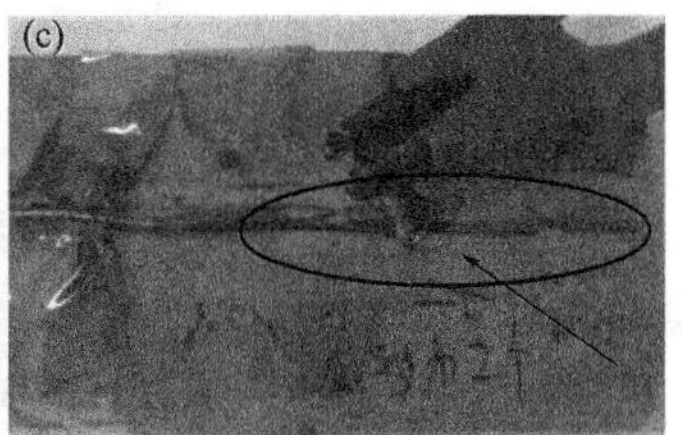

图 3.13　不同含水率下木材的冲击损坏图

(a)42.%,(b)47.6%,(c)52.7%(椭圆表示损坏位置,箭头所指为螺丝钉 2)

从雷击后的木板形貌观察雷击破坏，当木材含水率低较干燥时，遇到雷电电弧容易灼烧，当含水率高木材较湿时，木材更容易击出损伤坑或者劈裂。分析原因，雷电通道与木材接触处的能量转换过程可近似看成火花间隙的电弧发热现象，雷电电弧温度非常高，会引起木材出现糊斑，但作用时间很短能量有限，产生的瞬时高温不一定引燃木材着火。当木材含水率低时，主要是雷电电弧火花灼烧作用，雷电冲击下木板温升主要由电弧热量决定，木材含水率低导电性差，注入木材的雷电流很少，发热自然很小。虽然一般情况下可燃材料含水率低时容易着火，但是仅靠雷电瞬时的电弧温度难以引燃。当含水率高时，木材表面电阻率变小，从雷击点位置注入木材的雷电流变大，会产生较多热能，此时基本上属于阻性发热，雷电流经过木材发热在其内部产生气体，气体瞬间膨胀形成的冲击力会将木材击出损伤坑或击裂。产生的气体一是来自于木材自身所含水分高温下瞬间蒸发，二是木材自身纤维材料高温下分解产生气体，气体又在高温下迅速膨胀，产生巨大的机械力，在其作用下导致木材纤维瞬间脱离、劈裂、分解，最终导致木材出现损伤坑或爆裂，从而造成木材破坏。木材含水率高时雷电产生的热量一般先把水分蒸发，然后才有可能烧糊或点燃木材，所以含水率高时更容易出现劈裂或损伤坑。

从木材不同含水率下冲击损伤坑深度与面积(图 3.14)可看到，随着木材含水率增加，冲击损伤坑深度与面积均变大，二者相比损伤坑面积随含水率变化更明显，损伤深度在含水率52.7%(表 3.3 编号 5)时突然增加，木材沿顺纹方向完全劈裂。木材电导率随含水率的增大而迅速增大，甚至于微量的水分也会使电导率显著增大，含水率 30%时的木材电导率是绝干木材电导率的约 1 千万倍(刁秀明 等，1993)。丁宁等(2014)分析碳纤维复合材料雷击实验认为，电导率对复合材料的破坏产生最大影响，木材和碳纤维复合材料有相似地方，而影响木材电导率的最主要因素是其含水率，所以含水率是影响木材雷击破坏程度的最大内因。另外，由于木材的导管结构含水相对较多，木材纤维方向(顺纹)的电导率大于横纹和厚度方向的电导率(顺纹约为横纹的 2 倍)，雷电流在顺纹方向传播得较多较快，而在横纹和厚度方向电流传播易受阻，所以木材遭受雷击时更容易沿顺纹方向劈裂。

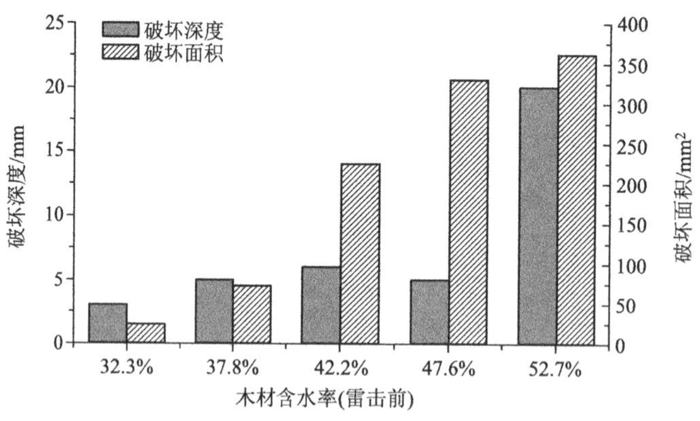

图 3.14 木材不同含水率下冲击损伤深度与损伤面积

含水率高的木材相当于电阻率大、电导率小的半绝缘体(在室温下饱湿木材的电阻率约为 $10^2 \sim 10^3$ Ω·m 数量级，属半绝缘体范围)，雷电流注入木材发热导致木材劈裂或产生损伤坑，木材这种情况和一般的金属体不一样。木材的导电导热性能差，雷击作用点位置(即雷击附着点)及其附近小区域内，电流密度最大，温度升高最快，温度值最高，热量堆积，内部热解产生气体压力导致劈裂，金属物体遭雷击一般不会出现劈裂，最多是出现损伤坑。

雷电流经过木材损伤与刘亚坤等(2016)对金属油罐雷击实验对比，雷击金属体损伤主要因素是电弧温度，金属体自身电阻小，雷电流经过后发热较少温升低。而一定湿度的木材电阻率仍较大，雷电流经过发热，温升相应较大，当然一开始的雷电电弧也有加热作用。

为进一步研究雷击与木材含水率的关系，选取刚从柳树上锯下的新鲜树枝进行实验，古建筑木材中也有柳树材料。实验前测量柳树木材的含水率62.4%，比表3.3中的木材均高，其表面电阻率为150 Ω·m。实验结果见图3.15，图中可见新鲜柳树枝遭雷击部位的树皮被剥落，剥落区域近似呈长方形，最长处约2.5 cm，最宽处约1.8 cm，同时该区域有发黑灼烧迹象。柳树枝树皮受到雷电流经过产生的高温蒸发作用，释放的气体产生较大的机械力，使柳树皮剥落。经过分析可发现新鲜树木(活树)含水率高，遭雷击后更容易出现的是劈裂；枯树含水率低，遭雷击后更容易出现的破坏是起火。新鲜木材中导电主要因子是自由离子浓度(载流子的数目)，含水率越大，离子的解离度越高，木材的电导率越大。

(a) 

(b) 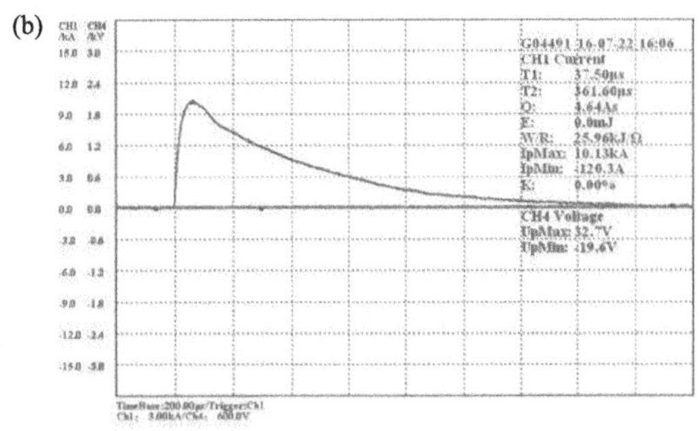

图3.15　雷击新鲜柳树枝干后损伤状态(a)和对应的雷电流波形(b)

通过以上分析得到，雷击木材破坏主要由雷电通道电弧产生的热量和雷电流注入一定含水率的木材产生的热量共同决定。根据Chen(2006)，雷电通道上端与大地间的电位差U近似为10^7～10^9 V，若U取10^8 V，传输电荷取典型值$Q=20$ C，代入$W=QU$，可求得雷电能量为2.0×10^9 J，该雷电在5 km高空对地放电时，其放电通道单位长度能量大约为4 kJ·cm^{-1}，即雷电弧产生的能量。雷击作用点处木材电阻率1 Ω·cm，该次雷电流值取20 kA，时间t取350 μs，雷电流通过木材时单位长度产生能量近似为$W=R\int I^2\mathrm{d}t\approx RI^2\Delta t=1\times400\times10^6\times350\times10^{-6}=$ 140 kJ·cm^{-1}，从此近似估算中可见雷电流注入木材产生的单位长度能量远大于雷电弧产生的能量。

3.2.3.3　木材不同厚度的实验结果

不同的厚度、同样含水率的木材在同样的电流强度冲击下，模拟实现结果具体见表3.4所示。当木材薄时会出现爆裂，越厚时，容易出现烧糊碳化变黑。木材较薄时爆裂除了与雷电流通过一定含水率的木材产生的焦耳热引起温升作用外，还与雷电空气冲击波有关。当木板越薄时，能承受的冲击力度越小，在雷电冲击波作用下容易炸裂。雷电放电过程中，雷电通道中温度骤增，使空气体积急剧膨胀，以超声波的速度向四周扩散从而形成冲击波，冲击波压力很大，产生压强可高达几十个大气压，当雷电流强度大、到被击点距离很近时容易引起木板破坏，门窗、墙体的振动或坍塌(赵贤产 等，2012)，放置实验样品的实验台的玻璃门被冲开也是因为雷电冲击波作用缘故。当木板越厚时，能承受的冲击力度越大，不容易因冲击压力炸裂，会出现烧糊或碳化。木材越厚与氧气的接触面积相对越小，同样热量情况下越难点燃起火，起火后燃烧速率也会越慢。Hirano等(2010)对石墨/环氧复合材料层压板雷击试验时也发现雷击破坏受材料形状影响相对较小。

在实验中也发现木材侧面(即厚度一侧)较容易被雷击起火,古建筑木材有缝隙或裂纹或腐朽后较容易着火,如图 3.11a,房檐椽子外露部分因时间久远木材变得枯朽有缝隙,与空气中氧气接触面变大,雷击时较容易燃烧起火。

表 3.4　木材(含水率 42.5%)不同厚度雷击后状态变化

编号	木材厚度	电流峰值	木材状态
1	1 cm	20 kA	木材雷击作用点处发生爆裂,裂为两块
2	2 cm	20 kA	木材表面出现近似方形损伤坑,坑深约 3 mm
3	3 cm	20 kA	木材表面出现方形损伤坑,深约 4 mm,部分地方灼黑
4	4 cm	20 kA	木材变黑烧糊,出现灼黑碳化迹象

3.2.3.4　不同峰值雷电流下的实验结果

本实验中依次增加雷电流值(每次增加约 2.2 kA),不同的雷电流参数数值具体见表 3.5 所示。冲击电流峰值是雷电流的重要参数,峰值电流越大,在保持波形不变的情况下,随着冲击电流峰值的升高,雷击时发出的爆炸声音越大,木材损伤面积越大,损伤深度越深,这和木材含水率越高时雷击受损越严重一致。随着峰值电流越大,其冲击能量也越大,因而损伤也越严重。另外,雷电流峰值依次增大,雷电流波形的波头时间和半峰值时间变化不大,而转移电荷和单位能量均依次增大。从雷电学参数上看,影响木材损伤程度的主要有电流峰值、电荷量、单位能量、波形等因素,其中最主要的是雷电流峰值。

表 3.5　不同雷电流的能量参数

编号	波头时间 /μs	半峰值时间 /μs	电荷 /As	IpMax /kA	IpMin /A	单位能量 /(kJ · Ω^{-1})
1	40.5	361.2	4.71	10.25	125.0	26.93
2	38.0	342.4	5.08	12.45	181.2	36.87
3	38.8	364.8	6.70	14.85	133.8	56.74
4	38.8	348.4	7.44	16.32	128.7	67.52
5	38.5	349.2	8.00	17.91	131.9	78.49
6	38.9	349.5	9.10	20.15	140.6	91.32

注:IpMax 为电流峰值最大值,IpMin 为电流峰值最小值。

实验发现遭受多次雷击的木板容易起火,选择含水率较大的同一木板(含水率约 52.3%、厚约 2 cm)利用 20 kA 雷电流冲击了 4 次,每次间隔 1～2 min,最后一次木材起火燃烧。该实验相当于一次雷电 4 次闪击过程,一次雷电中包含几个大电流脉冲过程(即闪击),每次闪击历时约 1 ms,各次闪击间隔几十毫秒。一次短时闪击,雷电能量有限,一般难引燃木材,多次闪击的雷电或长时间雷击(转移电荷量较多),能量足够大,足以引燃木材。受于实验设备所限,未选择长时间雷击的波形或多闪击的雷电波进行实验,前文所涉及的所有实验均是单闪击的雷电,这是前文实验中木材没有直接引燃的重要原因。自然界中雷电,一次雷电常包含多次闪击,以北京市 2005—2007 年的闪电为例,平均为 1.57 次闪击,最多为 13 次(李京校 等,2013)。后续闪击的电流通常比首次闪击要小,但持续时间较长,而前后两次闪击时间间隔短,击中木材后一次能量未完全消散,接着又一次后续闪击,所以能量积累聚集较多,即单位能量叠加效应起着重要作用,雷击火灾多是此原因。

3.3 古建筑防雷引下线温度模拟分析

3.3.1 概述

古建筑受自身条件所限，防雷引下线根数较少，雷击时每根引下线分得雷电流较大，且引下线为明敷，当距离木质界面（墙面、柱面、椽面等）太近，且引下线直径太小发热较大时，可能因高温而引燃起火，其概率较现代建筑物要大。现代建筑物的防雷引下线一般是和建筑物自身钢筋网格结构焊接在一起封装在混凝土中，每根引下线分得的雷电流较小，发热较低。张义军等(2009)指出，半峰值时间较长的雷电，容易造成木结构或其他可燃物的高温燃烧起火；王雪顽等(1992)以故宫为例研究了古建筑沿面粉尘抗电强度和可燃性，结果表明，多次闪击容易导致粉尘燃烧。白丽娟等(2013)分析了湖北武当山太和宫（铜制，俗称“金殿”）未做防雷装置时出现的“雷火炼殿”现象，即雷电熔化太和宫铜顶出现的现象，说明雷击可能产生高温；李良福等(2014)、刘俊(2014)认为，对于长时间雷击能量能使接闪杆顶部高温熔化，而且直径越小的钢导体，温度上升很快，呈指数形式增长；李京校等(2016)、高杰(2006)也分析得到雷电流经过防雷装置引下线时可能产生高温。

以上这些研究表明，古建筑本身容易被雷击着火，当古建筑安装了防雷装置，是否还有可能出现雷击火灾，多数文献仅是描述到雷电击中古建筑接闪器（如接闪杆、接闪带）后雷电流沿引下线泄放时发热升温（白丽娟，2005；高金阁 等，2017），但在不同种类雷击作用下不同材料、不同直径的引下线温升具体多高，空间分布特征是什么，温度随时间的变化规律是什么，有待于进一步研究。本节采用基于有限体积法的专业软件，通过数值模拟方法，研究不同雷电流、不同引下线参数下的温升分布，主要包括在不同种类雷击（短时雷击、组合雷击）作用下，引下线采用不同电导率的材料（铜、钢、铝）、采用不同直径（5～12 mm）时各自温升分布特征，重点分析直径较小的引下线在距离木质界面较近位置处的温升空间分布特征，并结合北京市古建筑有代表性的木材的燃点等特性，判断温升能否引燃古建筑木材起火。该研究为古建筑防雷引下线材料、直径及引下线到木质界面的安全间距等合理选择提供一些参考或指导。

3.3.2 研究方法

3.3.2.1 模拟方法选取

基于物理量守恒的有限体积法（Finite Volume Method，FVM）是由 McDonald 最先提出来的，当时是用来求解二维无黏流动，具有有限差分法的简捷性和有限元法的高精度、灵活性特点，并且由有限体积法得出的离散方程在整个计算区域内都具有积分守恒性，目前在金属导线、变压器等温升模拟方面已有较好的应用（彭超 等，2014）。有限体积法在应用中主要是普通的电流或强迫对流通过求解能量、动量、质量守恒三个方程，金属导体（本节具体指防雷引下线）通过雷电流产生的热量被输入到相应方程中的热源项当中，进而求解出温度、速度、压力等变量（秦跃平 等，2013），本节所用到的是温度。电流的边界条件即电流进出口，它被建立在实体的某个平面上，输入具体的电流数值即可，如果是瞬态的（如本节的雷电流），则需要定义电流随时间变化的曲线。

在基于有限体积法的 6SigmaET 软件中输入每种引下线材料的密度、比热以及电导率，同时在该软件中打开瞬态开关、电热耦合开关并且计算时考虑热辐射进行引下线温度模拟。该软件是由英国 Future Facilities 公司开发的新一代热分析工具，具有快速建模、智能化网格生成和自动简化模型等功能，可以处理非常复杂的由第三方软件导入的模块，可以解决器件级、板级、设备级、系统级的散热问题(何华卫 等,2016)。针对不规则几何外形的建筑物,该软件支持三维CAD文件导入进行建模,能自动针对CAD外形生成计算网格并进行分析,能避免其他软件导入三维模型时模型缺失、变形或不能划分网格的问题。

3.3.2.2 模型选取与导入

本次计算采用的模型为日本的浅草寺,该古建筑约建成于公元628年。图3.16为该古建筑的模型图。该古建筑物的尺寸约为9.6 m×9 m×6 m,其西侧有四根木柱,其中最外侧的两根木柱分别有明敷引下线,引下线到木柱表面之间有10 cm的间隙(图3.17),本节主要对该古建筑及其左侧的两根木柱上的引下线进行建模分析。

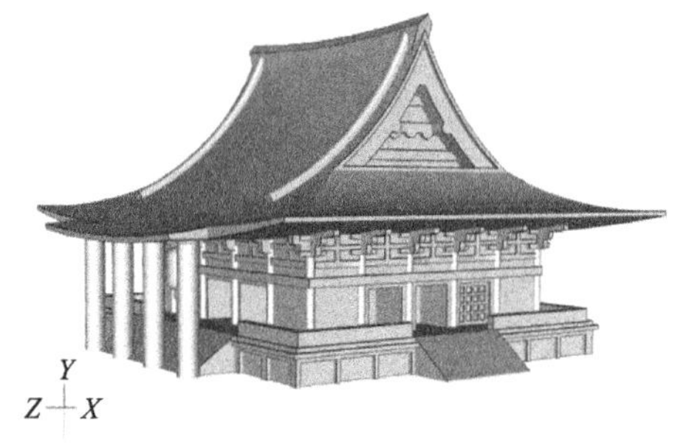

图3.16 用于模拟的古建筑模型图

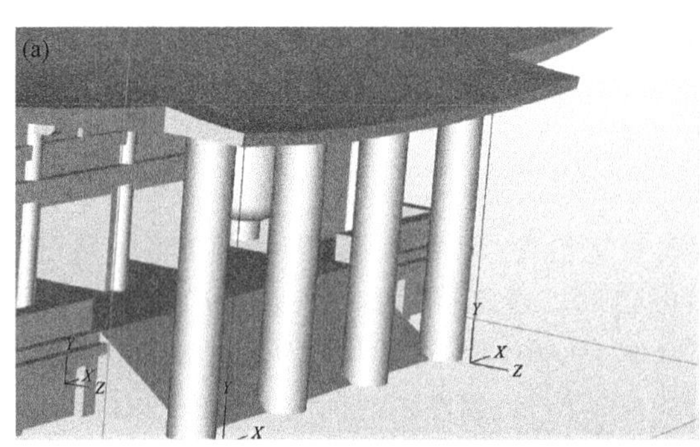

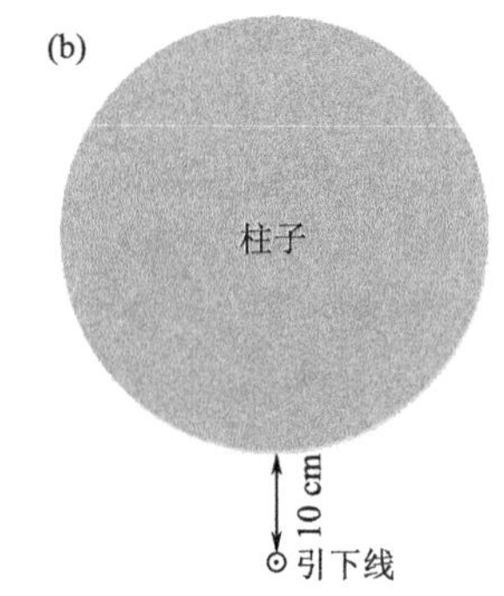

图3.17 古建筑引下线侧视图(a)和俯视图(b)

古建筑引下线可视为不同材料、不同直径的圆柱形金属细长导体,具体材料和直径见下文介绍。本节模拟分析并未考虑古建筑接闪器(接闪带、接闪杆、接闪网等)的温升,原因是接闪器多敷设于屋顶的正脊、斜脊、坡面上,而这些位置处多是吻兽、房瓦等难以起火的材料,而引下线多是沿木质界面敷设,雷电流沿引下线泄放时的温升有可能引起着火,所以主要模拟雷击后引下线的温度。另外,模拟的初始温度选择为常温(20 ℃)。

3.3.2.3 引下线材料与雷电流选取

雷电流对引下线的影响主要分为由于阻性发热产生的热效应以及毗邻导体对雷电进行分流或雷电流改变方向处磁场相互作用引起的机械效应。本研究中引下线共选择3种金属材料:铜、铝、钢,按照《雷电防护 第1部分:总则》GB 21714.1—2015中表D.2给出的每种材料的参数取值。由于雷电流为瞬时电流,因此在计算中需要做瞬态计算。另外,典型雷击的特征是持续时间短和电流峰值高,大多数与防雷装置部件有关的实际情况中,材料特性(引下线的动态磁导率)和几何机构(引下线的横截面积)使雷电流趋肤效应对引下线温升的贡献减少到可以忽略不计,所以本节在模拟时未考虑雷电流的趋肤效应。

在6SigmaET软件中输入密度、比热,并将电阻率换算成电导率,计算软件截图见图3.18。

该古建筑为二类防雷建筑物,图3.19为选用的雷电流波形随时间变化的曲线,分为短时雷击和组合雷击两种雷电流波形。其中短时雷击为10/350 μs波形,峰值电流为150 kA;组合雷击电流依据《雷电防护 第1部分:总则》(GB 21714.1—2015)附录A“雷电流参数”给出的数据,即在10/350 μs波形的短时雷击65 ms后再加上时长为1 s、大小为2000 A或400 A的两种长时间电流。雷击前后间隔时间很短,可以认为短时雷击在引下线上产生的热量尚未散发,接着

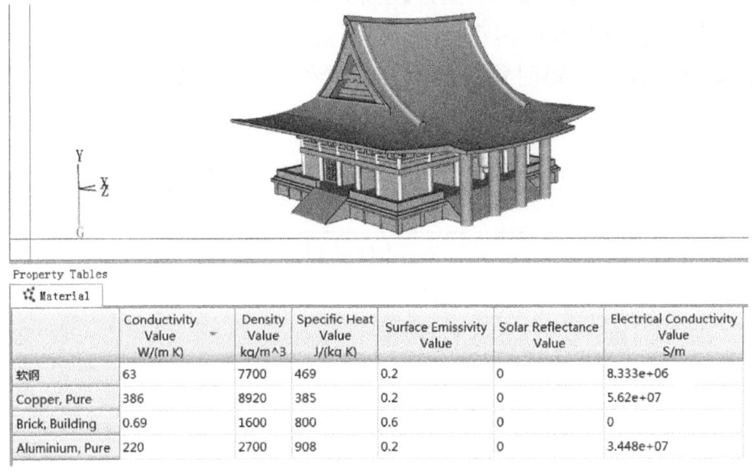

	Conductivity Value W/(m K)	Density Value kg/m^3	Specific Heat Value J/(kg K)	Surface Emissivity Value	Solar Reflectance Value	Electrical Conductivity Value S/m
软钢	63	7700	469	0.2	0	8.333e+06
Copper, Pure	386	8920	385	0.2	0	5.62e+07
Brick, Building	0.69	1600	800	0.6	0	0
Aluminium, Pure	220	2700	908	0.2	0	3.448e+07

图 3.18　计算软件截图

就发生长时间雷击。本节模拟时从保守角度考虑，设计雷电流从古建筑屋脊一端吻兽处单独架设的接闪杆经过独立的引下线泄放，不涉及雷电流分流问题。由于雷电流为瞬时电流，因此在计算中需要做瞬态计算。在软件中打开瞬态开关、电热耦合开关并且计算时考虑热辐射。

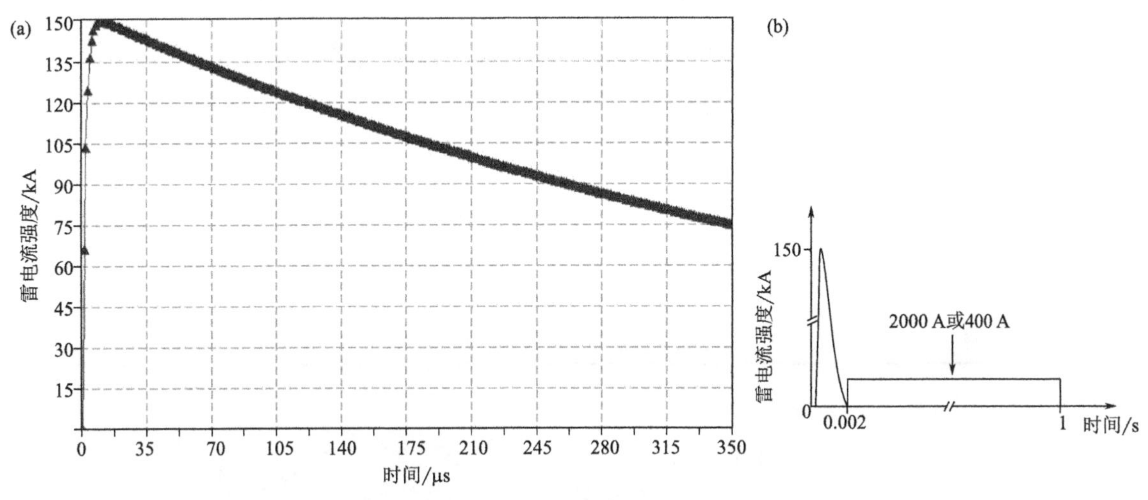

图 3.19　所选用的雷电流波形示意图

(a)短时雷击电流波形(150 kA)，(b)组合雷击电流波形示意图(150 kA＋2000 A/400 A)

3.3.3 模拟结果及分析

3.3.3.1　模拟总体结果

雷电持续时间很短，发生在大约 0～1 s 左右的时间内，一次雷电放电的总能量不是很大，但因为主放电时间很短，瞬时功率大，能量集中，容易造成人员伤亡或财产的破坏。本节分别模拟给出短时雷击和长时雷击对不同材料、不同直径在不同类型雷击作用下温升情况。

将所有的模拟结果统计汇总得到如表 3.6、表 3.7 和表 3.8 所示。从表 3.6 不同材料引下线短时雷击作用下温度可看到，直径 8 mm 的引下线在 150 kA 短时雷电流冲击下温度并不高，均未超过 100 ℃；其中钢材料温升最高，铝材料次之，铜材料最低。当引下线材料为钢时，由于电阻率较大，温升最明显。从表 3.7 不同直径引下线短时雷击作用下温度可看到，温升随引下线直径变化得很明显，同等条件下，直径越小，温升越高。从表3.8不同直径的引下线在不同类型雷击作用下温度可看到，在组合雷击作用下，引下线温度均较明显，基本都超过100 ℃，最高达到855 ℃。组合雷击温度较高除了短时雷击的温升贡献外，主要是长时间雷击转移电荷较多，发热较多。

表3.6 不同材料引下线短时雷击作用后温度

编号	材质	直径/mm	雷击类型	温度/℃
1	铜	8	短时雷击(150 kA)	29
2	铝	8	短时雷击(150 kA)	40
3	钢	8	短时雷击(150 kA)	75

表3.7 不同直径引下线短时雷击作用后温度

编号	材质	直径/mm	雷击类型	温度/℃
1	钢	5	短时雷击(150 kA)	387
2	钢	6	短时雷击(150 kA)	199
3	钢	8	短时雷击(150 kA)	75
4	钢	10	短时雷击(150 kA)	43
5	钢	12	短时雷击(150 kA)	31

表3.8 不同直径的引下线在不同类型雷击作用后温度

编号	材质	直径/mm	雷击类型	温度/℃
1	钢	5	组合雷击(150 kA+2000 A)	855
2	钢	6	组合雷击(150 kA+2000 A)	412
3	钢	8	组合雷击(150 kA+2000 A)	143
4	钢	5	组合雷击(150 kA+400 A)	523
5	钢	6	组合雷击(150 kA+400 A)	257
6	钢	8	组合雷击(150 kA+400 A)	94

3.3.3.2 模拟具体结果分析

为了详细了解雷击后引下线的温度空间分布特征，选择某些情况进行具体分析。表3.8编号1钢引下线(直径5 mm)在组合雷击(150 kA+2000 A)作用后最高温度为855 ℃，做一竖直截面可以查看该种情况下引下线及其周围温度分布侧视图，如图3.20所示。分析高温原因，2000 A的长时间雷击转移电荷较多，在引下线上产生的热量较多，再加上一开始的150 kA的短时雷击的热量，二者叠加温度进一步升高。

图3.20 在组合雷击作用(150 kA+2000 A)下直径5 mm的钢引下线温度空间分布侧视图(见彩图)

从引下线外围10 mm距离内取间距为2 mm的5个监控点，其温度空间分布特征如图3.21所示。从该图可看到，引下线最高温度达855 ℃，引下线周围由内向外温度依次降低，距离引下线越远位置，温度越低，且越远位置温度下降速率(此处速率指温度下降数值与距离的比率)越慢，在距引下线 10 mm 位置处温度已下降至 43 ℃。

为了观察分析引下线较远处的温度分布特征，再从引下线外边缘到木柱表面之间 100 mm（即 10 cm）取间距为 10 mm 的 10 个监控点（引下线临近位置取 2 mm 间距），其温度分布如图 3.22。从该图中可看到，引下线外围 20 mm 位置处温度已下降到 25 ℃，稍远位置处（约 40 mm 处）温度已降至常温状态（20 ℃），且自此后更远位置温度均为常温，不再变化。

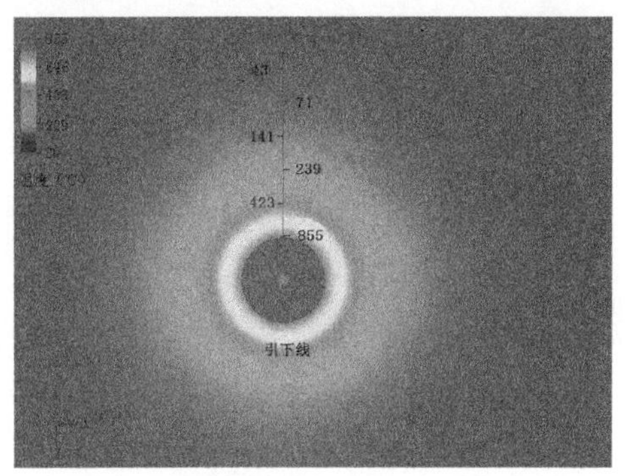

图 3.21　在组合雷击（150 kA＋2000 A）作用下直径 5 mm 的钢引下线周围 10 mm 温度空间分布俯视图（见彩图）

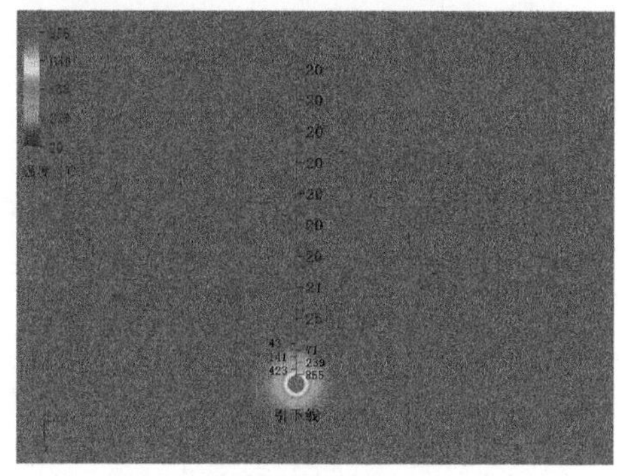

图 3.22　在组合雷击（150 kA＋2000 A）作用下直径 5 mm 的钢引下线周围 100 mm 温度空间分布俯视图

分析其他种情况下引下线温度空间分布特征，如直径 5 mm 的钢引下线（表 3.8 编号 4）在组合雷击（150 kA＋400 A）作用下最高温度达 523 ℃，引下线外围 10 mm 和 100 mm 温度空间分布见图 3.23 所示。引下线外围 10 mm 位置处温度已下降至 40 ℃，20 mm 处温度已降至常温状态（20 ℃），更远位置均为常温状态，总体特征和上一种情况的分布结果类似。

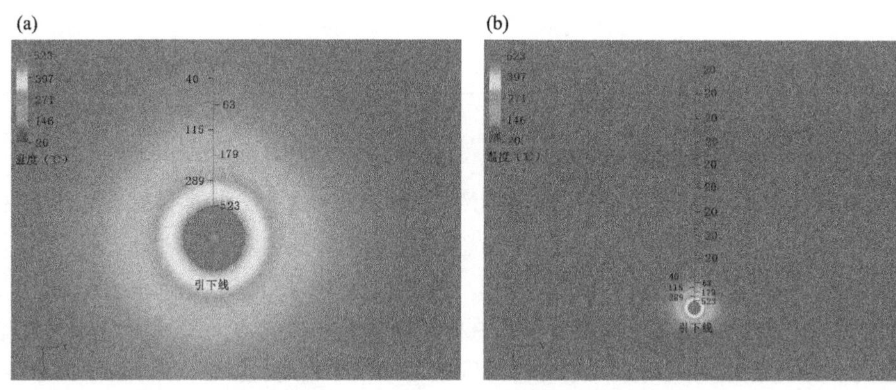

图 3.23　在组合雷击（150 kA＋400 A）作用下直径 5 mm 的钢引下线周围 10 mm(a)和 100 mm(b)温度空间分布俯视图

3.3.3.3　引下线温度随时间变化

直径 5 mm 的引下线在组合雷击（150 kA＋2000 A）作用下温度随时间变化分布如图 3.24，钢引下线升温非常迅速，雷电流作用 1 s 后温度即达到最大值，但高温（本节定义指大于 300 ℃ 的温度）随时间发展降低较缓慢，大约在 185 s 后降低到 300 ℃。Fan 等（2017 年）在模拟自然界雷电通道温度也发现雷电通道温度降低较缓慢。进一步分析图 3.24，可发现前一段时间（约前 150 s）降温较快，后一段时间（约 150 s 以后）降温较为缓慢，原因在于引下线温度很高时，和常温相差较大，热交换较剧烈，降温较快；随着引下线温度降低，热交换变得较为平缓，降温较缓慢。

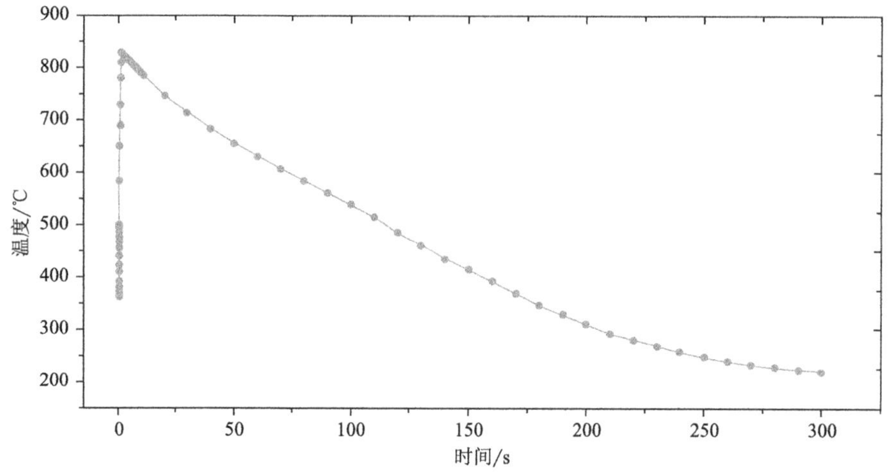

图 3.24　直径 5 mm 的钢引下线在组合雷击(150 kA+2000 A)作用下温度随时间变化分布

分析其他几种情况下引下线高温随时间变化情况(表 3.9),也基本是在较长时间(大于 100 s)后温度降到 300 ℃以下,在大于 210 s 后温度降低到 200 ℃以下。另外,从该表也可看到,总体而言温度越高的引下线降温持续时间将越长。高温持续时间越长,对古建筑木材特别是年代久远、木质疏松、含水率越低的木材引燃起火风险越大。

表 3.9　不同种类引下线高温随时间降低规律

编号	最高温度/℃	降到 300 ℃时间/s	降到 200 ℃时间/s	降到 100 ℃时间/s
表 2 编号 1	387	100	210	335
表 3 编号 1	855	185	315	485
表 3 编号 2	412	160	310	470
表 3 编号 4	523	150	225	300

3.3.4　引下线温度和木材燃点对比分析

将以上温度模拟结果和常见古建筑木材的燃点(表 3.1)做对比可看到,古建筑木材的燃点多在 253～283 ℃,组合雷击后引下线的温度易超过古建筑木材的燃点,如表 3.10 中第 1、第 2、第 4 等 3 种情况温升均超过 300 ℃。另外,表 3.7 中第 1 种情况(短时雷击)温升也超过 300 ℃。古建筑木材能否起火与外界的热流强度(本节中相当于引下线的温度)以及木材自身的含水率、物理形式(密度和厚薄程度等)和空气含氧量等因素都有关。一般情况下,高温作用于多数木材经过 3～575 s 可导致木材着火(沈德魁 等,2007),而雷击后引下线高温(超过 300 ℃)维持时间均大于 100 s,在这种温度、这段持续时间作用下容易引燃古建筑木材。

当防雷引下线距离木质界面太近时存在一定安全隐患(图 3.25),特别当遇到组合雷击时,雷电流沿引下线泄放时可能因温升而引燃木材质,在古建筑防雷设计施工中,应避免这种情况发生。若敷设引下线时距离木质界面的空间位置有限,可安装绝缘隔热的陶瓷抱箍,起到隔离引下线的热量避免向木质界面释放的作用。

另外,在古建筑引下线与接闪带(杆)搭接处,或者是不同段引下线相连地方,当采取搭焊、热熔焊技术时,容易出现虚焊、夹渣、焊瘤、咬边、焊缝不饱满等缺陷,会引起过渡电阻偏大,雷击时容易出现电弧产生瞬时高温;或者防雷引下线断接卡采用螺丝扣连接和压接时,容易生锈、腐

蚀或螺丝扣压接不紧密，也会使过渡阻值偏大而温度升高，存在一定引燃木材的隐患，相关研究分析参见文献(李京校 等，2016b)。古建筑防雷设计施工中也应避免出现该种情况。

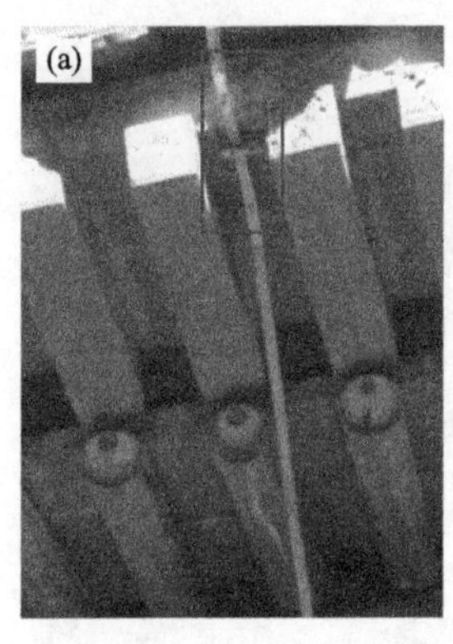

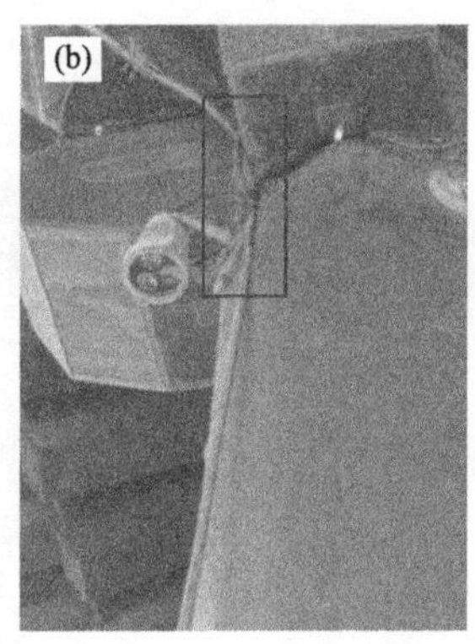

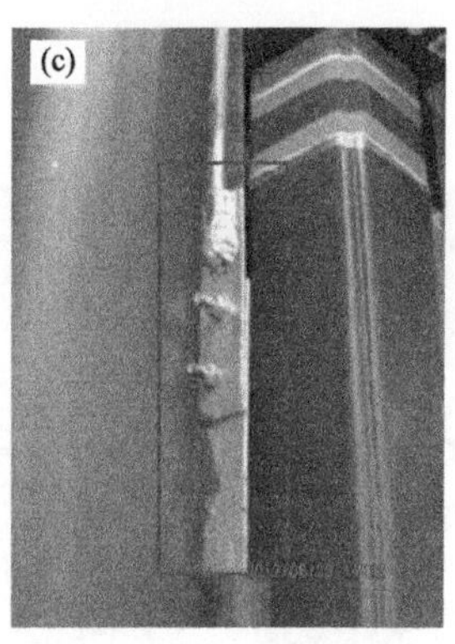

图3.25　距离古建筑木质界面过近的防雷引下线(a)、(b)及其断接卡(c)(图中黑色方框位置)

3.4　古建筑金属环路雷电感应电压和电流分析

3.4.1　概述

感应雷击是雷电成灾的主要方式之一，感应雷击没有直接雷击那么剧烈，但它发生的概率比直接雷击高很多(余占清 等，2013；王俊波 等，2014)，此外，直接雷击一次只能袭击一两个小范围的目标，而一次感应雷击可以在较大范围内多个目标同时发生雷电感应电压现象，并且这种感应电压可以通过电力线、通讯线等金属导线传输到很远距离，致使雷灾范围扩大。

雷电在金属线圈上产生的感应电压或电流是造成一些火灾(如古建筑场所木材(图3.26)、金属丝捆绑的棉花包、造纸材料包、皮毛包等)或者配电系统故障的一个重要原因(李家启 等，2007)。由于雷电流的迅速变化，在雷电通道周围有强大的瞬变电磁场，位于该电磁场中的金属线圈就会感应出较大的电动势。金属线圈上的感生电动势会在开口处或连接不良处放电，产生过电压火花，使附近的易燃物燃烧引发火灾；如果雷电通道周围的金属线圈是闭合的，在感应电压作用下会产生感应电流造成敏感电子设备破坏或者发热升温造成破坏。金属线圈上雷电感应电压或感应电流引起的灾害事故很多，如1989年8月12日青岛黄岛油库雷击起火爆炸重大事故的原因是混凝土圆形油罐的保护层脱落露出钢筋，在钢筋的捆绑处、间断处因雷电感应产生放电火花，导致周围油气在爆炸极限内起火爆炸；1996年4月28日新疆棉麻公司南丰分公司货场遭雷击，感应电压造成捆棉花的铁丝头放电产生火花引起棉花燃烧；2005年4月29日苏州紫金庵内的一颗银杏树冠突遭雷击，强大电磁耦合感应到电缆线上，感应电压击穿了房内的配电箱，造成电线短路起火(图3.27)。因此研究分析金属线圈中产生的雷电感应电压和电流相关规律和特征对于雷电防护具有重要的意义。

目前许多学者通过Agrawal场线耦合模型或ATPDraw软件等建立各种模型计算分析架空传输线产生的感应过电压(Farhad et al.，1997；朱秀兰 等，2010；王希 等，2011；郑玥 等，2017；边凯 等，2012；段昊 等，2018)，并对相关算法进行了修订或改进(高金阁 等，2017；徐航 等，2017；徐兴发 等，2014；刘欣 等，2018)，以及结合实验对水平金属导体或电话线缆感应电压计算研究(张春龙 等，2018；杨静 等，2008；Barkep et al.，1996)，通过相关数学公式对于架空线过电流感应电流进行了研究(黄克俭 等，2015)，这些研究取得了较多研究成果。此外，张徐伟等(2018)、

图 3.26 古建筑立柱捆绑的铁丝感应雷击引燃(张华明 等,2013)

图 3.27 苏州紫金庵内遭雷击的古银杏树(姜启成 等,2010)

李顺昕等(2018)针对风机系统利用数值模拟方法或计算公式研究了雷电感应电压和感应电流特征,窦志鹏等(2017)分析了光伏发电系统形成的矩形回路的感应电压和感应电流;杨磊等(2015)分析了矩形光伏板雷电感应电压和电流与雷电平均陡度、雷电距离、光伏板倾角等之间的关系;杜晓华 等(2017)计算分析了光伏发电站大回线矩形回路不同位置下的感应电压,但是圆形金属线圈回路上感应过电压和过电流研究基本没有;苏邦礼等(1996)给出了矩形线圈感应电压的计算公式,但无法用其计算圆形线圈的感应电压。此外,目前雷电感应电压和感应电流随时间、随距离的变化特征以及与线圈材质的关系特征很少见到研究分析。

本节利用有限元法 MagNet 软件对雷电回击通道在其周围圆形金属线圈产生的感应电压和电流进行了模拟分析,研究不同材质的金属线圈产生的感应电压和感应电流随距离、随时间的变化规律和特征。通过数值模拟可以直观具体看到不同材质圆形线圈感应电压或感应电流变化特性(利用相关公式难以得到),而且可以得到较完善较全面的变化特性和规律,为古建筑雷电防护提供一些依据和参考。

3.4.2 研究方法

3.4.2.1 数值模拟软件简介

本研究采用加拿大 Infolytica 公司的 MagNet 电磁仿真软件对雷电流泄放时周围的磁场分布进行了模拟仿真,得到雷电流泄放时周围磁场的空间分布以及由其产生的感应电压和感应电流数值。该软件是一种基于有限元法电磁仿真分析软件,属于 Windows 界面,可方便快捷地建立模型和进行分析,其覆盖了静电、静磁、时谐涡流、电磁与应力耦合、电磁与热耦合、带电粒子运动轨迹模拟和全波电磁仿真等领域(赵君龙,2015)。有限元法(Finite Element Method,FEM)是近似求解数理边值问题的一种数值技术,其具有几何适应性强、易于处理非线性、非均匀媒质等优点,已成为电磁场数值计算领域中最有效、应用最广泛的方法之一(李如箭 等,2015)。

3.4.2.2 模型建立和网格剖分

模型建立时要综合考虑多种因素,结合有限元模型对仿真结果的影响,任何对仿真结果有影响的实体都应包含在几何模型中,尽可能做到模型与实际结构一致。除了以上的原则外,同时考虑到网格剖分、单元数量、激励加载等,使仿真结果与实际情况趋于一致。将已知条件加载

到建立的模型上，设置边界求解即可，模拟仿真过程主要步骤包括：前期处理—建立模型—编辑和设定材料—施加雷电流激励—设置边界条件—网格剖分—求解—后处理。利用MagNet软件获得雷电磁感应强度后定量求解得到相应的感应电压，进而得到相应的感应电流。

有限元法单元剖分灵活（可以剖成三角形元或剖成矩形元），其网格边界可以是直线，也可以是曲线，边界处理方便，对精度要求较高的地方可以局部加密，还可以用高阶插值提高精度，并具有算法统一和通用的优点。本研究中采用软件自适应剖分方法，设定网格为三角形元，赋予各部分材料的相应属性，模型求解域和局部剖分如图3.28和图3.29。由于雷击过程时间比较短暂，雷电流数值很大，内部很多物理过程难以全部考虑，一般将模型进行简化处理。假设雷电流通道垂直于大地，并且只考虑主放电回击过程，或者雷电流经过防雷引下线后泄入大地过程，不考虑接地阻值数值情况。

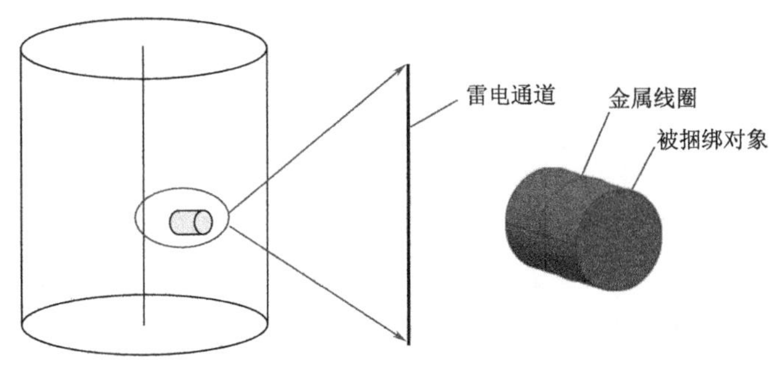

图3.28　雷电通道和圆形金属线环模型

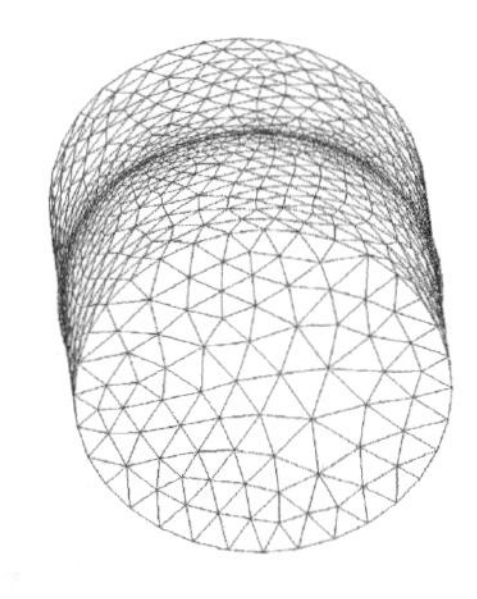

图3.29　模型的有限元剖分网格

3.4.2.3　设置电流激励源

雷电流波形上升的最大陡度（di/dt，在dt时间内有效）决定了雷电通道周围闭合或有开口的金属环路中的感应电压的峰值。根据国标《雷电防护 第1部分：总则》（GB/T 21714.1—2015），首次正极性短时雷击电流波形为10/350 μs，首次负极性短时雷击电流波形为1/200 μs，后续负极性短时雷击电流波形为0.25/100 μs。后续短时雷击电流波形的陡度最大，出现感应电压数值最大，从保守角度考虑，采用该雷电流波形进行模拟。以二类防雷建筑物为例，后续短时雷击电流波形峰值为37.5 kA，雷电流波形如式（3.8）所示，即更为适用的Heidler雷电流模型。该公式所示的雷电流波形如图3.30所示，该电流波作为本模拟中的激励源。

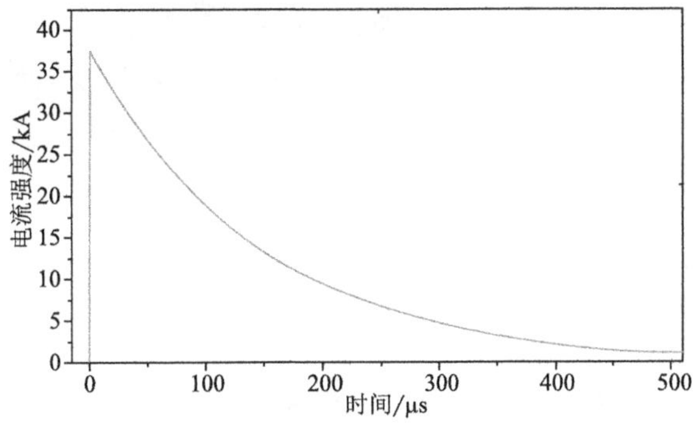

图3.30　用作激励源的雷电流波形图

$$i=\frac{I}{k}\times\frac{(t/T_1)^{10}}{1+(t/T_1)^{10}\times\exp(-t/T_2)} \tag{3.8}$$

式中：I 为电流峰值，单位：kA；k 为电流峰值的校正系数；t 为时间，单位：μs；T_1 为波头时间，单位：μs；T_2 为半值时间，单位：μs。

3.4.2.4 设置材料属性

模拟过程中不同材质圆形金属线圈及求解域材料属性见表 3.10，其中空气和被金属线圈捆绑对象（如古建筑木材、棉花包、造纸原料包等）的属性设置相同。圆形金属线圈直径为 30 cm，其未接地。空气的相对磁导率均近似为 1，模型均假定求解域为空气，模型中的媒质均为各向同性，地面为完纯大地。金属线圈为纯金属导体，不计源电流区的涡流效应。由于金属线圈中一开始并无电流且雷电发生时间很短，因此模拟时可以忽略集肤效应。

表 3.10 不同材质金属线圈及求解域材料属性

材料	相对磁导率	电阻率/(Ω·m)
铜	1	1.73×10^{-8}
铝	1	2.63×10^{-8}
钢	400	9.78×10^{-8}
空气（求解域）	1	——
被捆绑对象（如棉花、纸张等）	1	——

3.4.3 结果与分析

3.4.3.1 模拟得到的磁场

以圆形金属线圈能产生最大感应电压和最大感应电流的位置为例进行模拟分析，即磁通线垂直穿过线圈平面，模型放置方式如图 3.31 所示，金属线圈所在的平面穿过雷电通道。此外，模拟雷电流最大陡度时产生的磁感应强度，此时得到的是最大磁感应强度。利用 MagNet 有限元法软件模拟得到雷电通道周围空间磁场分布如图 3.32 所示，可更直观、精确地反映磁场分布的变化特点。从图中可看到距离雷电通道越近，感应磁场强度越大，距离越远，感应磁场强度越小。在后续短时雷击（峰值电流 37.5 kA）作用下磁感应强度最大值为 0.06 T。

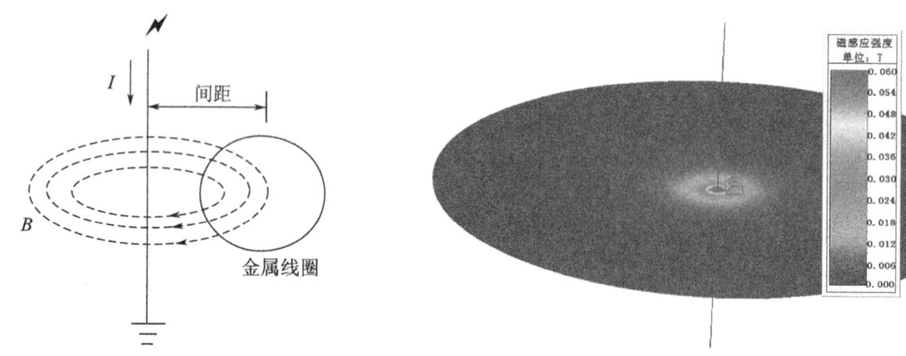

图 3.31 雷电通道附近的电磁场示意图

图 3.32 雷电通道周围空间磁感应强度图（见彩图）

3.4.3.2 模拟得到的感应电压

根据 3.4.3.1 节所得的磁感应强度利用 MagNet 软件定量求解得到雷电通道周围单匝金属线圈的感应电压，如图 3.33 所示。随金属线圈到雷电通道的间距变大，感应电压变小，这和苏邦礼等（1996）给出的雷电在矩形线圈中感应电压计算公式 $E_m = 2\times10^{-7} l \cdot \ln\dfrac{w+x}{x}\cdot\dfrac{\mathrm{d}I}{\mathrm{d}t}$ 得到的结果一致。同时可发现间距越大时感应电压变小速率越缓慢，这从计算公式中难以得到。此外，当圆形金属线圈分别为铜、铝、钢不同材料时，所产生的感应电压相同，随距离的变化趋势也相同，如图 3.31 所示，即线圈产生的感应电压与金属材料属性无关。

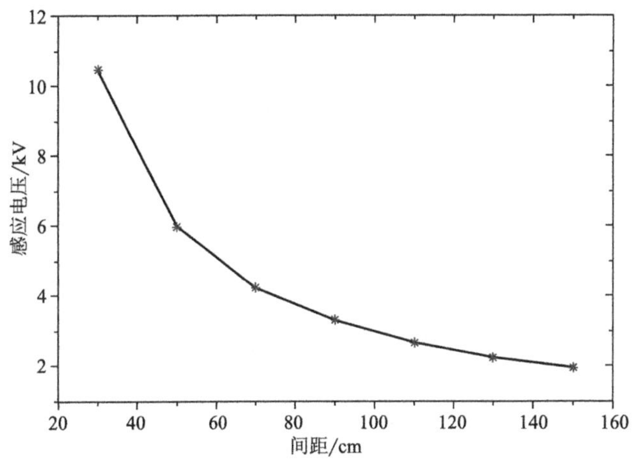

图 3.33　不同间距下感应电压的变化

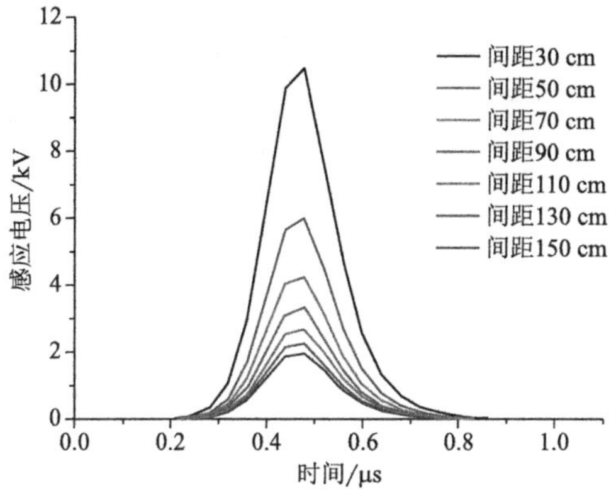

图 3.34　不同间距下感应电压随时间的变化（最上侧曲线为间距 30 cm，向下间距依次增大，最下侧曲线为间距 150 cm）

当金属线圈为开口时，到雷电通道不同间距下产生的感应电压随时间变化曲线如图 3.34 所示。从该图可看到，感应电压从 0 μs 到 0.48 μs 时快速增大，然后又迅速减小，增大速率和减小速率基本接近，感应电压随时间的变化图近似正态分布。此外，到雷电通道间距越大，感应电压越小；间距越大，增大和减小的速率越平缓。

如果金属线圈是由多匝（N 匝）串绕而成，匝与匝之间无短接时，则感应电压将为图 3.34 中数值的 N 倍，即感应出的电位差更大，更易出现击穿放电产生电火花。根据线圈感应电压数值以及线圈到其他金属物体的距离，通过 $E=U/d$ 可得到感应电压场强数值。当金属线圈缺口处电场强度或金属线圈与附近的金属体之间场强超过 500 $kV \cdot m^{-1}$ 时会被击穿，产生电火花。电火花一是金属线圈有缺口时容易产生，二是线圈与附近的金属体太近时容易产生，进而导致发生火灾或其他事故。目前多是计算接闪杆或引下线上高电位产生反击破坏，很少关注金属线圈上感应电压的击穿进而产生火花造成的破坏。

3.4.3.3　模拟得到的感应电流

雷电流产生感应电磁场，变化的电磁场在金属线圈中产生相应的感应电压，对于闭合金属线圈，感应电压又产生相应的感应电流。根据 3.4.3.2 节所得的感应电压，利用 MagNet 软件进而得到闭合金属线圈随不同间距变化感应的电流值如图 3.35 所示。从该图中可看到，随到雷电通道间距变大，金属线圈感应电流变小。铜的感应电流数值最大，其次是钢，最后是铝，随着间距的增大，电流衰减越缓慢，感应电流数值绝对差随之减小。按照三者的电阻率大小依次是钢＞铝＞铜，同样线径情况下，电阻值从大到小也是这种顺序，模拟结果中感应电流大小顺序依次是铜＞铝＞钢。

在变化磁场中，感应电流受线圈电感和线圈电阻的综合影响，但受电感影响更大（感抗 $\omega L \gg$ 电阻 R），模拟结果中随距离变大后感应电流曲线总体较接近，是由于三种材质金属线圈的电感值相同。电流变化速率越大，即电路的频率越大，感抗越大；当频率为零即成为直流电时，感抗也变为零。对比架空线路的感应电压和感应电流，通常为直线布设的架空线路基本不需考虑导线自感影响。

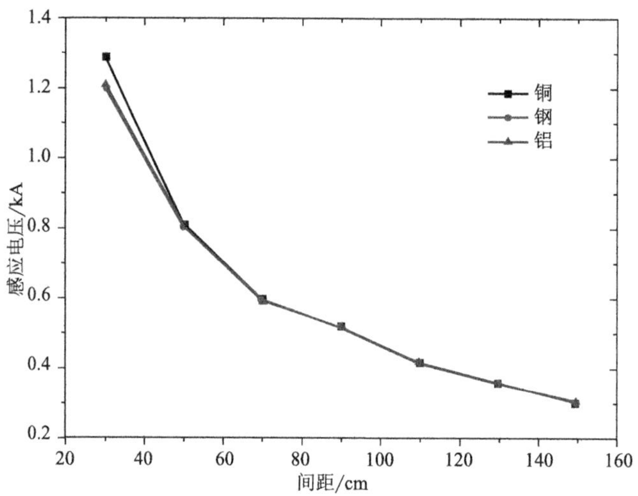

图 3.35　不同材质金属回路随不同间距变化的感应电流

根据 3.4.3.2 节感应电压进一步得到闭合金属线圈不同圆心间距感应出的电流随时间衰减曲线如图 3.36 所示。从图中可看到均是在 0 μs 至 1.0 μs 时刻感应电流迅速增加变大，在

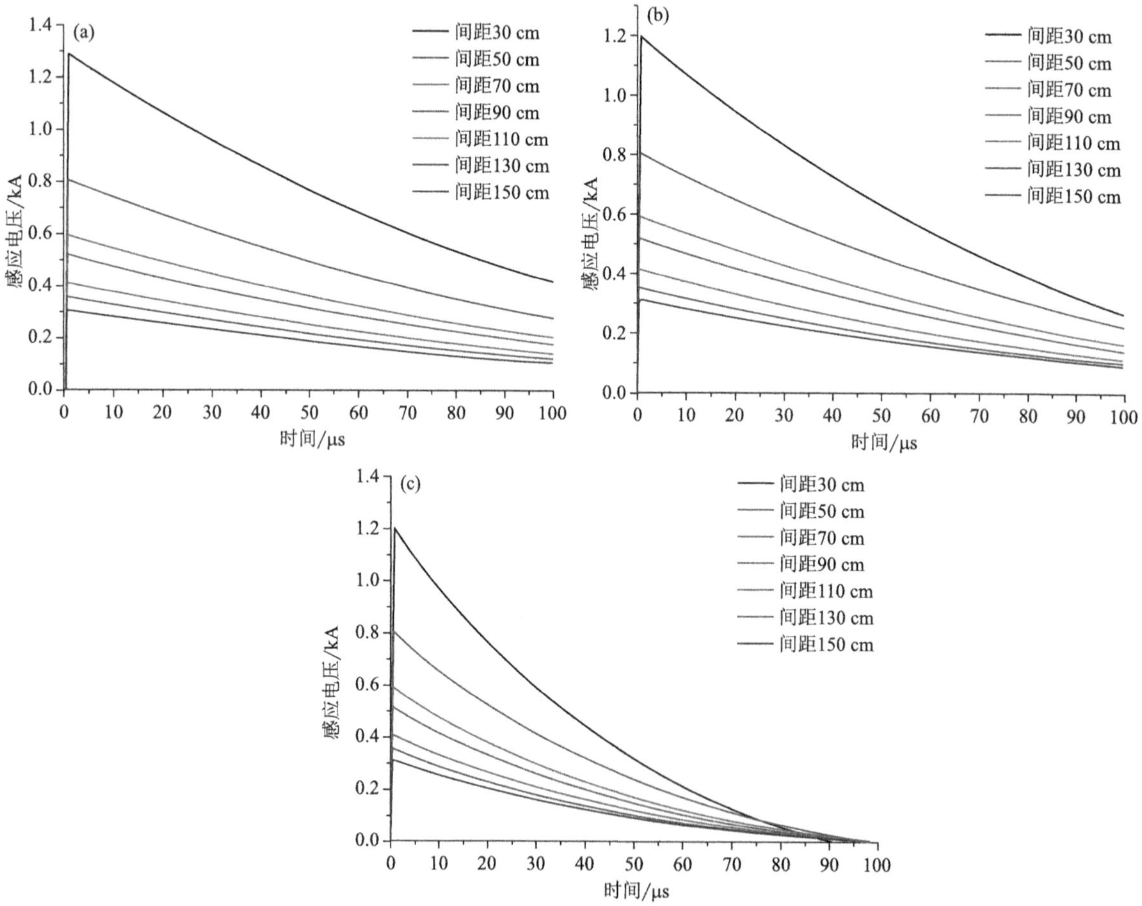

图 3.36　不同材质线圈在不同间距下感应电流随时间的衰减变化（最上侧曲线为间距 30 cm，向下间距依次变大、最下侧曲线为间距 150 cm）

(a)铜，(b)铝，(c)钢

1.0 μs 时刻变为最大值，然后逐渐变小，到 100 μs 时刻已非常小，感应电流变大的速率大于变小的速率。对比图 3.34，感应电压出现最大值的时刻稍微早于感应电流出现最大值时刻；对比感应电流随时间从大到小的衰减速率，感应电压衰减得更快。此外，当间距越小时感应电流越大，同时该感应电流变小的速率越大。

三种材质线圈均在 30 cm 间距时出现最大感应电流，不同的是铜材料线圈感应的电流最大(为 1.29 kA)，铝线圈(为 1.21 kA)和钢线圈(为 1.20 kA)二者接近。总体来说，铜材料线圈感应电流最大，钢线圈感应电流最小。此外，在 100 μs 时刻处，铜材料线圈电流为 0.15 kA，铝感应电流为 0.1 kA，钢感应电流已基本为 0 kA。电阻大的线圈波形衰减较快，可以看出衰减从快到慢依次为钢、铝、铜，符合金属线圈的时间常数 $\tau = L/R$ 的规律，即电阻越大，时间常数越小，衰减得越快。如果由敏感电子元器件串联其中构成的金属线圈回路，在这种感应电流下容易造成破坏。

分析金属线圈中感应电流的波形和用作激励源的雷电流的波形类似，借鉴利用国标《雷电防护 第1部分：总则》(GB/T 21714.1—2015)中所给出的雷电流经过引下线时温升计算式(3.9)，求出金属线圈中的感应电流引起的温升数值。

$$\Delta\theta = \frac{1}{\alpha}\left[\exp\frac{\frac{W}{R}\times\alpha\times\rho_o}{q^2\times\gamma\times C_w}\right] \tag{3.9}$$

式中：$\Delta\theta$ 为金属线圈的温升，单位：K；α 为电阻的温度系数，单位：$1\cdot K^{-1}$；$\frac{W}{R}$ 为感应电流的单位能量，单位：$J\cdot\Omega^{-1}$；ρ_o 为金属线圈的电阻率，单位：$\Omega\cdot m$；q 为金属线圈的截面积，单位：m^2；γ 为金属线圈材料的密度，单位：$kg\cdot m^{-3}$；C_w 为热容量，单位：$J\cdot(kg\cdot K)^{-1}$。

式(3.9)中 $\frac{W}{R}=\int_0^t I^2 dt \approx (1/2)\times(1/0.7)\times I^2\times T=(5/7)\times I^2\times T$，其中依据图 3.35 铜、铝、钢三种材质感应电流 I 取值分别取 1.29 kA、1.21 kA、1.20 kA，时间 T 取值为 100 μs。计算得到铜、铝、钢三种材质的线圈感应电流随直径引起的温升变化，如图 3.37 所示。从图中看到，钢线圈升温最高，铝线圈次之，铜线圈最低，同时线径越小，电阻越大，温升则越高，另外线径大于 0.8 mm 后温升很小。

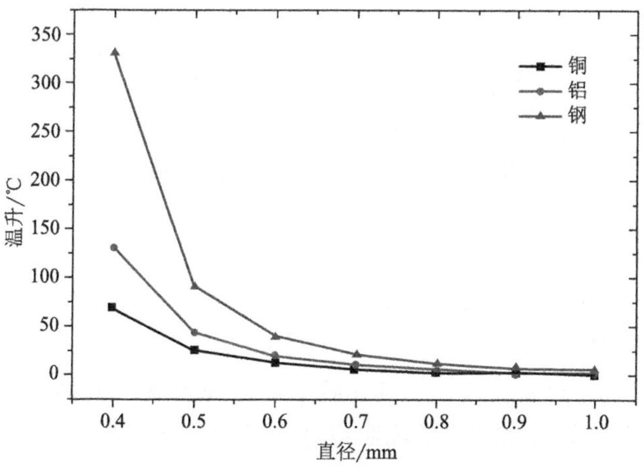

图 3.37 不同材质金属线圈材料的感应电流随直径变化温升

3.5 本章小结

(1)通过分析古建筑遭直接雷击引起着火的途径和原因,主要得到如下结论:针对雷电产生高温引燃木材这一情况,根据雷电流强度、引下线自身属性(电阻率、横截面积、比热容),推导得到引下线温升公式 $\Delta T=\dfrac{\rho_{阻}\int_{0}^{t}I^{2}dt}{S^{2}\rho_{密}C}$,并和 IEC62305 给出的公式做了对比,得到后者计算的温升值高于前者,前者计算更为合理。直径大小对引下线温升影响最为明显,而引下线自身长度对温升无影响。同等条件下,不同材料引起的温升从大到小顺序依次为钢、铝、铜。当直径大于 8 mm 时,且自身贯通良好情况下,引下线上发热很小,基本不会引起着火。引下线过渡阻值对发热温升影响明显。不同段引下线焊接时搭接长度越短(即连接处体积越小),过渡阻值越大,温升越高。当引下线断开情况,甚至会出现冒火花情况,易引起古建筑着火。

(2)通过古建筑木材雷击模拟实验,研究了木材雷击损伤的特性,包括木材损伤与木材含水率、木材厚度及雷电流的关系*,研究发现木材遭受雷击破坏方式主要有雷电弧热量、雷电流注入木材发热温升产生气化冲击力以及雷电空气冲击波效应,不同情况下作用方式不同。主要得到如下研究结论:1)当木材含水率较低时,遭雷击后木材会灼黑或烧糊,雷击电弧灼烧破坏为主要表现形式;当木材含水率较高时,更容易击出损伤坑或劈裂,雷击机械能引起木材劈裂破坏为主要形式,这在本质上是雷电流注入木材发热,高温产生的气体急剧膨胀,产生类似爆炸的机械力;而且含水率越高木材损伤深度越深,损伤面积越大,即含水率越高时雷电流注入越深。遭受雷击时木材劈裂更容易沿顺纹方向进行。此外,新鲜树木(活树)含水率高,雷击时更容易劈裂;枯树含水率低,雷击时更容易起火。2)雷击时当木材越厚越不易着火,当木材质地疏松或其他原因产生缝隙后容易着火,木材太薄时雷电冲击波也会产生破坏。当雷电流强度越大,雷击后木材损伤的现象越明显,木材损伤面积越大,损伤深度越深,雷击时发出的爆炸声音越大。雷电流峰值和木材含水率是影响木材损伤程度的最主要外因和内因。单次闪击的雷电由于能量有限一般不会引燃木材。总体而言,古建筑木材遭受雷击破坏过程涉及了雷电弧灼烧、雷电流注入木材的发热温升以及雷电空气冲击波等破坏作用,是一系列复杂的物理变化和化学变化共同作用结果。

(3)利用基于有限体积法的 6SigmaET 软件模拟分析雷电击中古建筑接闪器沿引下线泄放时温度分布,包括在不同种类雷击作用下,对不同材料、不同直径的引下线分别模拟其温度数值及其空间和时间分布特征,并和古建筑常用木材的燃点做了对比,主要得到以下结论:1)短时雷击引下线多数情况下温升并不明显,在组合雷击后温升很明显(最高温度 855 ℃),组合雷击后引下线的温度更易超过古建筑木材的燃点;2)在其他条件相同下,不同材质引下线温升从高到低依次为钢、铝、铜;引下线直径越小,雷电流经过后温升越高;在引下线符合规范要求(直径大于 8 mm)时,一般不会因为雷电流经过后产生高温而引起着火;3) 距离引下线越远位置温度越低,且温度随距离变远降低速率在变慢,在引下线外围 10 mm 处温度已基本接近常温;4)雷电流作用于引下线后,升温迅速而降温缓慢。在 1 s 后温度即升到最大值,之后温度开始下降,大约在 100 s 后降为 300 ℃以下,该段时间内的高温很可能引燃古建筑的木材。

---

* 注:2018 年 6 月在日本大阪第 16 届国际大气电学会上,作者受邀以本节研究结果做口头报告,会上日本岐阜大学王道洪教授提出雷击起火与木材材质的疏密程度(木材密度)应该也有关,笔者暂未进行该方面试验研究。

(4)针对古建筑场所金属线圈雷电感应电压和电流,利用数值模拟分析方法主要研究了不同材质的圆形金属线圈的雷电感应电压和感应电流随间距、随时间的变化规律和特性。主要得到以下结论:1)圆形金属线圈中雷电感应电压随时间快速增大,然后又迅速减小,感应电压增大速率和减小速率基本接近。感应电压出现最大值稍早于感应电流出现最大值,类比感应电压随时间的衰减速度,感应电流衰减得较慢。铜、钢、铝三种材质的金属线圈感应电压随时间、随距离的衰减变化特性相似。当金属线圈是由多匝串绕而成时,感应电压数值更大;2)模拟得到的感应电流的波形和用作激励源的雷电流波形相似,对比感应电压随时间的衰减速度,感应电流衰减得较慢。感应电流随时间迅速增大到最大值,然后缓慢变小,增大的速率大于变小的速率。不同材质金属线圈感应电流的最大值从大到小依次是铜、钢、铝,随着间距的增加,不同材质感应电流数值绝对差随之减小。在感应电流作用下,钢线圈升温最高,铝线圈次之,铜线圈最低,线圈导线线径越大温升则越低,当线径大于 0.8 mm 后导线温升较小。

第4章 古建筑琉璃瓦件雷击破坏机理分析

古建筑中的皇家宫殿、园林、陵寝、寺庙等古建筑屋顶大面积或全部使用了琉璃构件，如天安门、北京故宫、沈阳故宫、承德避暑山庄等古建筑。作为古建筑屋顶的重要组成部分，琉璃构件在中国古建筑中扮演着非常重要的角色(Zhao et al.，2010)。屋顶的琉璃构件是反映当时历史与文化的实物载体，是不可再生的露天文物，无论从实用功能还是文化艺术功能，琉璃构件都具有非常重要的作用(丁银忠 等，2015；吴燕春 等，2017)。作为古建筑屋顶重要组成部分的琉璃瓦件，具有鲜明的时代特征，能够生动、直观地反映当时的文化和技术水平，具有很高的科学艺术和旅游观赏价值。琉璃构件主要包括瓦件(含筒瓦、板瓦、瓦当、滴水、脊瓦等数十种)和兽件(含吻兽、垂兽、戗兽、走兽等数十种)，其被用作屋顶构件最早始于北魏(Wang et al.，2020)。作为人类不可再生的文化艺术瑰宝，古建筑琉璃构件的任何损坏和破坏都将难以弥补，而雷击是造成琉璃构件破坏的主要自然灾害之一(An et al.，2013；Adorni，2013)，如雷击古建筑琉璃吻兽、房脊、房瓦等，引起脱落、断裂、破碎甚至导致古建筑起火焚烧(李京校 等，2016b)。

本章对于古建筑遭雷击破坏频次最高的部件琉璃瓦件进行分析，主要通过雷击琉璃瓦件试验方法或数值模拟分析方法，开展研究包括古建筑琉璃瓦件雷击致损观测分析、屋顶琉璃瓦模拟雷击破坏宏观特性分析、琉璃瓦件雷击致损电热耦合效应仿真、古建筑琉璃瓦件雷击损伤微观特征分析，进而对古建筑雷击破坏机理进行全面认识，便于掌握琉璃瓦件雷击破坏的具体方式或特征，同时为采取有针对性的防护提供相关数据。

4.1 古建筑琉璃瓦模拟雷击致损过程闪络观测及损伤原因

4.1.1 引言

古建筑因其自身的位置、材料、结构等原因，容易遭受雷击破坏，而对于琉璃瓦件来说，由于其一般位于古建筑最顶部，最容易接闪遭受雷击。目前研究多是针对现代建筑物雷电流进入钢筋混凝土后的分流特征和破坏方面分析(Okano，2016；Jan et al.，2014；Zischank et al.，2004；Sato et al.，2000)，以及对建筑物附属物如窗户、玻璃的雷击破坏研究(Li et al.，2010；朱泽伟等，2019)，认为雷电流经过建筑构件由于电流焦耳-楞次热效应导致水分剧烈蒸发并迅速膨胀，气体膨胀的机械作用造成建筑物构件的破坏(万雪 等，2016；陈加清 等，2004)，但是古建筑琉璃构件正常情况下表面覆盖釉质，有一定的防水性和绝缘性，雷电流是怎么进入的，雷电流进入后具体是怎么破坏的，很少见到研究报道。由于自然界闪电的瞬时性、不确定性，一般在实验室中用模拟雷电来研究雷击破坏特性，而产生大电流一般是短间隙放电(Hirano et al.，2010；Li et al.，2017)，放电过程中闪络路径的观测研究有助于更好地明晰雷击破坏过程。目前刘典等(2015)利用高速摄像机短空气间隙放电流注分叉特性实验研究；Shirai 等(2012)通过实验分析了绝缘固体微孔隙表面闪络引起的接地空中闪络特征，对电力绝缘子表面闪络进行研究；郭自清等(2017)利用高速摄像机等研究了短间隙放电中的电晕型先导特性，包括先导速度、发展特征等；朱泽伟等(2019)利用大电流发生器在短间隙中对玻璃进行了雷击破坏模拟试验，观测了闪络路径特征。对于古建筑屋顶琉璃构件的表面闪络观测有待研究，便于更好地掌握琉璃构件

雷击破坏机理。

本节利用冲击发生器、高速摄像机等对古建筑琉璃瓦件进行了雷击模拟试验和观测，主要对琉璃瓦釉质、胎体和灰浆材料进行了冲击试验，以及不同含水率、不同表面下闪络路径的发生发展特征和造成的破坏差异，另外，重点分析了雷电流通过灰浆部位进入瓦件造成破坏的过程和原因。通过实验室设备可定性研究在不同影响因素作用下，在琉璃瓦表面放电路径发展特征，以及对琉璃瓦造成的破坏。通过本节研究，初步提出闪络路径和被击物体接触时路径特征，以及雷击琉璃瓦主要破坏途径，为古建筑雷电防御技术提供参考和指导。

4.1.2 试验设置与方法

实验室雷击模拟试验整体装置如图4.1a和图4.1b所示（冲击电流发生器型号ICTS 10/350&8/20-200/200，本试验在解放军陆军工程大学电磁环境效应与光电工程国家级重点实验室完成）。冲击发生器包括充电装置、电容器单元、可控触发放电装置和控制系统等。冲击电流发生回路可产生上升时间为8 μs、半峰值为20 μs的双指数波，其电流幅值范围10～200 kA，放电时间间隔大于5 min。其产生的8/20 μs波形电流经导流条和放电电极注入到固定在夹具架上的琉璃瓦件表面，经夹具两侧的接地铜条导轨流入大地。试验中采用的放电电极为长50 mm、直径5 mm、尾部为锥形的铜棒。试验时调整放电电极位置，使放电电极与瓦件之间的间隙约为2 mm，确保能击穿放电。该实验室海拔高度为9 m，做试验期间温度为5～10 ℃，相对湿度为65%～70%。

在本试验中，高速摄像机（日本Photron公司FASTCAM SA-Z型）拍摄速度为7×10^5帧·s^{-1}，为黑白CMOS相机，观测时间分辨率为1.43 μs，单张照片分辨率为256×56，每张照片的曝光时间为1.11 μs，所拍照片为一个周期内的放电情况。高速摄像机置于屏蔽空间内，由计算机自动控制，不间断电源供电。高速摄像机到放电探针位置水平距离约2.0 m，在试验观测中根据实际情况采用不同焦距的镜头，并设置合适的光圈和采样频率，实现对模拟雷击作用过程的同步观测拍摄。高速摄像触发来自示波器电流线圈的一路输出信号，当电流达到设定的触发阈值时会触发相机快门，触发的阈值设置为10%电流峰值。触发的时刻设置为0时刻，高速摄像保存的为触发前20%和触发后80%时间的图片，触发前的图像显示为负的时间。

古建筑屋顶琉璃瓦件是一种含铝的硅酸盐化合物且表面涂釉质经烧制而成的材料，分为筒瓦、板瓦、脊瓦等，本研究选择筒瓦（图4.2a）进行试验。筒瓦是骑扣在两垄板瓦连接处的瓦片，呈凸起弧形形状，横截面为半圆形。试验样品由北京市古代建筑研究所提供的六样绿琉璃筒瓦，样品厚度为1.8 cm，完整块长度为35 cm（不含熊头部位则长为30.4 cm），瓦横截面外直径14.4 cm，高7.2 cm。图4.2c中琉璃瓦A处位置为放电电极，B处、C处位置为接地铜条导轨。试验筒瓦样品包括釉质完整的瓦、釉质脱落露出胎体的瓦、有灰浆的瓦三种瓦材料。将琉璃瓦釉质、胎体、灰浆表面擦拭干净进行试验，改变含水率时采用喷淋静置方式，水为普通的自来水。含水率测试仪为JT-C50型水分仪，该仪器采用高周波原理，将探头接触被测量物体表面即可测定出其含水率。

4.1.3 试验结果分析

4.1.3.1 雷击琉璃瓦总体观测分析

琉璃瓦模拟雷击试验时，观测到表面闪络路径的发展变化以及放电通道贯通时特征。放电探针和接地导轨之间为不均匀电场，放电电晕起始于放电电极，并沿琉璃瓦表面发展，经过较短距离后贯穿剩余空气间隙，形成明亮的放电通道，同时发出剧烈的爆鸣声，有时还出现火星、火花。在短间隙放电类型中一般没有先导过程，先导一般只存在长间隙气体击穿过程中

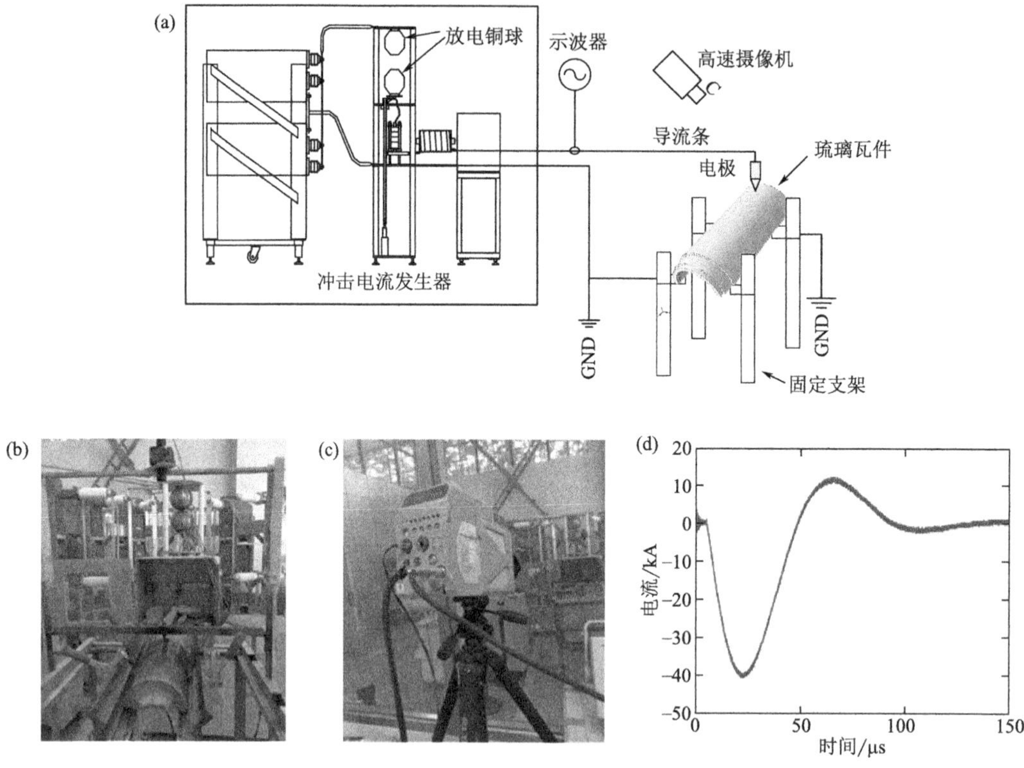

图 4.1 琉璃瓦件雷击破坏试验系统示意图(a)和实物图(b)、高速摄像机(c)及雷电流波形(d)

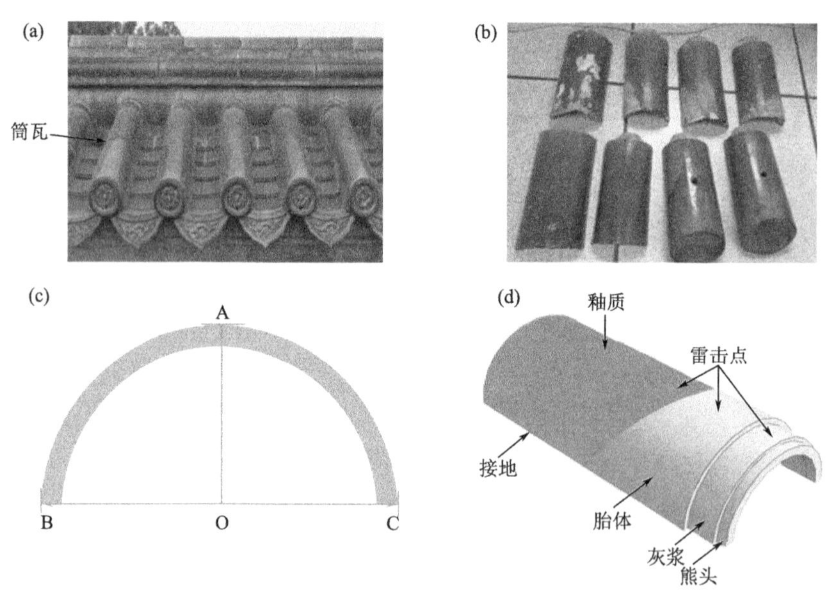

图 4.2 雷击模拟试验对象

(Matsumoto et al. ,2015)。放电电极附近电场强度高,电离产生的电子在电极附近首先形成电子崩,电子崩沿筒瓦表面在向前发展的过程中会逐步发生光电离,产生光电子,出现明亮白光。闪络沿瓦表面发生闪络击穿短间隙后,形成导电通路泄放一部分雷电流,其能量通过发热等方式释放一部分,造成琉璃构件一定程度的破坏。

图 4.2c 中 OA 和 OB 长度均为 7.2 cm，AB 弧线之间距离为 11.30 cm，另外，放电探针针尖到瓦片 A 处距离 0.2 cm，可近似认为放电位置到接地导轨距离为 11.5 cm，该数值作为闪络路径经过的距离。根据高速摄像机拍摄到出现电晕时刻到放电通道贯通的时刻，中间的时间段为通道的发展时间。根据以上距离和时间数据，得到琉璃瓦不同材质表面、不同含水率下的通道发展速度见表 4.1，另外，平均电位闪络梯度为 1.82～2.27 kV·cm^{-1}。编号 1 釉质表面通道速度约为 8.048 cm·μs^{-1}，编号 2 和 3 釉质表面通道速度约为 16.084 cm·μs^{-1}，和自然界中闪电通道速度较为接近，胎体、灰浆材料表面的速度则都较小。全球不同地区的自然闪电观测表明，闪电下行先导的平均速度区间在 1×10^5～8×10^5 m·s^{-1}(Hill et al.，2011；Saba et al.，2017)。整体而言，瓦件不同表面通道速度从大到小依次是釉质、胎体、灰浆材料。初步分析原因，不同材质表面电导率不同引起电场分布差异，进而影响通道发展速度。对于洁净琉璃瓦，瓦釉的表面电导率为 10^{-13}～10^{-9} S·m^{-1}，瓦胎体的电导率为 10^{-7}～10^{-10} S·m^{-1}，瓦熊头部位灰浆的电导率为 0.5～0.6 S·m^{-1}(刘有为 等，1999)，不同材质电导率越大，表面电场越小，通道发展速度越慢。另一方面，釉质表面类似玻璃表面，表面比较光滑，通道发展速度最快；胎体表面粗糙，相当于增加了闪络路径距离，闪络速度变慢；灰浆表面最为粗糙，凹凸不平，相当于增加了更多表面距离，闪络路径速度最慢。

从表 4.1 还可看到，对于同种部位表面，多数情况下当含水率大时，闪络路径发展速度快，当含水率小时，闪络路径速度变慢。原因可能是瓦件表面集附着杂质，遇水发生溶解，变得易于导电；另一方面，可能是不纯净的水自身有导电性，所以含水率大时速度较快。此外，对于同样部位、同样含水率，冲击电流大的闪络路径发展速度稍快(编号 04 和 09，编号 11 和 12)。同样部位含水率变高时，闪络路径的光强会变小(图 4.4c 稍强于图 4.5b，图 4.6i 稍强于图 4.7f，图 4.8g 强于图 4.9g，图 4.10d 强于 4.11c)，分析原因应该是含水率高时，介质表面的水分子会捕获自由电子或光子，导致闪络路径光强变弱。

表 4.1　琉璃瓦不同部位表面不同含水率的闪络路径速度

类别	编号	电压/kV	电流/kA	含水率(RH)	贯通时间/μs	通道速度/(cm·μs^{-1})
釉质	01※	25	62	0.4%	1.429	8.048
	02※	25	40	0.6%	0.715	16.084
	03	25	40	0.7%	0.715	16.084
胎体	04※	25	30	15.0%	10.0	1.150
	05※	25	40	19.5%	5.715	2.012
	06※	25	40	24.5%	4.286	2.683
	07※	25	40	32.0%	2.857	4.025
	08	25	40	38.0%	3.572	3.219
	09	25	40	15.5%	8.571	1.342
灰浆	10※	25	39	16.4%	20.0	0.575
	11※	25	47	30.2%	11.429	1.006
	12	20	40	30.0%	12.857	0.894
	13	25	40	29.2%	171.428	0.067
	14	25	30	45.0%	11.428	1.006
	15※	20	20	24.6%	412.86	0.028

注：带※的下文给出了通道发展高速摄像图。

根据不同材质和含水率和贯通时间的拟合曲线(图 4.3)可看到，对于釉质，含水量和贯通时间为强相关，拟合公式见式(4.1)。其中，x 是相对湿度(RH)，y 是速度($cm \cdot \mu s^{-1}$)。二者相关性强，R^2 为 1.0。

$$y = -10^6 x^2 + 17411x - 40.168 \tag{4.1}$$

对于胎体，拟合公式见式(4.2)，二者为较强相关，R^2 为 0.9111。

$$y = -74.879x^2 + 49.983x - 4.7652 \tag{4.2}$$

对于灰浆，拟合公式见式(4.3)，二者为弱相关，R^2 为 0.2667。

$$y = 9.3481x^2 - 3.5374x + 0.7633 \tag{4.3}$$

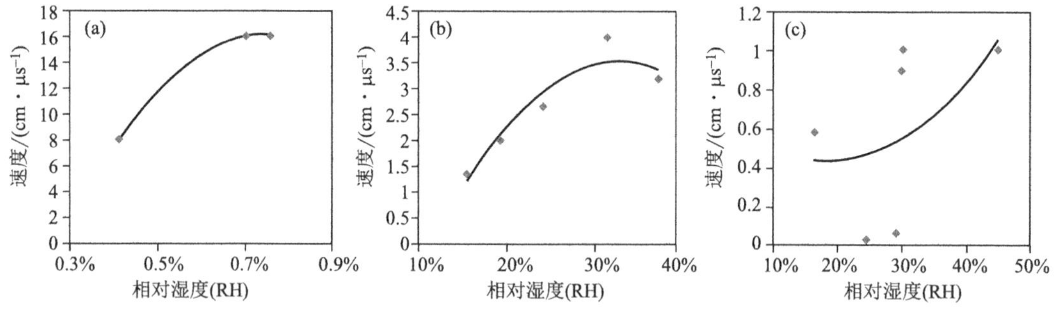

图 4.3　琉璃瓦含水率和闪络路径发展速度拟合曲线

(a)釉质，(b)胎体，(c)灰浆

4.1.3.2　不同含水率的闪络路径速度对比

(1)釉质表面不同含水率闪络路径速度对比

完整的琉璃瓦外表面覆盖有釉质，琉璃釉是施于琉璃构件胎体表面起防水和装饰功能的一层很薄的硅酸铅玻璃态物质，釉面保存完好的琉璃筒瓦，其釉层厚度基本上是在 90～160 μm 的范围，平均厚度约为 130 μm(丁银忠 等，2015)。明清古建筑琉璃瓦釉一般属于高铅的 PbO-SiO_2 体系，其化学组成由玻璃质生成体石英(SiO_2)、助熔剂氧化铅(PbO)、氧化物着色剂(Fe_2O_3、CuO、CoO 等)构成，其中绿釉质瓦件表面为 CuO 着色剂。

当琉璃瓦外表面为光滑的釉质面时，试验过程中闪络路径发展速度非常快。图 4.4a 中放电探针下端未出现电晕，图 4.4b 中电极下端出现团状电晕，接着快速放电击穿(图 4.4c)，闪络路径沿着瓦件表面，呈弧形向下发展。图 4.5 电极位置刚出现模糊状电晕，闪络路径立即贯通，通道速度更快。前者含水率 15.6%，通道速度 8.048 $cm \cdot \mu s^{-1}$，后者含水率 30.0%，通道速度 16.048 $cm \cdot \mu s^{-1}$，含水率大时，闪络路径速度更快。此外，图 4.4c 中有干扰光，是冲击发生器的两个铜球(图 4.1a)放电产生的白光造成的干扰。观察釉面雷击后特征，在釉质表面雷击后出现银白的斑块，这是釉质中铅离子和含铅的硫酸盐在雷击高温下析出产生的。利用色差计测量色差变化，雷击后琉璃瓦的翡翠绿色会发生褪色变化。相比琉璃瓦被击坏或击成碎块而言，这种

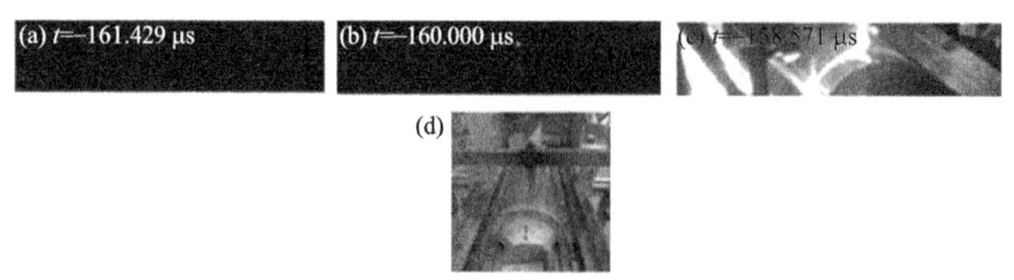

图 4.4　釉质表面含水率 0.49%时(表 4.1 编号 01)闪络路径及试验琉璃瓦

破坏影响较小。当雷电流沿屋顶泄放时，沿琉璃瓦表面发生表面闪络，将雷电流导流入屋顶，降低瓦上的电位，将高电位限制在安全范围以内，在一定程度上减轻了对瓦本体的破坏。

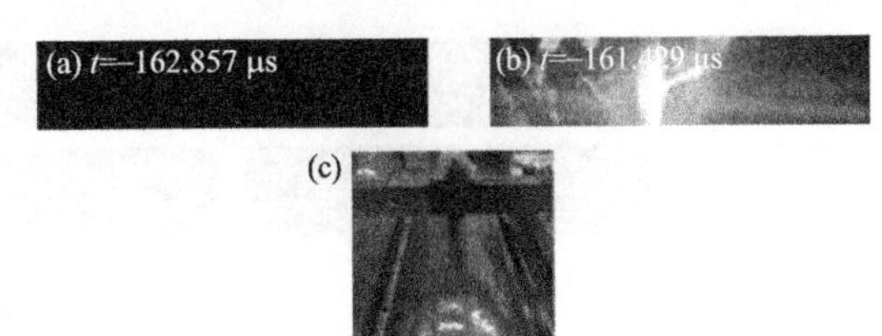

图 4.5　釉质表面含水率 0.69%时(表 4.1 编号 02)闪络路径及试验琉璃瓦

(2)胎体不同含水率闪络路径速度对比

位于屋顶的琉璃瓦件经常被风吹日晒，长时间后有的釉质会脱落，所以试验对象包括釉质脱落露出胎体的瓦。琉璃瓦胎质为陶土，胎色灰白，坚硬致密，断面可见石英颗粒，琉璃瓦主要成分为 SiO_2、Al_2O_3 和少量的 Fe_2O_3、CaO、MgO 等化合物，其中 SiO_2 的含量约 37%～68%、Al_2O_3 的含量约 11%～36%。图 4.6 和图 4.7 中明显看到闪络迎面流注，其和下行流注在瓦表面下侧部位汇合，空气间隙被击穿，出现非常明亮的放电通道，同时有剧烈的爆鸣声。此外，闪络发展通道有一个曲折，闪络路径的发展方向主要与路径头部的电场强度、瓦表面上粗糙程度、污秽和湿度等相关。闪络路径粗细有些差异，不完全一致。闪络路径粗，亮度较强，可能是胎体表面电场强，光电子多，致使亮度较强。在外施电场作用下，电子崩由放电探针向接地导轨发展，当电子崩发展到一定程度时，就会发生光电离，在电子崩附近由光电子引起二次电子崩，二次电子崩与初崩会合，使得放电向前推进，最终导致贯穿性放电闪络。

图 4.6 中琉璃瓦胎体含水率较低(15.0%)，闪络路径发展速度为 1.150 cm・μs^{-1}，图 4.7 中胎体含水率较高(19%)，通道发展速度为 2.012 cm・μs^{-1}，说明胎体同样是含水率高时，闪络路径发展速度快，水分对通道速度有一定影响。相比釉质表面，胎体表面闪络路径发展速度慢，在胎体表面闪络路径速度比自然界中闪电的先导速度要慢，大概慢一个数量级。此外，图 4.6i 中出现放电通道序列脉冲，分析原因，在雷击胎体模拟试验过程中，是在胎体外表面形成放电通道，而接地轨道的铜条又比较长，可接地的位置比较多，所以通道可自由选择，导致形成了多条放电通道，呈现序列脉冲状。图 4.6 中观测到迎面流注，图 4.7 中未观测到迎面流注，可能迎面流注被琉璃瓦遮挡，高速摄像机未拍到。

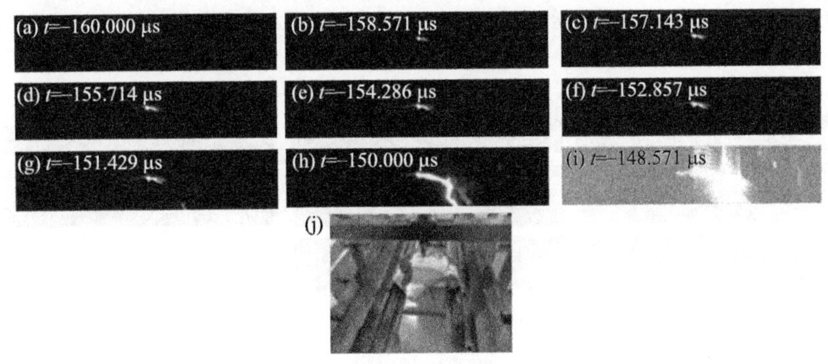

图 4.6　琉璃瓦胎体含水率 15%时(表 4.1 编号 04)闪络路径及试验琉璃瓦

(3)灰浆不同含水率闪络路径速度对比

琉璃筒瓦的上端为一个舌片似的榫头，称“熊头”，它表面覆盖灰浆，用来与上侧相邻的筒瓦相接粘牢，同时防止漏水。灰浆可看作是筒瓦的附属部分，灰浆材料呈灰白颜色，致密性较釉质和胎体差，灰浆主要成分包括 $CaCO_3$、$Mg(OH)_2$、SiO_2、$NaAlSi_3O_8$ 等。

从图 4.8 和图 4.9 中可看到，在放电电极附近聚集的等离子体形成了初始电晕，接着形成流

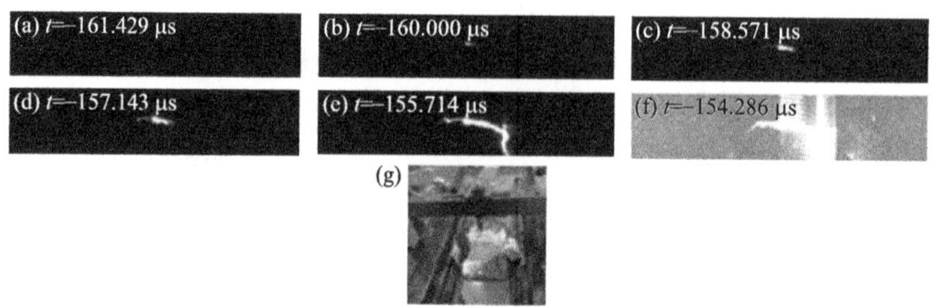

图 4.7 琉璃瓦胎体含水率 19.5%时(表 4.1 编号 05)闪络路径及试验琉璃瓦

注沿放电电极斜向下方向发展，再接着流注变粗，其上侧出现一流注分支，然后沿着弧形灰浆表面发展，最终与接地导轨贯通，形成放电通道。在灰浆表面放电电极附近电晕形状不规则，这可能是由于电极头部表面各方向粗糙度不一致，电极头部附近间隙中空气密度在各个方向上也存在差异等因素所致。图 4.8 中灰浆含水率较低(16.4%)，通道发展速度 0.575 cm·μs^{-1}，图 4.9 中含水率较高(30.2%)，通道发展速度为 1.006 cm·μs^{-1}，后者发展速度稍快。和琉璃瓦釉质、胎体表面通道发展速度相比，灰浆表面闪络路径发展速度最为缓慢，原因见 4.1.3.1 节分析。瓦熊头部位灰浆含水后，灰浆钙离子、镁离子溶解于水，增强了导电性。琉璃瓦釉质和胎体导电性非常差，而灰浆的导电性较二者强。

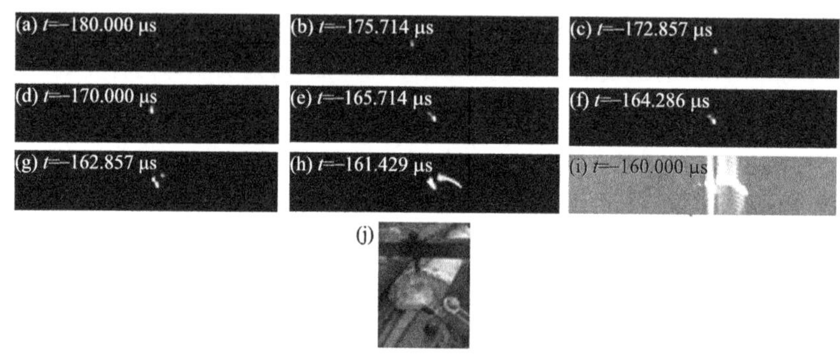

图 4.8 琉璃瓦熊头灰浆含水率 16.4%时(表 4.1 编号 10)闪络路径及试验琉璃瓦

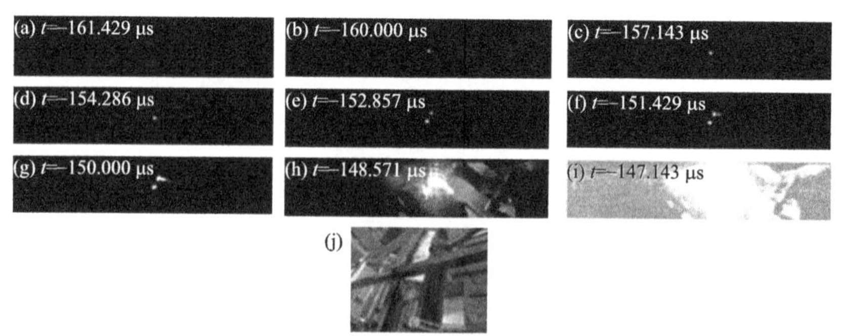

图 4.9 琉璃瓦熊头灰浆含水率 30.2%时(表 4.1 编号 11)闪络路径及试验琉璃瓦

另外，熊头部位灰浆表面不平整，有一定倾斜和起伏，图 4.8e 和 4.8f 中放电通道靠近灰浆位置，位于放电电极内侧，电极遮挡了部分放电通道图像，图中并非两个放电通道。试验中雷电能击碎灰浆，或者灰浆表面被击掉小块，粉碎脱落。由于灰浆的多孔隙、高含水率、低强度等特性，导电性较好，雷电流容易进入产生热量，导致灰浆内部水分瞬间膨胀，进而导致灰浆击坏，具

体见后文 4.1.3.4 分析。

4.1.3.3　琉璃瓦釉质和胎体表面闪络路径选择性对比

采用同一个琉璃瓦，外表面一侧是光滑的（瓦的釉质面），另一侧是粗糙的（瓦的胎体），放电探针位于瓦表面中心线位置，在同样的电压、电流作用下（釉质侧和胎体侧含水率相同），进行雷击对比试验。先进行一次冲击测试，发现表面闪络沿瓦粗糙面发展贯通，然后调换方向，粗糙面换在试验台另一侧，仍然是沿粗糙面发展贯通，可说明更容易击在表面粗糙一侧。分析原因，表面闪络路径的发展方向主要依赖于其头部的电场，表面粗糙处有毛刺或者凹凸不平容易引起电场畸变或场强增大，有利于电场击穿和闪络路径的发展。从图 4.10b、4.10c 看到，表面闪络流注出现小的分叉结构或不规则的毛刺状，分析原因，流注通道中电流密度很大，电导率很大，中间流注将减弱其周围空间内的电场，抑制附近其他流注的形成和发展。图 4.11c 中通道呈现连珠状发展，连珠状光亮可能是受胎体表面的水珠影响。雷电流通过瓦表面的试验过程可以看到表面闪络沿瓦件表面的传播路径，最终击穿形成一个电流传导带，表明放电电流直接沿筒瓦表面泄放到接地导轨，未进入琉璃瓦的内部。

图 4.10 中闪络路径发展速度约为 2.683 cm · μs^{-1}（图 4.10a～d），图 4.11 中闪络路径速度约为 4.025 cm · μs^{-1}（图 4.11b～d），后者含水率较大一些，闪络路径速度也大一些。琉璃瓦胎体被击后有白色痕迹，同时有粉尘飞出，这是雷电流高温或雷电冲击波的破坏作用。当含水率增加后，雷击后有白色灰浆溅出到试验台上。

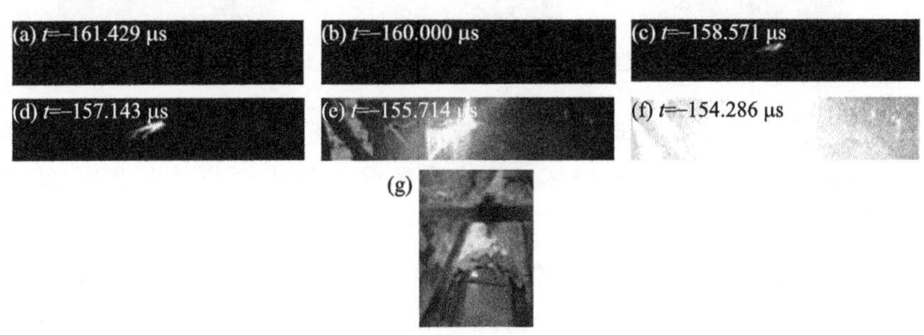

图 4.10　沿着瓦胎体（粗糙侧）闪络路径（表 4.1 编号 06）及试验琉璃瓦

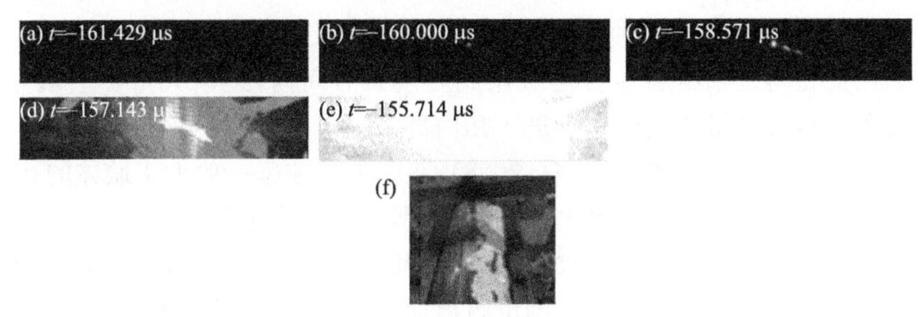

图 4.11　沿着瓦胎体（粗糙侧）闪络路径（表 4.1 编号 07）及试验琉璃瓦

4.1.3.4　电流进入琉璃瓦内部造成破坏

试验中当雷电流经过琉璃瓦的灰浆，可看到琉璃瓦被击毁，通过普通录像机发现琉璃瓦在落地前已经碎裂成大小不一的若干块，较大碎块散落在试验台正下方，较小碎块散落较远位置（图 4.12j）。通过高速摄像可看到，首先放电电极下端出现不规则团状电晕，并产生较细的流注，然后流注变粗光亮变强，并沿灰浆表面向下发展，接地导轨端产生向上的较粗流注。在琉璃构件表面未见到下行流注和迎面流注的汇合，是在琉璃构件内部出现汇合，产生雷击破坏。闪络路径形成后的雷电流都注入到瓦件内部，所以高速摄像机仅拍到闪络路径和琉璃构件材料的接触过程。此外，放电电极位置开始出现电晕到最后击穿的时间为4724.28 μs(图4.12a～g)，流注向下发展到最后击穿的时间为412.86 μs(图4.12c～g)，发展的速度为0.028 cm·μs^{-1}。从图4.12a到图4.12c流注发展缓慢，但图4.12d到4.12g流注发展很快(frame序号连续)，而且通道变粗很明显，可能是该时段外加电场和流注头部产生的电场变大引起的，流注的实质是带电粒子在电场作用下的运动，流注通道的特性与电场紧密相关。闪络路径一开始发展缓慢，后面速度变快，呈加速度式发展，具体原因有待进一步分析。

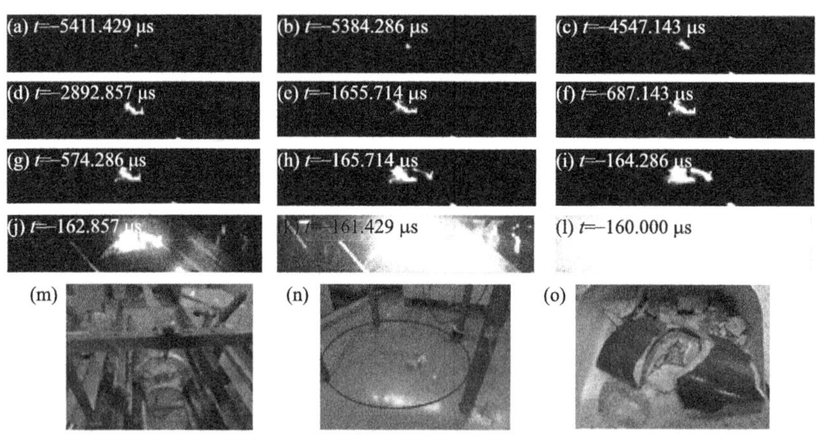

图4.12 雷电流进入琉璃瓦内造成破坏(表4.1编号15)及试验琉璃瓦(m)和击毁碎片(n,o)

同样强度的雷电流直接击在琉璃釉质表面或胎体时，基本都是沿外表面发生闪络经接地导轨导走，未进入瓦件内部，未发生击穿破坏。当击在琉璃瓦熊头部位的灰浆时，由于灰浆的孔隙率较大、含水率较高等特性，而且灰浆含水后其钙离子、镁离子溶解于水，增强了导电性，雷电流较容易进入，通过灰浆和琉璃瓦的啮合部位进入瓦的内部，导致整个瓦块击碎。分析电流容易进入原因，琉璃瓦熊头部位表面非常粗糙，孔隙率较高，在毛细和重力作用下，灰浆逐渐向琉璃瓦内部渗透，扩散深度约为1.5 mm，固化后与灰浆紧密粘结在一起，形成互锁结构，使琉璃瓦灰浆和瓦熊头之间具有良好的啮合力(Fang et al.,2014;Liu et al.,2016)。由于石灰灰浆材料颗粒极其细小、分布均匀且形状不规则，平均粒径达到纳米级，而琉璃瓦含有大量0.03～2.0 μm孔径范围小孔，因此使得灰浆材料在古建筑建成后漫长时间内，逐渐大量扩散填充到琉璃瓦孔隙当中，从而使雷电流容易沿着灰浆材料进入瓦内部。另外，灰浆的显气孔隙率是21%～42%，胎体的显气孔率是19%～31%(苗建民 等,2008)，灰浆的孔隙率一般大于胎体的孔隙率，胎体较为致密，而且胎体表面无其他能增强导电性的媒介，所以直接击中胎体时不容易发生这种破坏。

雷电流经过有一定导电性的灰浆材料或者进入瓦件孔隙内部后，由于雷电流的焦耳-楞次热效应会产生焦耳热，同时灰浆材料和瓦片的电阻值比导体的要大，产生焦耳热较多，加热孔隙内的水分，当温度达到灰浆或瓦件内水分汽化的临界值时，水分由液态瞬间变成气态，产生高压气体形成内压力产生破坏，同时还有温度空间分布不均匀产生的热应力对破坏也有一定贡献。根据1990年国际温标水密度表，100 ℃一个标准大气压下，水的密度为958.345 kg·m^{-3}，水的比体积为1.0435×10^{-3} m^3·kg^{-1}，水蒸气的比体积为1.6736 m^3·kg^{-1}，所以水变成水蒸气后，其体积是同样质量水的1604倍。这种破坏是雷电流电能转化为材料内水的热能、最终转化为水蒸气的机械能，瞬间产生剧烈膨胀造成破坏。在这种水蒸气膨胀作用下琉璃瓦件破裂，破裂往往发生在老化疏松、孔隙较多、含水率较高的位置处。

根据古建筑雷灾现场调查分析研究(白丽娟,2005;李京校 等,2014),琉璃构件雷击破坏多发生在有病变、有瑕疵的琉璃构件中。当在长久风化或冻害作用下,琉璃构件的灰浆材料变得疏松出现空隙或裂纹,或者琉璃构件自身存在一定瑕疵,内部孔隙率较高,这些情况下导致材料渗透性增加,特别是在雷雨季节雨水充沛,水分以毛细管运输方式进入构件孔隙或微裂纹内而含水率增大,导电性增加,最终导致雷电流进入灰浆内部或者通过灰浆进入瓦件内部从而造成破坏。本试验结果和琉璃瓦件雷电灾害的调查结果比较吻合。

4.2　古建筑琉璃瓦件雷击致损电热耦合效应仿真

4.2.1　引言

在雷电流的作用下,琉璃瓦件会出现断裂、破碎、脱落等多种形式的损伤(图 4.13),甚至会导致古建筑起火焚烧,造成难以估量的损失。统计数据显示,在造成古建筑琉璃瓦件破坏的诸多因素中,雷击破坏是导致琉璃瓦件破坏的主要自然灾害之一(An,2013)。因此,十分有必要对古建筑屋顶琉璃瓦件的雷击致损原因及损伤效应开展研究,从而为雷击防护措施的制定提供依据和参考。针对建筑构件的雷击破坏机理,国内外一些学者已开展了相关研究。黄玉茹等(1989)对故宫博物院建筑材料样品和模型砌块做了雷击实验,发现瓦件、灰浆、木板的联合耐冲击电压的能力低于这三种材料单独的冲击强度之和。陈华晖等(2016)利用冲击电流发生器对布达拉宫金顶、白玛草墙、阿嘎土等材料样品进行模拟雷击烧蚀或开裂实验,认为在长时间雷击或多重雷击作用下草墙容易引燃。Li 等(2017)通过实验研究了古建筑木材构件雷击破坏的影响因素,认为影响因素包括雷电流大小、木材含水率和木材密度等。此外,Jan 等(2014)、Zischank 等(2004)、Sato 等(2000)对钢筋混凝土结构雷击损伤特征进行了分析,陈加清等(2004)认为,雷电流热效应导致建筑物混凝土构件水分汽化并迅速膨胀产生的机械作用会造成破坏。这些研究为开展琉璃瓦雷击损伤效应研究提供了一些借鉴,但从材料组成来看,琉璃瓦件结构有其独特性,因而无法直接将相关研究结论应用到琉璃瓦件中。此外,建筑材料雷击破坏实验总体研究还较少,这些实验针对致损原因等开展的深入研究也较少。

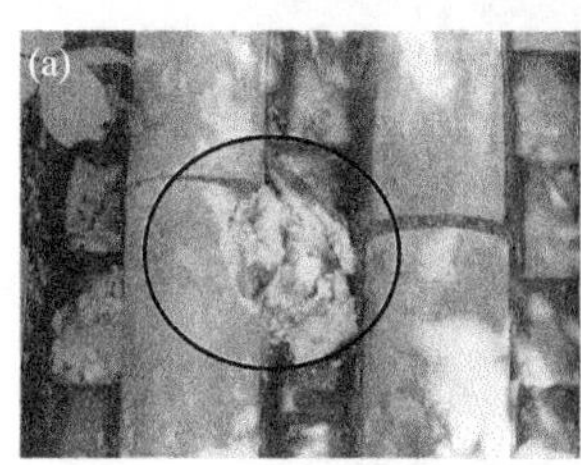

图 4.13　遭雷击破坏的古建筑屋顶琉璃瓦件

近年来,国内外相关学者针对复合材料结构在飞机上应用时面临的雷击防护问题,利用模拟雷击试验和数值模拟方法开展了系统、全面的研究,对雷击致损机理及损伤规律等进行了深入分析及总结。Hirano 等(2010)、付尚琛等(2015)和孙晋茹等(2019)利用冲击电流发生装置对碳纤维复合材料开展了系统、全面的雷击测试模拟。刘典等(2015)、Shirai 等(2012)利用高速摄像对雷电闪络路径作用过程进行了观测研究。Ogasawara 等(2010)、姚学玲等(2017)和王富生等(2014)借助于商用有限元软件建立了碳纤维复合材料的电热耦合模型,对雷电流热效应的致损过程进行了深入分析,并对其损伤效应进行了全面评估。这种在实验室条件下构建试验平台开展等效雷击测试及观测,并结合数值模拟方法进行量化分析的方法,为琉璃瓦件雷击致损机理和损伤效应的研究提供了有效途径。

本节借鉴上述方法，对古建筑屋顶琉璃瓦件的雷击损伤效应和损伤规律进行了研究。首先，利用模拟雷电流发生器对包含釉质、胎体和灰浆三部分组成材料的古建筑琉璃瓦件开展了测试，在对实验结果进行研究的基础上，进一步建立了含灰浆材质的琉璃瓦电热耦合有限元模型，对雷电流作用下琉璃瓦件的温度及热应力变化情况进行了仿真，分析了温度场随时间的变化特征，对比了不同雷电流波形和不同峰值雷电流下温度和热应力分布特征，得到了雷电流焦耳热效应对琉璃瓦件的损伤规律。

4.2.2　琉璃瓦雷击致损观测实验

4.2.2.1　琉璃瓦试验件

实验中采用的试验件是由北京市古代建筑研究所提供的绿色琉璃瓦件，如图 4.14a 所示。古建筑琉璃瓦件主要分为筒瓦和板瓦，二者材质相同，结构有差别，筒瓦是骑扣在古建筑屋顶两垄板瓦连接处的凸起半圆形瓦片，筒瓦位置较板瓦高，更容易遭受雷击，本节选择琉璃筒瓦进行研究(本节统一简称为琉璃瓦件)。琉璃瓦件由含铝硅酸盐化合物在表面涂釉质经烧制而成，所用试验件厚度为 1.8 cm，完整块长度为 35 cm，横截面外直径 14.4 cm，高 7.2 cm。

琉璃瓦件主要由三种不同材料组成，包括胎体、釉质和灰浆，如图 4.14b 所示。其中胎体为琉璃瓦件的主体组成部分，其主要成分为 SiO_2、Al_2O_3，含量分别约为 37%～68%及 11%～36%，另外还有少量的 Fe_2O_3、CaO、MgO 等化合物。在胎体外表面覆盖一层平均厚度约为 130 μm 左右的硅酸铅玻璃态釉质，用于防水和装饰。为保证相邻瓦件之间的牢固连接及防水，在每片琉璃瓦的上端会烧制成一个舌片似的榫头(称为“熊头”)，并在其表面涂抹用于粘接的灰白色物质称为灰浆，其主要成分包括 $CaCO_3$、$Mg(OH)_2$、SiO_2、$NaAlSi_3O_8$ 等。

琉璃瓦件的三种组成材料中，胎体与釉质的电导率差别不大，且都非常低。采用四电极法对胎体的电导率进行了测量及估算，结果约为 8×10^{-8} S·m^{-1}。与胎体及釉质相比，灰浆材料的电导率较大。由刘效彬(2015)知，灰浆的电导率约为 0.55～0.63 S·m^{-1}，本节为研究方便，灰浆电导率取为 0.6 S·m^{-1}(含水率为 25%)。

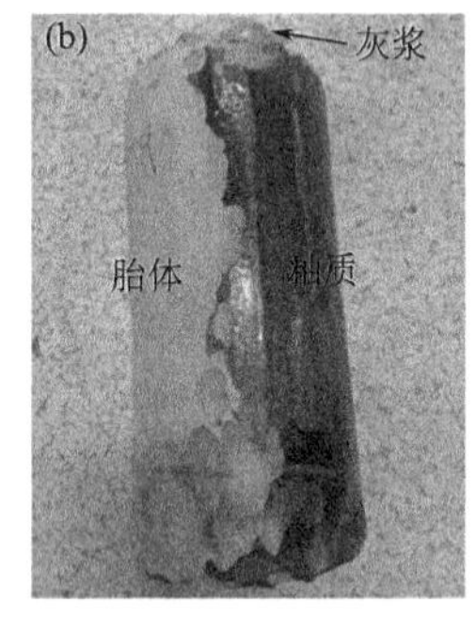

图 4.14　试验样品

(a)较完整的琉璃瓦件，(b)半釉质、半胎体瓦件

雷电流通道在釉质、胎体及灰浆等不同材质位置的附着都有可能导致琉璃瓦件损伤，因此将试验件分为四类，每类都包含两块试件，如表 4.2 所示。第一类为全釉质试验件，用于模拟完整琉璃瓦遭遇雷击的情况；第二类为全胎体试验件，用于模拟因环境原因等导致釉质完全脱落后露出胎体的琉璃瓦遭遇雷击的情况；第三类为半釉质、半胎体试验件，用于模拟釉质部分脱落后胎体与釉质交界处遭遇雷击的情况；第四类为含有灰浆的试验件，用于模拟灰浆部位遭受雷击的情况。此外，考虑到琉璃瓦材料组成、所处环境及雷电产生的天气等因素，含水率的变化也

可能会影响雷击的损伤效应，关于此方面试验研究内容，作者已在 4.1 节进行了专门分析。

表 4.2　琉璃瓦试验件分类

序号	试验件类型	雷击附着点位置	试验件编号
1	全釉质试验件	釉质弧顶中心点	1#
			2#
2	全胎体试验件	胎体弧顶中心点	3#
			4#
3	半釉质、半胎体试验件	弧顶釉质与胎体交界中心点	5#
			6#
4	含灰浆试验件	灰浆区域中心点	7#
			8#

4.2.2.2　实验设置

实验所需的模拟雷电流由冲击电流发生装置产生，和 4.1.2 节介绍的装置相同。

4.2.2.3　实验结果及分析

琉璃瓦试验件雷击不同材质情况下(除灰浆外)的高速摄像观测结果如图 4.15 所示。在图中琉璃釉质、胎体及其交界处的模拟雷电流冲击实验结果中，可较清楚地观察到雷电流沿试件表面形成了完整的沿面闪络路径，表明电流均未注入到试验件内部，实验后琉璃瓦件基本保持了外观完整性。对雷击后的全釉质试验件进行检查，可观察到雷击烧蚀凹坑(图 4.16a)或沿闪络路径形成的表面烧蚀(图 4.16b)。利用扫描电镜进行观测，还可进一步观察到因焦耳热效应导致釉质烧蚀而产生的凹坑损伤具体情况，如图 4.16c 所示。图 4.15 和图 4.16 的观测结果表明，当雷电流在琉璃瓦件电导率较低的位置附着时，能量主要以沿面闪络形式经琉璃瓦表面进行泄放，雷电流难以进入瓦件内部形成焦耳热效应累积，因而未产生诸如破碎、炸裂等显著的破坏效应。此外，图 4.15c1 和图 4.15c2 显示，当釉质及胎体同时存在时，闪络路径更倾向于沿胎体表面发展。

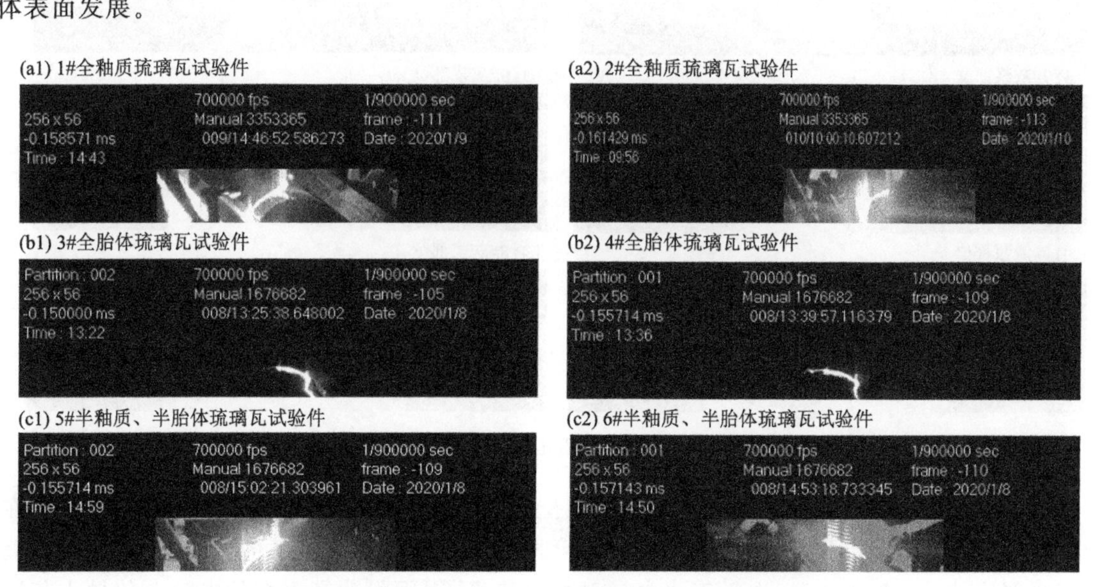

图 4.15　雷击实验中瓦件不同材质高速摄像观测结果

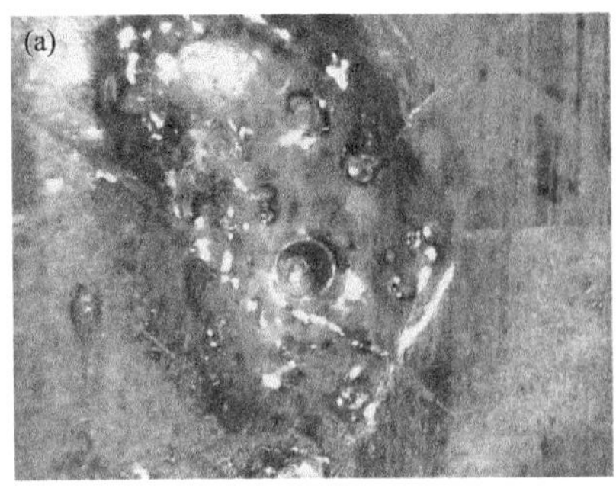

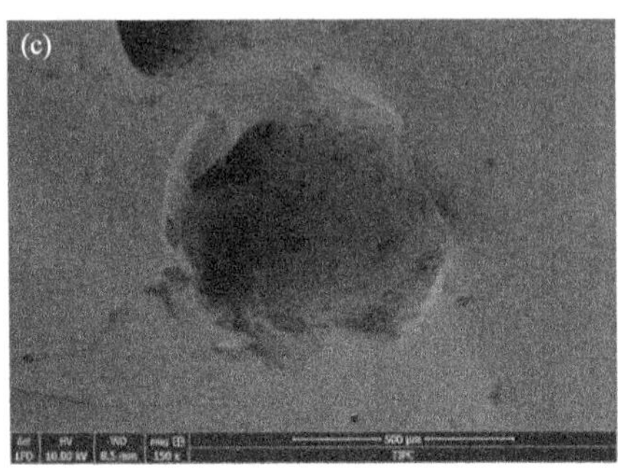

图 4.16 雷电对全釉质琉璃瓦件的损伤情况

(a)雷击釉质烧蚀凹坑,(b)雷击釉质表面烧蚀,(c)扫描电子显微镜观测到的凹坑损伤

图 4.17 给出了模拟雷电流在灰浆位置附着时两组试件的连续四帧高速摄像观测结果。两次实验中,琉璃瓦"熊头"部位均是几乎完全覆盖灰浆,厚度约有 1 cm。从图中未观察到闪络路径沿瓦件表面的最终贯通过程,但在摄像区域完全曝光之前(图 4.17a3,图 4.17b3)可观察到整个灰浆区域亮度变强,这应是由于雷电流注入到灰浆内部后由于焦耳热效应导致温度升高而造成的。此外,两次实验过程中,可听到类似爆炸的巨大声响,且实验后琉璃瓦均完全炸裂,瓦件碎片散落于试验平台下方,如图 4.18a 所示,图 4.18b 为归集在一起的琉璃瓦件碎片。

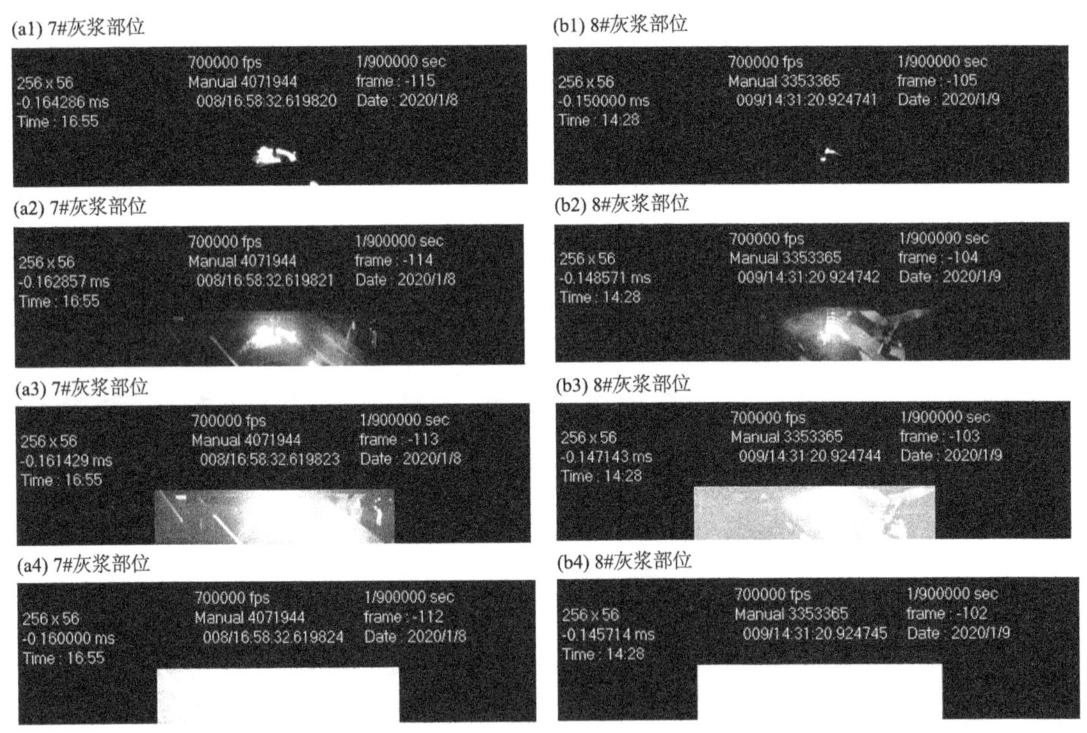

图 4.17 灰浆部位模拟雷击实验高速摄像观测结果

根据图 4.15—图 4.18 的结果,考虑到灰浆位置电导率相对较高,而电流注入到灰浆中后在传导过程中主要受到焦耳热效应的影响,因此可推测雷电流对琉璃瓦件的致损过程如下:琉璃瓦灰浆部位被雷电流击中后,由于灰浆电导率相对较高,因而附着在表面的电流会传导入灰浆内部进行泄放,并在传导过程中产生焦耳热效应,导致灰浆部位温度持续升高,进而通过热交换

图 4.18 灰浆位置模拟雷击后琉璃瓦件损伤情况

(a)雷击后散落于试验平台下方的琉璃瓦件碎片，(b)归集后的琉璃瓦件碎片

使得与灰浆相连的琉璃瓦胎体和釉质部分也出现明显温升。这种焦耳热效应带来的温度变化会造成至少两个方面的影响，一是雷电流焦耳热效应所导致的温度急剧变化及局部区域温度分布不均匀使得材料内部产生显著的破坏力，即热应力；二是导致琉璃瓦件内部空隙中的水分迅速气化膨胀，产生较强的压力，甚至引起局部爆炸(本书称之为内压力)。在这两种力的共同作用下，使得琉璃瓦件的强度和稳定性发生变化，并最终超过材料的屈服强度，琉璃瓦件出现断裂破坏，最终形成图 4.18a 和图 4.18b 所示的显著性破坏损伤。

4.2.3 琉璃瓦电热耦合效应分析

4.2.3.1 电热耦合致损原理

(1)电热耦合过程

雷电流附着到灰浆表面进入灰浆内部，遵循基本的电荷守恒方程进行传导，产生的电能可表示为(付尚琛 等，2018；尹俊杰 等，2017)：

$$P_{ec}=E\cdot J=E\cdot\sigma^{E}\cdot E \tag{4.4}$$

式中，J 为电流密度，E 为电场强度，σ^{E} 为灰浆结构的电导率矩阵，可表示为：

$$\sigma^{E}=\sigma^{E}(\theta,f^{\alpha}) \tag{4.5}$$

式中，θ 表示温度，f^{α}，$(\alpha=1,2,\cdots)$ 代表了与灰浆结构相关的预定义场量。以上两式表明，温度变化会导致灰浆结构的电导率发生变化，进而影响雷电流在灰浆中传播时产生的电能大小。

在焦耳热效应的作用下，雷电流产生的电能会有一部分转换为热能：

$$r=\eta_{v}P_{ec} \tag{4.6}$$

式中，η_{v} 是能量转换因子。转换后的热能在灰浆结构中遵循基本的热平衡方程来传播：

$$\int_{V}\rho C_{V}\frac{\partial\theta}{\partial t}\delta\theta\mathrm{d}V+\int_{V}\nabla\delta\theta\cdot K\cdot\nabla\theta\mathrm{d}V=\int_{V}\delta\theta r\mathrm{d}V+\int_{S}\delta\theta q\mathrm{d}S \tag{4.7}$$

式中，ρ 、C_{V} 和 K 分别是灰浆材料的密度、比热和热导率矩阵，q 是灰浆材料内部的单位区域的热通量。由式(4.7)可知，焦耳热效应产生的热能会导致灰浆材料的温度发生变化。

综上所述，由于灰浆的电导率 (σ^{E}) 是温度的函数，即电导率会随着材料内温度的变化而变化。而雷电流在灰浆材料中传播时产生的焦耳热 (r) 是电能转化的结果，即瓦件中产生的热能会受到传播的电流的影响。σ^{E} 和 r 的存在使得灰浆材料中的热和电的传导过程相互关联，形成电热耦合效应。随着雷电流在灰浆材料中的持续注入，焦耳热效应使得材料温度不断升高，并向与其连接的胎体部分传导，在内压力和热应力共同作用下，导致琉璃瓦件造成损伤。

(2)致损阈值分析

琉璃瓦件内部有一定空隙，胎体孔隙率约为 10%～30%(李媛 等，2013)，灰浆的孔隙率约为 16%～42%(刘效彬，2015)，这样会导致琉璃瓦内部在雷雨季节含有一定的水分，琉璃瓦胎体含水率约为15%～20%(惠任 等,2007),灰浆含水率约为11%～42%(刘效彬,2015)。当遭受雷击时,这些空隙中的水分会因为雷电流焦耳热效应的作用瞬时升温至汽化状态并产生膨胀,但由于琉璃瓦内部的孔隙近似为密闭空间和绝热环境,且雷击作用过程非常短暂,无法及时造成热交换,因而会导致水蒸气难以释放而造成内部爆裂。琉璃瓦内孔隙中的单位质量水分汽化时产生的压力,可通过克拉珀龙方程 $PV=nRT$ 推导公式计算:

$$P=\frac{\rho RT}{M} \tag{4.8}$$

式中:M 为水的摩尔质量,为 18 g · mol^{-1};ρ 为水的密度,为 1000 kg · m^{-3};R 为气体常数,为 8.314 J · mol^{-1} · K;T 为热力学温度,对于水蒸气为 373.15 K。由此,可计算出水分在琉璃瓦件空隙内瞬间变为水蒸气后压强约为 0.172 GPa。由于琉璃瓦件内部孔隙近似为密闭空间,体积有限,瓦件内水分受热后急剧膨胀而造成压强增大,产生较大的内压力。

除内压力外,雷电流焦耳热效应所导致的温度急剧变化及局部区域温度分布不均匀还会使得材料内部产生显著的热应力。由于琉璃瓦件为固态结构,难以发生形变,在内压力和热应力作用下,瓦件无法通过伸缩等变化来抵消这两种力的影响,因而容易出现裂纹甚至破裂损毁。因此,可将 0.172 GPa 作为瓦件开始出现损伤的起始阈值。另外,由朱肇春等(1978)可知,当瓦件承受的应力超过约 0.9 GPa 时会发生炸裂。炸裂后,焦耳热效应无法继续作用,内压力和热应力随即消失,故可认为瓦件所能承受的最大应力值为 0.9 GPa。

4.2.3.2 仿真设置

(1)模型建立

对含灰浆的琉璃瓦件开展电热耦合效应仿真分析,主要是模拟当雷电流附着到灰浆部位并向内部传导时产生的焦耳热效应引起的温度场和热应力场变化,分析内压力和热应力共同作用下琉璃瓦件破坏性损伤的变化规律。

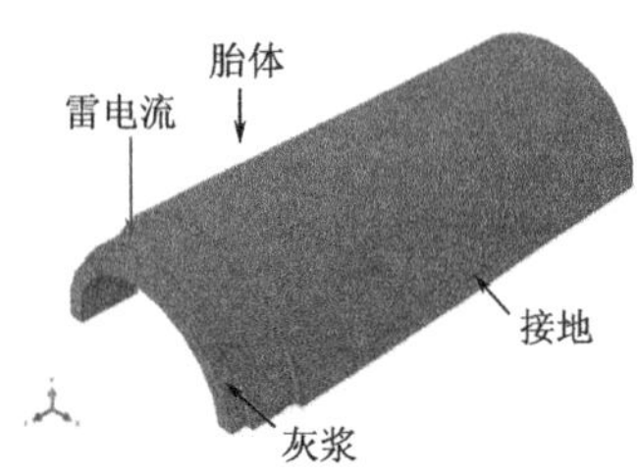

图 4.19 含灰浆琉璃瓦试件电热耦合有限元模型

电热耦合效应分析采用商用有限元软件 ABAQUS 6.14 进行,其有限元分析的前处理和后处理方面比较方便快捷,且含有电热耦合分析模块。按照实验中采用的琉璃瓦试验件尺寸和形状建立琉璃瓦胎体的有限元模型,如图 4.19 所示。根据实验设置,将灰浆中心点位置设置为雷击附着点;瓦件除“熊头”以外的侧边所在的表面的电边界条件设置为接地;同时为便于进行热应力分析,将其力学边界条件设置为完全固定;将除了设置为接地的表面外的其他所有外表面都设置为自由热辐射,辐射率为 0.9,同时设置材料的整个外表面为与外界自由热交换,换热系数假设为 10000。

整个电热耦合仿真过程共分为两步:第一步为电热耦合仿真,时间长度与雷电流波形的加载时间相同,单元类型为电热耦合单元 DC3D8E;第二步为热传导仿真,从雷电流加载完成后开始,总时长为 10 s,单元类型为热传导单元 DC3D8。热应力分析也以电热耦合分析步骤得到的温度场作为输入进行,时间长度与雷电流加载时间一致,单元类型为普通的三维力学单元 C3D8R。

(2)参数设置

在目前的研究中,对琉璃瓦胎体及灰浆等结构力学及电热特性的关注较少,对这些参数的直接测定也十分困难。考虑到胎体与陶瓷材料组成成分的相似性,仿真时胎体材料的力学及热学参数参照陶瓷材料进行设置,其中胎体电导率根据 2.1 节的测量结果决定。灰浆材料的力学及热学参数参照石灰灰浆进行设置。所有材料参数如表 4.3 所示。

此外,考虑到琉璃瓦胎体及灰浆主要成分材料的汽化或分解温度约在 2000 ℃左右,而材料

汽化或分解后其电热特性都将发生显著变化而使得电流的传导受阻，进而温度也难以继续升高，因而仿真时通过引入潜热参量，将最高温度限定在 2000 ℃。

表 4.3　仿真材料参数设置

材料类型	密度 /(kg·m^{-3})	弹性模量 /GPa	泊松比	热膨胀系数	热导率 /(W·$(mK)^{-1}$)	比热 /(J·kg^{-1})	电导率 /(S·m^{-1})
胎体	3980	370	0.22	6.8e^{-6}	20	880	8e^{-8}
灰浆	1600	30	0.20	8e^{-6}	0.81	970	0.6

4.2.3.3　*仿真结果及分析*

(1)仿真有效性分析

加载与实验中相同的峰值为 40 kA 的 8/20 μs 雷电流作为激励进行电热耦合效应分析，得到 8 μs 时刻琉璃瓦件材料中的电势分布如图 4.20 所示。从该图可以看出，雷击附着点位置电势最高，并沿雷击附着点向接地导轨位置逐渐扩散降低。仿真得到的不同时刻的温度场分布结果如图 4.21 所示。从该图可看到，在雷电流加载 8 μs 时刻(波头时间)，高温度场主要在灰浆部位。在雷电流加载 100 μs 时温度场数值较大，所有灰浆部位的温度都达到了较高值，并通过热传导使得与其相连的胎体位置温度也明显升高，超过了 100 ℃，如图 4.21b 所示。雷电流加载结束后，琉璃瓦件的温度无法继续升高，开始进入降温阶段，在 10 s 左右，整个琉璃瓦件的温度下降到室温，如图 4.21c—e 所示。

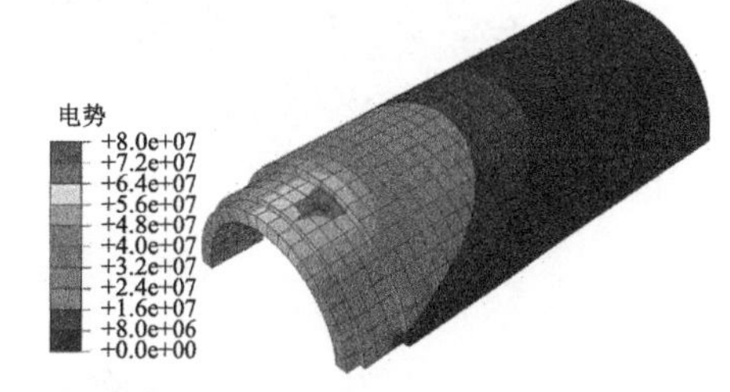

图 4.20　8/20 μs 波形 40 kA 雷电流作用下 8 μs 时刻含灰浆琉璃瓦的电势分布(单位：V)(见彩图)

从图 4.21 结果还可以看到，在雷电流作用下，整个琉璃瓦件的温度变化呈梯级分布。灰浆区域由于电导率相对较高，因而温度上升明显，在雷电流加载结束时刻，整个区域的温度都上升到了最高温度；而胎体位置由于电导率较低，因而焦耳热效应的作用十分受限，温度扩散范围也较小，仅在与灰浆连接的部分区域出现了较为明显的升温，但所达到的温度最大值也远小于灰浆区域的温度值。由于电导率的差异，导致整个琉璃瓦件材料的温度场分布不均匀。

图 4.22 给出了 8/20 μs 电流加载结束时刻(100 μs)琉璃瓦件的热应力分布情况。从图中可见，在雷电流焦耳热效应的作用下，瓦件灰浆及其连接的胎体区域的热应力达到了 0.172 GPa 的致损起始阈值，而在灰浆和胎体连接处与接地导轨相连位置，热应力更为显著，甚至超过了 0.9 GPa 的损伤阈值上限。对比图 4.21 和图 4.22 的结果可知，热应力超过 0.172 GPa 的区域主要出现在温度出现明显差别的位置，如灰浆与胎体的连接处，以及胎体和接地导轨相连的位置。在这种局部温度场分布不均引起的热应力和瓦件内部水分受热变成水蒸气引起的内压力共同作用下，瓦件内部膨胀加剧，最终超过自身的屈服限度，从而发生变形、裂纹甚至断裂损坏。从图 4.22 的结果看，热应力空间分布及变化范围的分析结果与实验结果呈现出良好的一致性，因而证明了仿真方法的有效性。

(2)不同时刻、不同电流波形结果分析

图 4.23 给出了峰值为 40 kA 的 10/350 μs 雷电流波形作用下琉璃瓦件的温度场随时间的分布情况。从该图可看到，在雷电流加载 10 μs 时(波头时间)，高温度场主要在灰浆部位。在雷电流加载结束时刻 2 ms 时高温主要在灰浆和靠近灰浆部位胎体温度场均高，温度场范围延伸扩大；在 3.3 ms 时高温范围稍微缩小，到 2.8 s 时范围缩减明显，而且最高温值也有所降低，到

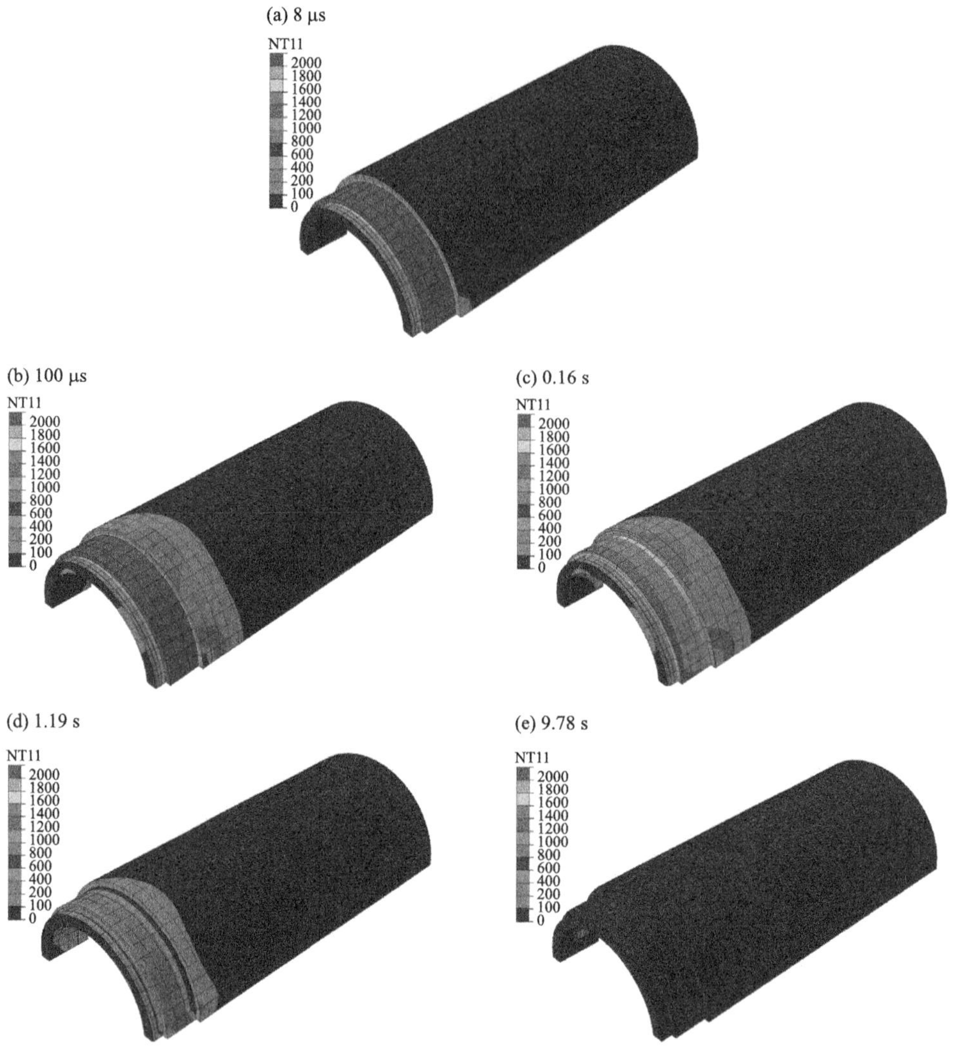

(a) 8 μs

(b) 100 μs

(c) 0.16 s

(d) 1.19 s

(e) 9.78 s

图 4.21　峰值为 40 kA 的 8/20 μs 雷电流作用下含灰浆琉璃瓦不同时刻的温度场分布(单位:℃)(见彩图)(NT11 为节点温度)

9.8 s 变成室温。图 4.21 和图 4.23 相比,后者温度场持续时间大于前者的时间,扩展范围要远大于前者的温度场扩展范围,原因是 10/350 μs 的电流波形比 8/20 μs 波形持续时间更长,作用积分更大,焦耳热效应也更为突出。另外,琉璃瓦件在峰值为 40 kA 的 10/350 μs 雷电流作用下在电流加载结束时刻(2 ms)的温度场分布情况(图 4.23b),与同样峰值的 8/20 μs 雷电流加载结束时刻(100 μs)温度分布情况(图 4.21b)类似,瓦件的温度场分布十分不均匀,呈现明显的梯度特征,主要区别在于前者高温分布区域更大。

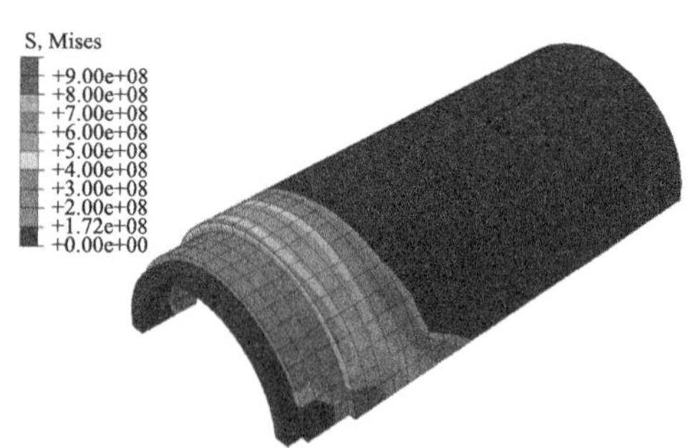

图 4.22　8/20 μs 电流加载结束时刻(100 μs)含灰浆琉璃瓦的热应力分布(单位:Pa,S:各方向应力值,Mises:应力平均值)

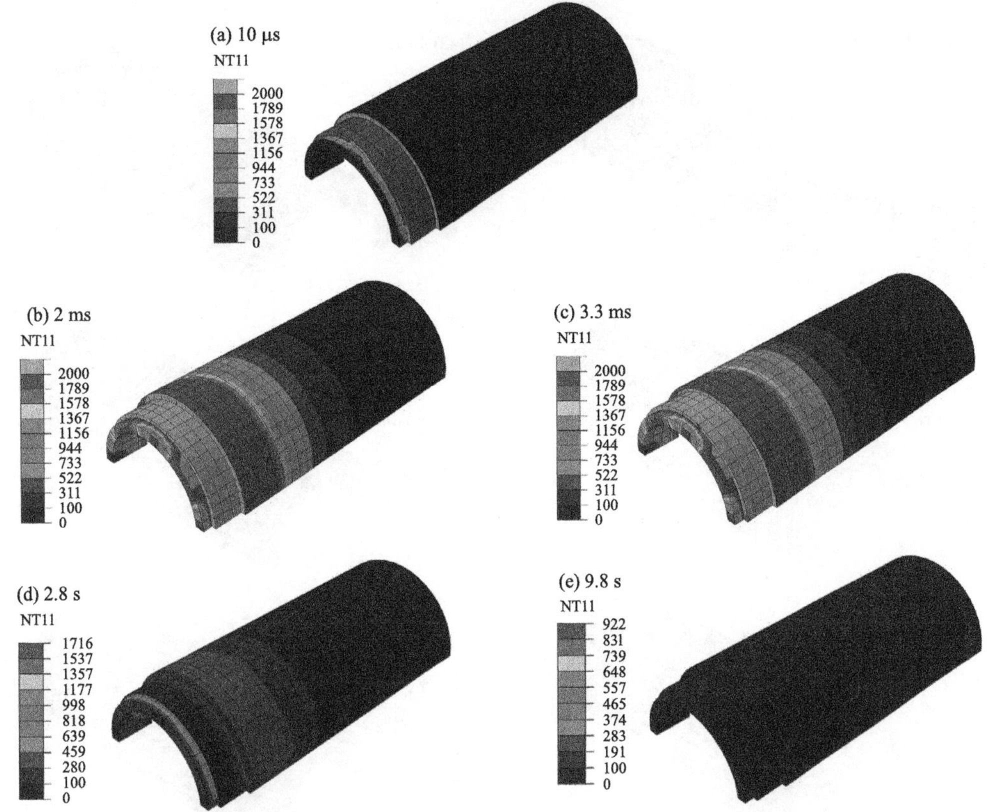

图 4.23　峰值为 40 kA 的 10/350 μs 电流作用下含灰浆琉璃瓦不同时刻的温度场分布(单位:℃)
(NT11:节点温度)

为了研究雷电流峰值变化对琉璃瓦件损伤的影响,模拟分析了不同峰值的 10/350 μs 电流作用下在加载结束时刻(2 ms)含灰浆琉璃瓦件的温度和热应力分布情况,结果如图 4.24 所示。对比不同峰值下琉璃瓦件的温度分布和热应力可知,虽然图 4.24 中各电流波形的加载时间都相同,但随着电流峰值的增大,高温区的扩散范围不断增大,出现高热应力的区域也不断增大,并向瓦脊处扩散。热应力超过 0.172 GPa 的损伤起始阈值的区域主要出现在温度分布不均匀的位置,从图 4.24 b 看到,当雷电流峰值达到 80 kA 时,几乎整个胎体区域的热应力值都超过了 0.172 GPa,表明此峰值下琉璃瓦件极有可能出现完全破裂损伤。

从图 4.24 中发现当雷电流依次增加时,初始阶段温度高值区和热应力高值区增加明显(图 4.24a1、b1、c1 和图 4.24a2、b2、c2),增加幅度较大;后续阶段随着雷电流较大后,温度和热应力高值区范围增加变慢(图 4.24c1、d1、e1 和图 4.24c2、d2、e2)。初步分析原因,雷电流通过灰浆在胎体中传输能力十分有限,雷电流较小时,高值区增大效果明显;雷电流较大时,受传输通道影响,高值区增大效果不明显。

另外,与图 4.22 中结果不同的是,虽然图 4.24 中仍然是整个灰浆区域的温度都最高,但由于 10/350 μs 波形持续时间较长,使得与灰浆连接的胎体部位温度也上升到了较高水平,温度差别不明显,因而灰浆产生的热应力稍偏小。此外,与图 4.22 结果类似,图 4.24 中热应力的最大值区域出现在和接地导轨相连的胎体区域,接近瓦脊部分。这应该是由于雷电流向接地导轨位置传导更容易,使得接地导轨位置温度的变化频繁、不均匀性更显著而导致的。

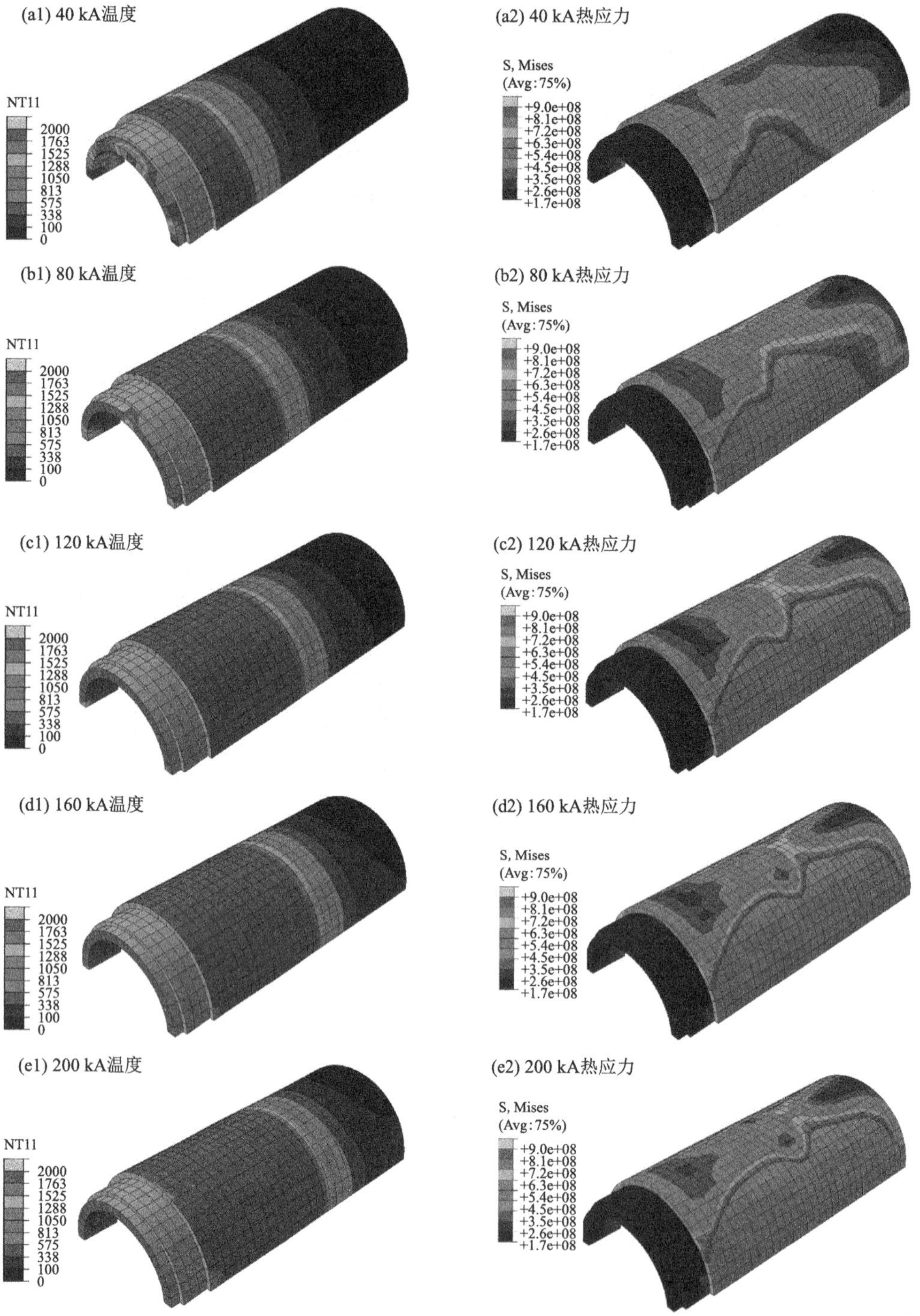

(a1) 40 kA温度

NT11
2000
1763
1525
1288
1050
813
575
338
100
0

(a2) 40 kA热应力

S, Mises
(Avg: 75%)
+9.0e+08
+8.1e+08
+7.2e+08
+6.3e+08
+5.4e+08
+4.5e+08
+3.5e+08
+2.6e+08
+1.7e+08

(b1) 80 kA温度

NT11
2000
1763
1525
1288
1050
813
575
338
100
0

(b2) 80 kA热应力

S, Mises
(Avg: 75%)
+9.0e+08
+8.1e+08
+7.2e+08
+6.3e+08
+5.4e+08
+4.5e+08
+3.5e+08
+2.6e+08
+1.7e+08

(c1) 120 kA温度

NT11
2000
1763
1525
1288
1050
813
575
338
100
0

(c2) 120 kA热应力

S, Mises
(Avg: 75%)
+9.0e+08
+8.1e+08
+7.2e+08
+6.3e+08
+5.4e+08
+4.5e+08
+3.5e+08
+2.6e+08
+1.7e+08

(d1) 160 kA温度

NT11
2000
1763
1525
1288
1050
813
575
338
100
0

(d2) 160 kA热应力

S, Mises
(Avg: 75%)
+9.0e+08
+8.1e+08
+7.2e+08
+6.3e+08
+5.4e+08
+4.5e+08
+3.5e+08
+2.6e+08
+1.7e+08

(e1) 200 kA温度

NT11
2000
1763
1525
1288
1050
813
575
338
100
0

(e2) 200 kA热应力

S, Mises
(Avg: 75%)
+9.0e+08
+8.1e+08
+7.2e+08
+6.3e+08
+5.4e+08
+4.5e+08
+3.5e+08
+2.6e+08
+1.7e+08

图 4.24　不同峰值 10/350 μs 电流加载结束时刻(2 ms)含灰浆琉璃瓦的温度场(单位:℃)及热应力分布(单位:Pa)(见彩图)

(NT11:节点温度,S:各方向应力,Mises:应力平均值)

4.3 古建筑屋顶琉璃瓦件模拟雷击破坏试验(10/350 μs 波)

4.3.1 引言

雷电造成古建筑琉璃构件破坏是在极短的时间内发生的，过程复杂，与电学、热学和机械学都相关。黄玉茹等(1989)对故宫博物院建材样品和模型砌块做了雷击实验，发现瓦、灰、木板的联合耐冲击电压的能力低于这三种材料单独的冲击强度之和。陈华晖等(2016)利用冲击电流发生器对布达拉宫金顶、白玛草墙、阿嘎土等材料样品进行模拟雷击烧蚀或开裂实验，认为在长时间雷击或多重雷击作用下草墙容易引燃。针对建筑构件的雷击破坏机理，目前研究多是针对现代建筑物雷电流进入钢筋混凝土后的分流特征和破坏方面分析(Okano，2016；Zischank，2004；Sato et al.，2000)，以及对建筑物附属物如窗户、玻璃的雷击破坏研究(Li et al.，2010；朱泽伟 等，2019)，认为雷电流经过建筑构件由于电流焦耳-楞次热效应导致水分剧烈蒸发并迅速膨胀，气体膨胀的机械作用造成建筑物构件的破坏(万雪 等，2016；陈加清 等，2004)。这些研究为开展琉璃构件雷击损伤效应研究提供了一些借鉴，但从材料组成来看，琉璃构件有其独特性，正常情况下表面覆盖釉质，有一定的防水性和绝缘性，因而无法直接将相关研究结论应用到琉璃构件中。此外，Hirano 等(2010)、姚学玲等(2017)、付尚琛等(2015)、赵洋等(2020)利用冲击电流发生装置对碳纤维复合材料或玻璃纤维复合材料开展了系统、全面的模拟雷击测试，对雷电流热效应的致损过程进行了分析，并对其损伤效应进行了全面评估。这种在实验室条件下构建试验平台开展的等效雷击测试及观测，为琉璃构件雷击致损机理和损伤效应的研究提供了有效途径。

本研究选取古建筑屋顶琉璃构件中最常见的雷击琉璃瓦件为研究对象，假设在防雷装置接闪失效情况下，雷电通道底部击中琉璃瓦产生的雷电流经过引下线泄放入大地。试验过程中，通过改变雷电流大小(分别为 20 kA、40 kA、60 kA)等参数进行试验，观测琉璃构件不同部位(釉质、胎体、灰浆)雷击宏观和微观破坏特征，监测琉璃瓦件温升分布，分析雷击破坏原因。通过开展模拟雷电流冲击试验，研究琉璃构件雷击破坏机理，进而为古建筑雷电防护的深入研究奠定一定的理论基础和试验数据支撑，同时也可为输电线路绝缘子的防雷提供一些参考。

4.3.2 试验设置和对象

本研究利用 ICTS 10/350&8/20-200/200 型冲击电流发生器(本试验在西安交通大学高电压大电流测试技术及装备工程实验室完成)模拟雷击琉璃瓦件。鉴于击中琉璃瓦件造成破坏的一般是直接雷击(10/350 μs 波)，同时结合 IEC 62305.1—2010 标准中对雷电流波形的规定，试验中选用波形为 10/350 μs 的冲击电流模拟首次短时雷击电流。雷击模拟试验设置示意图、整体装置现场图分别见图 4.25a 和图 4.25b，其中雷电流冲击发生器包括充电装置、雷电流发生回路、控制单元和计算机数据管理单元等。冲击电流发生回路可产生上升时间 10 μs、半峰值 350 μs、峰值为 200 kA 的电流波(图 4.26)，产生的雷电流经导流线和放电电极及放电间隙注入到固定在夹具架上的琉璃瓦件表面，经夹具两侧的接地铜条导轨回流至放电回路，放电时间间隔大于 5 min。试验中采用的放电电极为长 100 mm、直径 5 mm、尾部为圆弧形的铜棒。试验时调整放电电极位置，使放电电极与被击对象之间的间隙约为 2 mm，确保能击穿放电。该实验室海拔高度为 431 m，试验进行期间室温为 22～28 ℃，相对湿度为 35%～45%。

利用美国 FLIR T460 型红外热成像仪监测琉璃瓦件的表面空间温度分布，该成像仪图像帧频 30 Hz，测量最大温度为 1500 ℃，测量精度为±1 ℃，热灵敏度小于 0.03 ℃，红外分辨率为

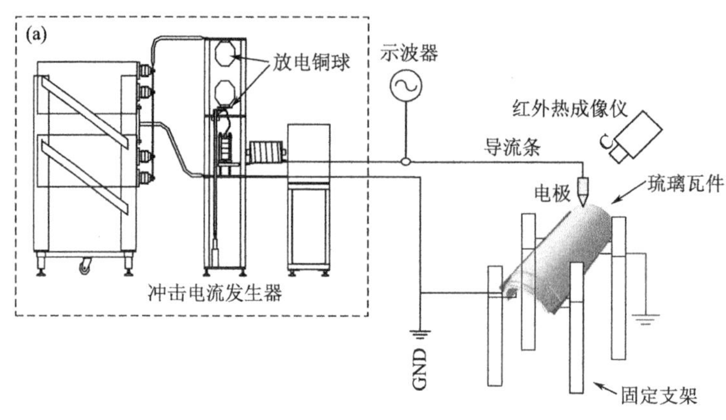

图 4.25　雷击试验设置和观测仪器

(a)雷击试验示意图，(b)雷击模拟试验现场(圈内为红外热成像仪)

320×240 像素。利用美国 FEI 公司的 Quanta FEG 250 型扫描电子显微镜(图 4.25c)观测琉璃瓦件微观破坏情况，其加速电压范围为 0.5～30 kV，最大束流 200 nA，扫描投射时分辨率为 0.8 nm(30 kV)。该扫描电子显微镜与能谱仪(Energy Dispersive Spectroscopy，EDS)组合，可以进行雷击前后瓦件元素成分的分析。观测之前用导电胶布缠绕琉璃瓦件，便于进行微观结构观察。

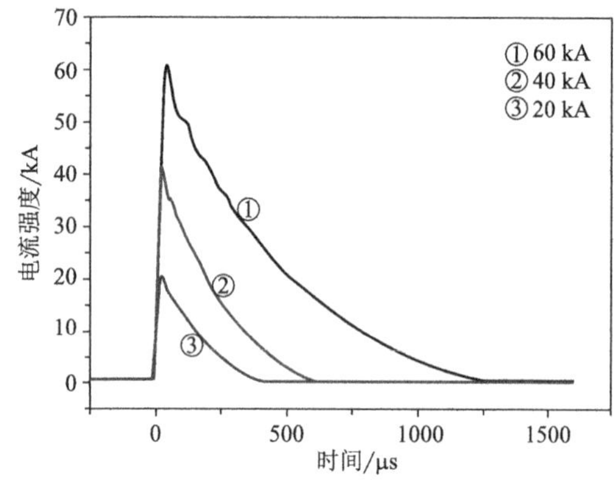

图 4.26　试验所用的雷电流波形示意图(10/350 μs)

古建筑屋顶琉璃瓦件分为筒瓦、板瓦、滴瓦等，筒瓦是骑扣在两垄板瓦连接处的瓦片，呈凸起弧形，横截面为半圆形，在雷电天气更容易接闪，所以本研究选择筒瓦样品(图 4.27a)进行试验。试验样品由北京市古代建筑研究所提供的绿琉璃筒瓦，筒瓦试品包括釉质完整的瓦、釉质脱落露出胎体的瓦、有灰浆的瓦等三种形式的瓦件。将琉璃瓦釉质、胎体、灰浆表面擦拭干净进行试验，瓦件放在环氧树脂绝缘板上，固定在金属导轨内。试验之前将琉璃瓦浸水或喷水，用含水率测试仪测量琉璃瓦件的含水率。雷击部位分别包括瓦件釉质、胎体和灰浆，如图 4.27b 所示。

4.3.3　试验结果分析

4.3.3.1　雷击后破坏情况分析

(1)雷击釉质部位

模拟雷击琉璃瓦试验时，放电电极和接地导轨之间为不均匀电场，电场强度很高，在电场作

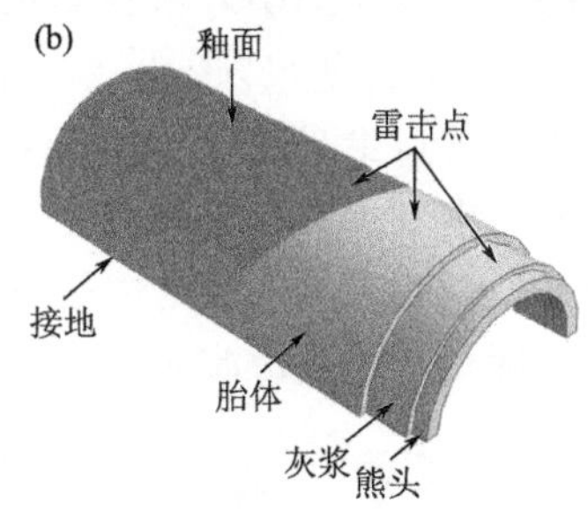

图 4.27　雷击试验所用试品及雷击试验部位

(a)试验所用琉璃瓦件，(b)雷击试验部位

用下气体中电子开始高速定向运动，起始于放电电极，并沿琉璃瓦表面发展，在发展过程中受电场作用形成电子雪崩，经过较短距离后贯穿剩余空气间隙，形成明亮的放电通道，出现瞬时的强烈白光，同时发出剧烈的爆鸣声，有时还出现火星或火花，这些表明放电产生的光热效应很强。放电通道经过瓦表面后，其能量通过发热等方式释放，造成琉璃瓦件表面一定程度的破坏。

完整的琉璃瓦外表面覆盖有釉质，釉质是施于琉璃瓦件胎体表面起防水和装饰功能的一层很薄的硅酸铅玻璃态物质，釉面保存完好的琉璃筒瓦，其釉质层厚度在 90～160 μm 的范围，平均厚度约为 130 μm。明清古建筑琉璃瓦釉一般属于高铅的 $PbO\text{-}SiO_2$ 体系，熔融温度范围一般在 750～950 ℃的范围内，其化学组成由玻璃质生成体石英(SiO_2)、助熔剂氧化铅(PbO)、氧化物着色剂(Fe_2O_3、CuO、CoO 等)构成，其中绿釉质瓦件表面为 CuO 着色剂。试验结果显示(图 4.28)，雷击琉璃瓦釉质表面后，釉质表面出现明显灼烧痕迹，烧蚀区域以雷击点为圆心，近似呈圆形区域，说明雷电电弧以雷击点为圆心，较均匀地向四周扩散。同时沿表面到接地导轨位置均有灼烧痕迹(为雷电流泄放经过的通道)。对比雷击碳纤维复合材料，某一纤维铺层方向烧蚀严重，即电阻率较小区域烧蚀严重(孙晋茹 等，2019)，琉璃瓦釉质表面电阻率比较均匀，烧蚀区域严重程度从中心向外降低较均匀。

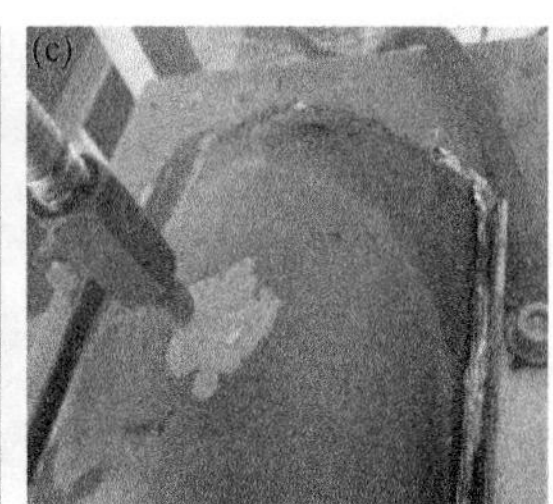

图 4.28　不同雷电流作用下釉质表面破坏情况

(a)20 kA，(b)40 kA，(c)60 kA

被烧蚀后釉质表面出现明显变色，变为偏银白的颜色，这是高温灼烧元素含量百分比发生了变化造成的(见 4.4 节分析)。在雷电流为 40 kA 时烧蚀面积比雷电流 20 kA 时明显变大，当雷电流 60 kA 时，除了出现较大圆形的灼烧区域，区域中心位置釉质表面还出现小块剥落，剥落区域近似呈椭圆形，最长约 43 mm、最宽约 39 mm，平均深度约 1 mm。雷电流峰值越大，产生的焦耳热越多，出现的高温使琉璃瓦表面烧蚀面积越大，甚至出现釉质界面脱落。

(2)雷击胎体部位

位于屋顶的琉璃瓦件经常被风吹日晒，长时间后出现老化，导致有的釉质会脱落，所以试验对象包括釉质脱落露出胎体的瓦。琉璃瓦胎质为陶土，胎色灰白，坚硬致密，断面可见石英颗粒，琉璃瓦主要成分为 SiO_2、Al_2O_3 和少量的 Fe_2O_3、CaO、MgO 等化合物，其中 SiO_2 的含量约 37%～68%、Al_2O_3 的含量约 11%～36%。雷击胎体时有白色烟尘腾起，出现白色物质飞溅，试验平台上可以看到小的粉尘灰末（图 4.29），但没有导致瓦件破碎或出现裂纹。利用红外热成像仪观测时也能看到空中飞溅的微小高温碎体，这也说明胎体雷击后有飞溅的粉尘。分析琉璃瓦胎体主要成分为 SiO_2 和 Al_2O_3，导电性差，耐高温，雷电流很难直接进入瓦件内部造成其明显破坏。飞溅的粉尘可能是雷电冲击波对胎体产生一定的破坏作用。

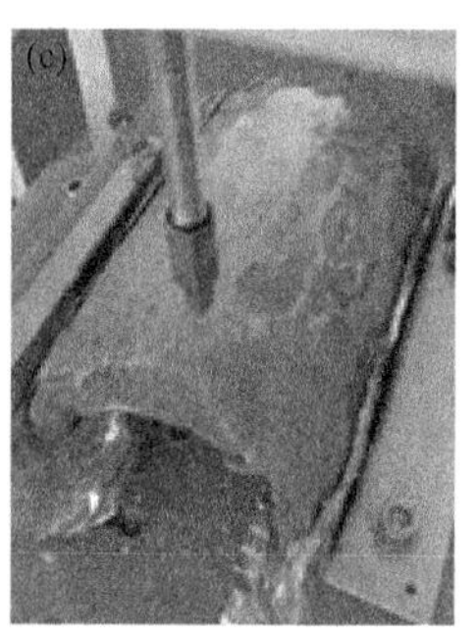

图 4.29　不同雷电流作用下琉璃瓦件胎体破坏情况
(a)20 kA，(b)40 kA，(c)60 kA

(3)雷击灰浆部位

琉璃筒瓦上端为一个舌片似的榫头，称“熊头”，其表面覆盖灰浆，用于和上侧相邻的筒瓦相连接，同时防止瓦之间漏水。灰浆可看作是筒瓦的附属部分，灰浆材料呈灰白颜色，致密性较釉质和胎体差，多不规则微小空隙。灰浆主要成分包括 $CaCO_3$、$Mg(OH)_2$、SiO_2、$NaAlSi_3O_8$ 等。通过雷击试验发现，雷击琉璃瓦件灰浆部位容易造成损坏，在雷电流 40 kA 时导致瓦件熊头部位被击掉（图 4.30a1—a2），并且产生碎块；在雷电流 60 kA 时整个瓦件被击毁，破碎成若干大小不一的碎块，试验现场破坏的碎块飞溅在试验台及周边区域（图 4.30b1—b2）。

从雷击后碎片分布来看，瓦件是从其内部产生炸裂，碎片飞向四周。雷击熊头部位灰浆，雷电流以电子流的形式注入灰浆，通过灰浆部位进入瓦件内部，导致瓦件产生破坏，具体原因见下文分析。

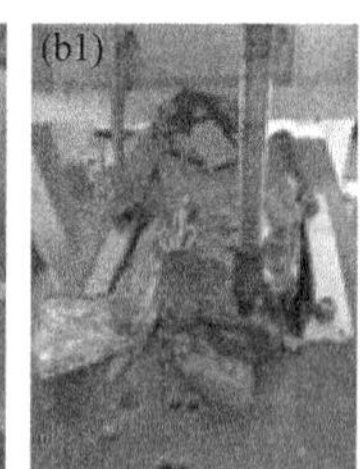

图 4.30　雷击灰浆部位引起琉璃瓦破坏情况
（a1、a2 为同一瓦 40 kA 雷电流试验，b1、b2 为同一瓦 60 kA 雷电流试验）

4.3.3.2　雷击过程温度变化特征

根据红外热成像仪监测不同雷电流作用于釉质表面最高温度空间分布见图 4.31 所示，图中小三角符号代表温度最高地方，方框代表温度监测区域范围。在 20 kA 雷电流作用时，放电电极正下方温度最高（高温区域呈近似圆形分布），接下时刻是瓦侧面及到导轨接触部位即雷电流泄放通道位置也很高，整个温度发展变化速度很快。在 40 kA 和 60 kA 雷电流作用下，釉质表

面的高温分布以雷击点为圆心、呈同心圆方式向外发展，从圆心向外，温度快速降低。

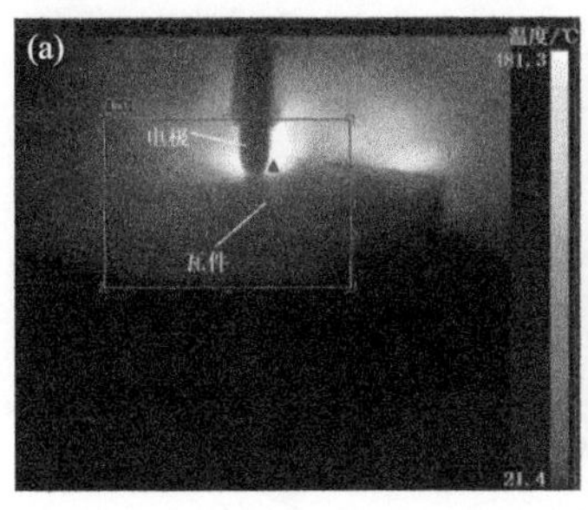

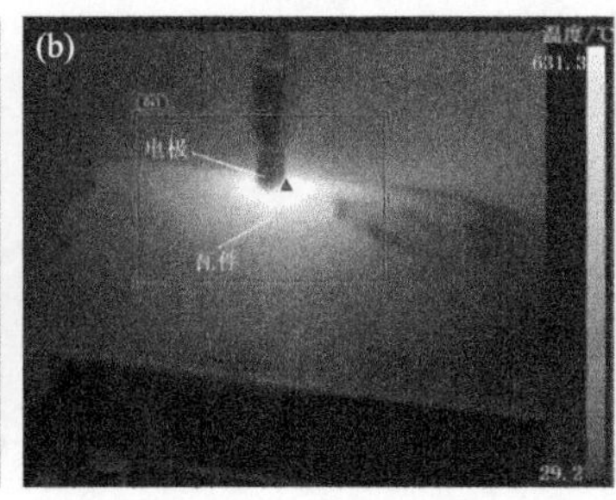

图 4.31　雷击釉质表面不同电流最高温度图(见彩图)
(a)20 kA,(b)40 kA,(c)60 kA

利用类似的试验方法，刘亚坤等(2016)研究雷击金属油罐温度，得到雷电流 100 kA 时(30/80 μs 波)油罐钢材料温升可达 375.6 ℃，铝材料温升可达 314.5 ℃。孙晋茹等(2021)测得光纤复合架空地线温度为 363.5 ℃(雷电流 B 分量与 C 分量，2.157 kA)。琉璃瓦材质和金属油罐材质、光纤复合架空地线材质不一样，试验波形也不一样，温度会有所不同，但为本研究提供了一些参考性借鉴。

雷击瓦件不同部位温度随时间变化如图 4.32a—c 所示，图中釉面温度变化曲线 3 条、胎体 3 条、灰浆 2 条(雷击灰浆由于意外原因仅采集到两次温度数据)。雷击前温度 1 个点(为室温)，雷击后温度取 20 个时刻点，即 1 s 的 2/3，也即 667 ms。图中 0 s 时刻是室温，0.033 s 时刻为最高温度，多数情况下 0.066 s 时刻已降低为最高温度的一半，在 0.2～0.3 s 时降低接近室温。从图 4.32a—c 可看到，雷击过程中瓦件表面升温很快，降温较为缓慢；雷电流越大，琉璃瓦表面的最高温度越高，同样时间段内，剩余温度也越高。从图 4.32d 可看到，同样雷电流情况下，雷击灰浆处温度最高，测得的最高温度为 677.8 ℃(60 kA 雷电流、灰浆部位)，这可能和灰浆材料空隙率较高，相对而言导电性较好、电流容易进入、发热较多等有关。

雷击釉面部位时，升温迅速，但总体降温缓慢，特别是 0.1 s 后，温度变化较为平缓；雷击胎体部位，雷电流为 20 kA 和 40 kA 时降温比 60 kA 时剧烈；雷击灰浆部位时，温度降低到室温需要的时间较长。总体上说，雷击釉面和灰浆处温度较高，雷击胎体温度相对较低，可能和釉面、胎体、灰浆不同组成成分有关。

4.3.3.3　雷击破坏原因分析

同样强度的雷电流直接作用于瓦件釉质表面或胎体时，破坏程度较轻，作用于琉璃瓦熊头部位灰浆时引起的破坏严重。当作用于灰浆时，由于灰浆的孔隙率较大、含水率较高等特性(图 4.33)，而且灰浆含水后其钙离子、镁离子溶解于水，增强了导电性，雷电流较容易进入灰浆，而且通过灰浆和熊头的啮合部位进入胎体内部，导致整个瓦件炸裂或破碎。灰浆的显气孔率是 16%～50%(“古代琉璃构件保护与研究”课题组，2008)，胎体的显气孔率是 19%～31%(Liu et al.，2016)。灰浆的显气孔率一般大于胎体或釉质的显气孔率，且前者气孔直径大，后两者材质构成致密，而且表面无其他能增强导电性的媒介，所以雷电流直接作用于后两者时破坏程度较轻，电流不容易进入瓦件内部。

进一步分析雷电流容易通过灰浆部位进入瓦件内部原因，琉璃瓦熊头部位表面非常粗糙，孔隙率较高，含有大量 0.03～2.0 μm 孔径范围小孔，另一方面石灰灰浆材料颗粒极其细小、分布均匀且形状不规则，平均粒径达到纳米级。在毛细和重力作用下，使得灰浆材料在古建筑建成后漫长时间内，逐渐大量扩散填充到瓦件熊头部位孔隙当中，固化后与灰浆紧密粘结在一起，

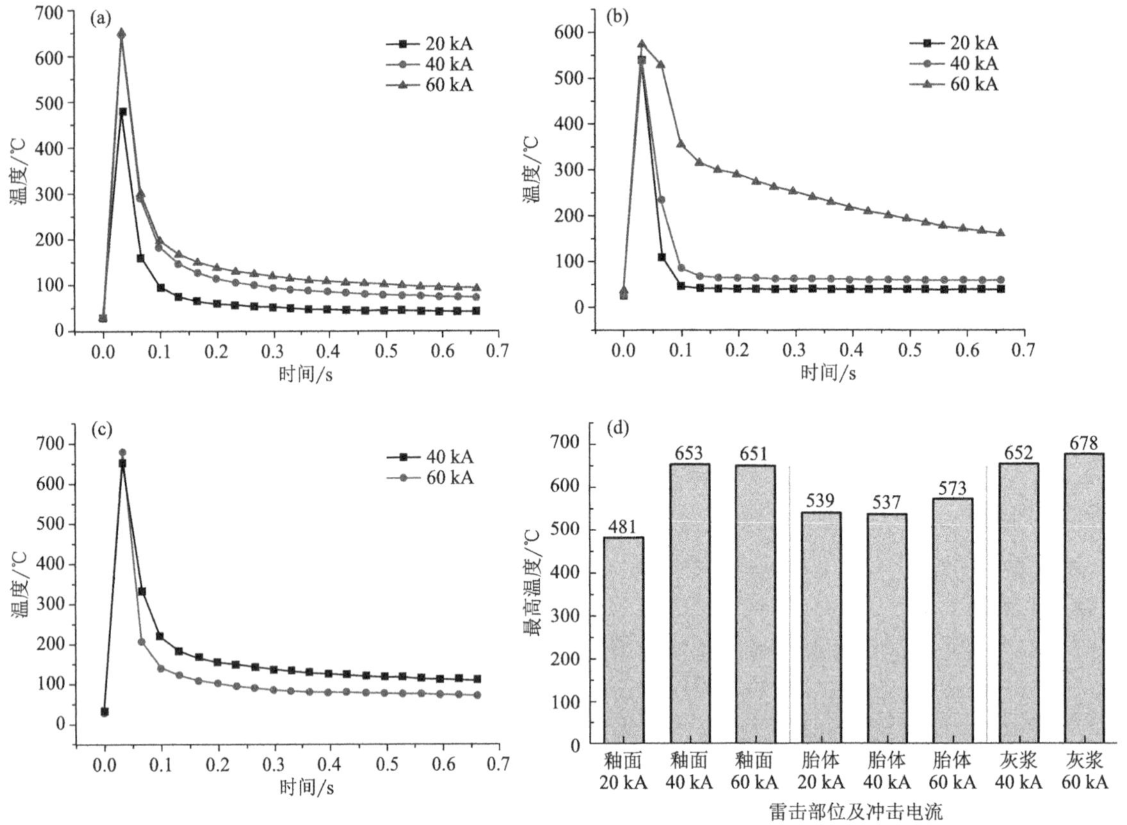

图 4.32　雷击瓦件不同部位表面温度变化及最高温度

(a)釉面,(b)胎体,(c)灰浆,(d)不同部位最高温度

形成互锁结构,使灰浆和瓦熊头之间具有良好的啮合力(Liu et al.,2016;Fang et al.,2014),因此使雷电流容易通过灰浆进入瓦件内部,进而造成破坏。

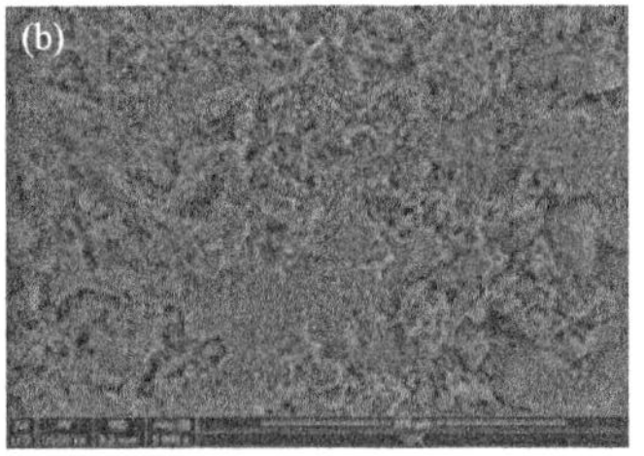

图 4.33　琉璃瓦灰浆材料

(a)宏观图,(b)SEM 微观图

采用四电极法对瓦件胎体的电导率进行了测量及估算,约为 8×10^{-8} S·m^{-1}。灰浆电导率约为 0.55～0.63 S·m^{-1}(刘效彬 等,2016),釉质电导率约为 10^{-11}～10^{-12} S·m^{-1}(参考普通玻璃)(赵彦钊 等,2006)。与胎体及釉质相比,灰浆材料的电导率较高,电流注入灰浆进而传导至瓦件内部,在此过程中主要产生焦耳热效应。

这种焦耳热效应带来的温度变化主要产生两方面的影响,一是雷电流焦耳热效应所导致的温度急剧变化及局部区域温度分布不均匀使得材料内部产生显著的破坏力,即热应力;二是雷电流焦耳热效应导致琉璃瓦件内部空隙中的水分迅速汽化膨胀,产生较强的压力,气体通过孔隙和毛细管边缘的流动可能会遇到一定的动态阻力，雷电流通过瓦件内部，加热不同的微小空气袋（近似密闭空间），水分受热变成气体，产生膨胀作用力，遇到空气袋壁的阻力，产生炸裂或破碎（本书称之为内压力）。在这两种力的共同作用下，使得琉璃瓦件的强度和稳定性发生变化，并最终超过材料的屈服强度，琉璃瓦件出现断裂或破碎。

雷击过程中琉璃瓦件温度空间分布不均匀产生的热应力对瓦件也有一定破坏作用。由于琉璃瓦件为固态结构，难以发生形变，需考虑在温度作用下产生的热应力大小。热应力包括瓦件因温度变化不能自由伸缩而产生的应力，或部件本身温度分布不均匀使伸缩受制约而产生的应力。雷击琉璃瓦件时不同部位的温升存在差异，局部过热点的热量来不及向周围传递（受热扩散系数影响），造成过热点与周围区域存在一定的温度梯度，在灰浆的内部产生温度梯度热应力，单元吸收能量（ΔQ）后的绝热温升为：

$$\Delta T=\frac{\Delta Q}{\Delta V\rho C_p} \tag{4.9}$$

式中，ΔV 为琉璃瓦件单元的体积；ρ 为琉璃瓦件的密度；C_p 为琉璃瓦件单元的定压比热容。

对于热应力的破坏，若相邻两单元（包括釉质界面之间或釉质与胎体之间）的温升分别为 ΔT_1 和 ΔT_2，则在温度梯度作用下产生的热应力 f 为：

$$f=\frac{Ea}{1-\mu}(\Delta T_1-\Delta T_2) \tag{4.10}$$

式中，E 为弹性模量；a 为热膨胀系数；μ 为泊森比，根据该公式可得到雷击琉璃后在温度梯度作用下产生的热应力。图 4.28c 中釉质表层脱落，主要是由于釉质层和胎体热膨胀系数不同、产生一定的热应力造成的。

雷电流经过有一定导电性的灰浆材料以及进入胎体孔隙内部过程中，由于雷电流的焦耳-楞次热效应会产生焦耳热，同时灰浆材料和胎体的电阻值比一般导体均大，产生焦耳热较多，进而加热孔隙内的水分，热量几乎是瞬间聚集，温度也随之激增，当温度达到灰浆或胎体内水分汽化的临界值，水分由液态瞬间变成气态，产生高压气体形成内压力产生破坏。琉璃瓦内孔隙中的单位质量水分在雷电热效应作用下，受热超过 100 ℃时急剧汽化产生的压强，可通过克拉珀龙方程 $PV=nRT$ 推导公式计算（当雷电流以微秒数量级时间通过琉璃瓦件，时间很短，不考虑对外热交换，同时近似看做密闭空间），见式（4.8）。

对于弧形的琉璃瓦件以及瓦件内部小孔可能是圆弧形，还存在另一种现象，根据开尔文定律（Kelvin's law），在半径为 r 的微孔中蒸汽的压强为 P，因而有式（4.11）（Michel，2007）：

$$\ln\frac{P}{P_0}=\frac{2\sigma M}{r\rho RT} \tag{4.11}$$

式中，P 为实际水蒸汽压强；P_0 为没有弯月面时水的蒸汽压强；σ 为液/固体界面能；M 为水的原子量；ρ 为水的密度；R 为气体常数；T 为热力学温度。在没有饱和材料中的水是逐步地及优先地集中在较小的微孔中。对于琉璃瓦件，曲面上的蒸汽压力大于平面上的蒸汽压力，曲面的半径越小，这个压力越大，导致内部压力更大，更容易造成瓦件的破坏。

由于瓦件为非弹性固态结构，难以发生形变，因而在遭受雷击后琉璃瓦件内部水分受热急剧膨胀，这种剧烈变化的内压力以及温度分布不均匀产生的热应力作用导致琉璃瓦件极有可能会出现裂纹甚至破裂，而造成损伤。除了雷击灰浆部位造成瓦件损坏外，图 4.28c 中瓦件釉质表层脱落，主要是由于釉质层和胎体热膨胀系数不同、产生一定的热应力造成的。

根据古建筑雷灾现场调查分析研究（白丽娟，2005；李京校 等，2014），琉璃瓦件雷击破坏多发生在有病变、有瑕疵的琉璃瓦件中。当在长久风化或冻害作用下，琉璃瓦件的灰浆材料变得疏松出现空隙或裂纹，或者琉璃瓦件自身内部孔隙率较高，这些情况下导致材料渗透性增加，特别是在雷雨季节雨水充沛，水分以毛细管运输方式进入瓦件孔隙或微裂纹内而含水率增大，导电性增加，最终导致雷电流进入灰浆内部或者通过灰浆进入瓦件内部从而造成破坏。本试验结果和琉璃瓦件雷电灾害的调查结果比较吻合。

4.3.3.4 雷击琉璃瓦不同部位破坏模拟图

从雷击琉璃瓦不同部位来看，可能出现如图 4.34 的几种情况。雷电击中琉璃瓦釉质时，可能导致釉质出现褪色或者釉质层脱落，高温使琉璃瓦表面出现烧蚀褪色，甚至出现釉质界面脱落。雷电击中原本就脱釉的胎体时，会导致出现粉尘飞溅，出现小颗粒物。雷击熊头灰浆部位时，雷电流可能顺着有一定导电性的灰浆进入内部，出现热应力和内压力。当有较小的电流时，引起琉璃瓦熊头部位损坏，当有较大的雷电流时，电流会引起熊头以及整个瓦件的炸裂破坏。

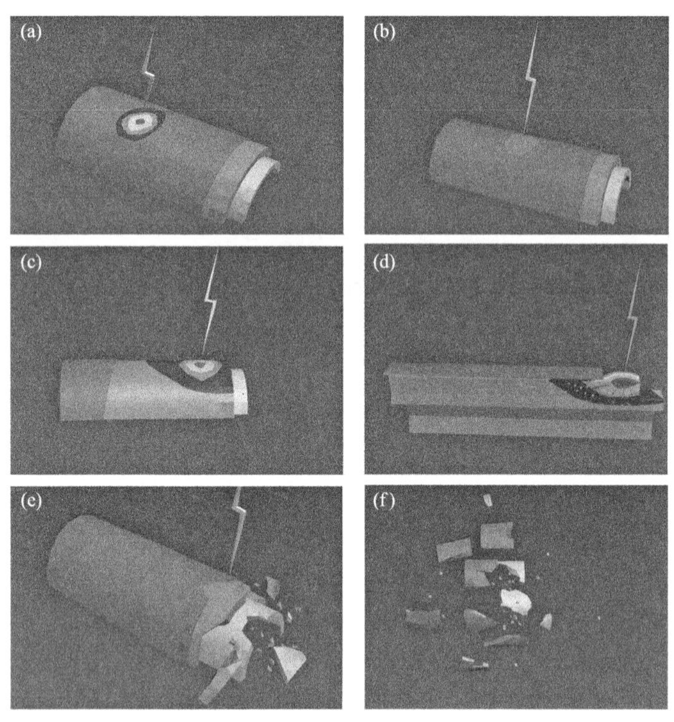

图 4.34 雷击琉璃瓦不同部位破坏模拟图分析(见彩图)

(a)雷击釉质出现褪色，(b)雷击釉质层脱落，(c)雷击胎体粉尘飞溅，(d)雷击灰浆(热应力和内压力，剖面图)，(e)小电流雷击灰浆，(f)大电流雷击灰浆

4.4 古建筑琉璃瓦件雷击微观损伤特征分析

4.4.1 引言

近些年古建筑遭受雷击破坏的事故较多(张华明 等，2013；李京校 等，2016a；李京校 等，2022)，主要原因一是安装防雷装置可能造成古建筑原貌和自身构件破坏，部分古建筑尚未安装防雷装置；二是即便按照防雷规范要求安装了防雷装置，由于其有一定的拦截失效概率，并不能保证每次雷电都会被接闪器拦截，当雷电发生绕击，仍可能击中古建筑自身(Becerra et al.，2007；Hu et al.，2011)。琉璃瓦件位于古建筑的最顶部，多处于最高位置，雷暴天气最容易遭到

雷击造成破坏。雷电可能导致琉璃瓦件炸裂、破碎等明显损坏，也能导致表面龟裂、表皮小块脱落、釉质褪色等损坏，后者破坏不明显，往往不易发现，但是会加速琉璃瓦件的老化破坏，缩短琉璃瓦件寿命(Li,2021a,2021b)。

目前琉璃瓦件微观破坏变化方面，李静等(2020)探究外部环境等因素对琉璃瓦釉面剥落的影响，认为釉裂的根本原因在于釉层热膨胀系数大于胎体，使釉层处于张应力状态。赵静等(2020)认为，釉面损毁的主要原因在于温湿度剧变所引起胎釉界面应力变化的不匹配。段鸿莺等(2013)认为，酸雨环境下铅元素从釉质中析出，外界环境中 P、S、Cl 元素的阴离子与析出的铅离子发生化学反应，生成难溶的硫酸铅等腐蚀物。窦金海等(2017)研究发现，琉璃瓦件釉质在长时间的高温后会变色，Cu^{2+} 受到再次加热被还原至低价，使铜绿釉变为铜红釉。惠任等(2007)研究认为，大气中 SO_2 与水分和琉璃釉面共同作用导致瓦件表面出现"粉状锈"。这些研究中，对于雷击古建筑琉璃瓦件的微观破坏研究较少。

本节主要是通过雷击琉璃瓦件模拟实验，借鉴玻璃纤维复合等材料的雷击模拟实验方法和微观检测分析方法(程向阳 等,2017;杨春浩 等,2020;胡毅 等,2005)，利用扫描电子显微镜获得雷击琉璃瓦件釉质、胎体和灰浆等不同部位的微观破坏特征，利用能谱仪获得雷击前后元素成分及含量变化。研究结果为琉璃瓦件雷击防护的深入研究提供一定的理论基础和试验数据支撑。

4.4.2　试验设备和方法

试验设备方法见 4.1.2 节介绍，主要利用 8/20 μs 雷电流进行冲击试验(对于无水的釉质界面还利用了 10/350 μs 雷电流)。雷击试验所用琉璃瓦件和雷击瓦件部位见图 4.35。此外，通过高分辨率扫描电子显微镜(SEM，美国 FEI 公司的 Quanta FEG 250)和 X-射线能量色散谱仪(EDS，为斜插式能谱仪)两者组合使用(图 4.36)，可观察分析雷击前后破坏区域的形貌以及元素成分及原子质量分数变化。琉璃瓦件为非导电体，用扫描电子显微镜进行观测前，需要对瓦件表面进行镀金处理。

图 4.35　雷击试验和试验所用琉璃瓦件(a,b)和雷击瓦件部位(c)

4.4.3　雷击琉璃瓦件微观结构变化

4.4.3.1　琉璃瓦釉质雷击变化

(1)琉璃瓦件釉质及雷击简介

古建筑完整的琉璃瓦件外表面覆盖釉质，釉质是施于琉璃瓦件胎体表面起防水和装饰功能的一层很薄的硅酸铅玻璃态物质。釉面保存完好的琉璃筒瓦，其釉层厚度基本上是在 90～160 μm 的范围，平均厚度为 130 μm 左右(丁银忠 等,2015)。釉质属于非晶态物质，没有固定的熔点，只有熔融温度范围，为 790～950 ℃，属于低温铅釉。琉璃瓦件釉料配方和唐三彩等中国传统低温色釉相似，釉质主要成分为 PbO 和 SiO_2，二者总含量达 87%以上，其中 PbO 含量在 59%～72%，SiO_2 含量为 25%～34%。PbO 含量比巴基斯坦莫卧儿王朝时期的文物建筑琉璃瓦件釉质中的较高，SiO_2 含量比其低（Gulzar，2013）。另外釉质含有一定量的 Al_2O_3 和少量的 MgO、Na_2O、K_2O、CaO 等溶剂成分，并以过渡元素 Fe、Cu、Co、Mn 为着色剂，分别呈现黄、绿、蓝、紫色等，本研究中所用绿色琉璃釉瓦件为二价 Cu^{2+} 在釉质中的呈色。

图 4.36　扫描电子显微镜（含 EDS 组件）

观察琉璃瓦件外观特征，雷击前正常的瓦件釉质表面平整光滑，颜色鲜艳（图 4.37a）；当雷电击中釉质表面时，可能出现明显凹坑（图 4.37b），或者是出现釉质表面褪色（图 4.37c、图 4.37d），原来光滑的表面变得粗糙，甚至有小块釉质层脱落。雷击后肉眼可明显观察到出现直径约 620 μm 的凹坑，其周围是釉质熔化后的痕迹，说明雷电高温引起釉质熔化，同时加上雷电通道内空气被高度电离形成等离子体放电通道，形成向下的热激波，导致釉质表面出现凹坑（图 4.37b）。当釉质表面无水时，雷击釉质后表面出现龟裂，绿色釉质轻微变色（图 4.37c）。当釉质表面喷淋水时，雷击后绿色釉质变为较明亮的银白色（图 4.37d），俗称“银釉”。

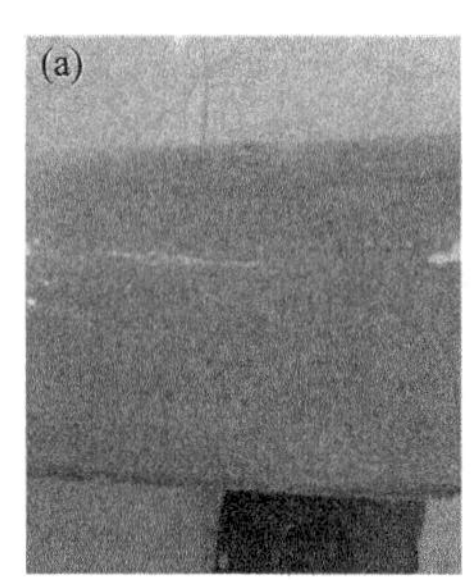

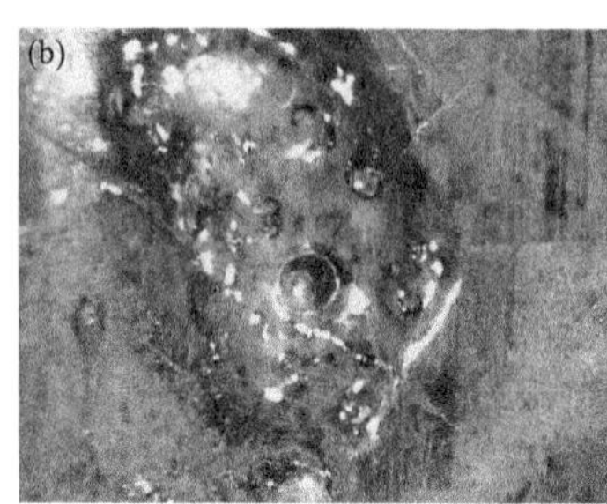

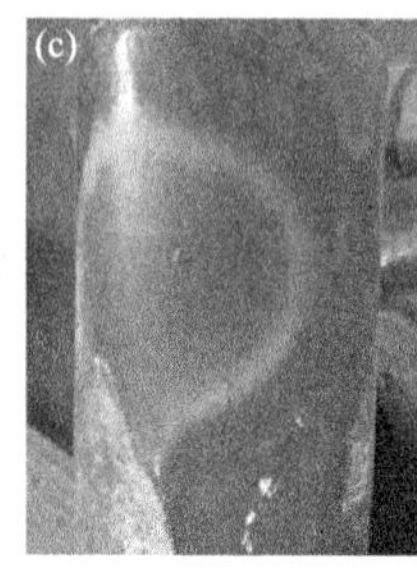

图 4.37　雷击琉璃瓦釉质前后不同形貌

（a）雷击前瓦件釉质表面，（b）雷击后出现凹坑，（c）雷击后表面变色（表面无水），（d）雷击后表面变色（表面有水）

（2）雷击瓦件表面无水时釉质变化

雷电流作用于琉璃瓦釉质界面（非雨天瓦面釉质，干燥状态），雷击前釉质表面比较平整（图 4.38a），雷击后琉璃瓦件表面也可能出现龟裂，原本光滑的表面变得粗糙，釉质颜色变浅，甚至釉质小块脱落（图 4.38b）。雷电瞬时高温作用后，不同区域温差较大，造成存在较大热应力，从而使瓦件表面形成裂纹。如果电流进入内部，会导致裂纹深度变深。熔化点呈分散状分布，可能与釉质表面材质、雷电电弧高温点分散性有关（图 4.38c）。在较强的雨水冲刷下，龟裂的釉质层会被冲刷掉，进一步加速瓦的破坏。

图 4.38d 为雷击后釉质出现裂纹，裂纹不完全均匀，主干裂纹还有一些枝丫裂纹。初步分析原因，雷击釉质过程中瞬时高温作用下，釉质材料不同区域所受热应力大小不同，分布不均匀，从而使瓦件釉质形成裂纹。胎釉之间热膨胀系数的不匹配，使釉质中存在着一定的应力。当釉质的收缩大于胎体时，釉质中产生张应力，当釉质的收缩小于胎体时，釉质中产生压应力。因为釉质的抗压强度比抗张强度大得多，所以雷击瞬间出现高温，然后又冷却，容易出现裂纹。雷击裂纹的走向，反映了造成裂纹的应力属性；裂纹的粗细则是应力大小的一种反映。雷击釉质裂纹的出现，削弱了釉层表面作为一个整体与胎体的结合强度。裂纹自釉层表面，穿过了釉质层直至胎体，形成了外界水渗入胎体的一个途径，不同程度地影响了釉层对于胎体的防水作用，是后期釉层剥落的潜在隐患（刘宏 等，1992；李媛 等，2013）。

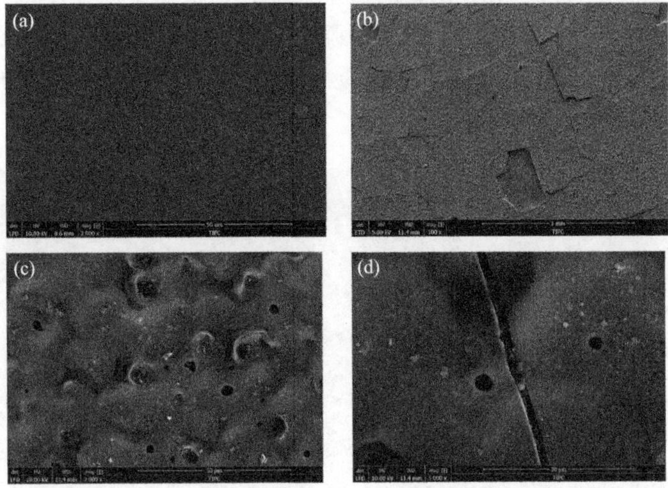

图 4.38　雷电流作用下无水琉璃瓦釉质表面形貌图

(a)雷击前釉质表面(×2000),(b)雷击后釉质表面(×100),(c)雷击后釉质表面(×2000),
(d)雷击后釉质表面(×5000)

对雷电流作用下琉璃瓦件损伤部位进行 EDS 能谱分析,分析其元素组成成分及含量。从雷击釉质前后不同元素含量对比可看到(表 4.4,表中 wt%为质量百分比,at%为原子百分比),雷击后 C、Cu 元素原子百分比含量减少,Pb、Si、O 元素原子百分比含量增加。雷击前后所有元素中原子百分比均是 O 元素最高(与其他元素构成对应的氧化物),质量百分比均是 Pb 元素最高。Pb 元素的原子百分比并不高,但质量百分比高,这与 Pb 的相对原子质量高有关。对于绿色釉质而言,铜元素以二价离子 Cu^{2+} 的形式存在。Cu^{2+} 在常温下很稳定,但是在高温作用下变得不稳定,含量有所减少,导致瓦件绿色变浅。雷击高温下 Pb 元素在釉质中含量增加,进一步增加釉质表面颜色的变化。需说明的是釉质表面不同位置元素含量会有不同,表 4.4 结果为两个位置测试结果的平均值(下同)。

表 4.4　雷击釉质前后不同元素含量

元素	雷击前			雷击后		
	wt%	wt% Sigma	at%	wt%	wt% Sigma	at%
C	13.37	0.34	29.70	4.75	0.30	12.76
O	28.10	0.26	46.85	27.81	0.27	56.12
Na	0.69	0.06	0.80	1.20	0.07	1.68
Mg	0.29	0.05	0.32	0.21	0.05	0.28
Al	3.09	0.07	3.06	3.47	0.08	4.16
Si	12.26	0.14	11.65	13.74	0.15	15.63
K	0.86	0.09	0.59	0.41	0.09	0.34
Ca	0.79	0.10	0.52	0.66	0.11	0.53
Cu	3.03	0.16	1.27	2.43	0.18	1.22
Pb	36.96	0.41	4.76	45.08	0.41	7.06
P	0.56	0.06	0.48	0.24	0.05	0.22
总量:	100.00		100.00	100.00		100.00

图 4.39 给出了雷击前后釉质表面元素含量图谱,所得结果为不同元素原子含量情况。图中

输出的脉冲高度由 N 决定，形成 EDS 图谱的横坐标能量。根据不同强度范围记录的特征 X 射线的数目即可确定瓦件釉质不同元素 X 射线的强度(相对光电子流强度)，形成 EDS 图谱的纵坐标强度。从图 4.39 中可看到，雷击后 Pb、Si、O 元素增加，不同元素增加或减少幅度不尽相同。

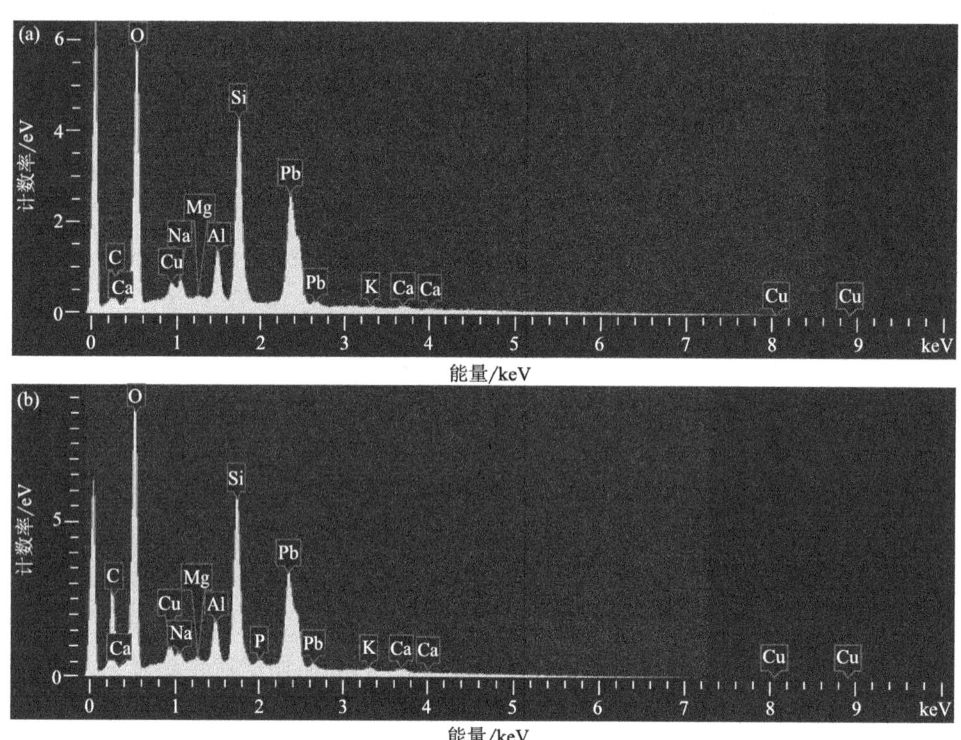

图 4.39 雷击前后釉质表面元素含量图谱
(a)雷击前，(b)雷击后

(3)雷击瓦件表面有水时釉质变化

上文分析了瓦件表面无水状态下的情况，在雷雨季节很多情况下瓦件表面有水后遭受雷击，所以实验中也开展了瓦件表面有水情况下雷击试验。在瓦件釉质表面进行喷水，模拟雨水后发生雷击(喷水后釉质的含水率约为 0.6%)，分析微观破坏情况。从雷击过程中高速摄像机观测结果(李京校 等，2016a)，以及雷击后痕迹可观测到，雷电闪络路径沿着瓦件有水区域发展，经过有水区域后釉质表面出现明显的褪色现象，或颜色变浅，出现银白色痕迹，分析认为是高温下铅元素析出后的颜色。雷击使琉璃瓦件表面失去光泽，影响了整个古建筑屋面的视觉色彩，使原本光洁致密釉面丧失了对恶劣大气环境的抵抗能力，变得十分脆弱，进而引起琉璃瓦件产生其他病变，缩短琉璃瓦件的使用寿命(Fang et al.，2014)。

雷击后通过损伤表面形貌微观观察可看到，瓦件表面损伤区形成了较多向外鼓起的扁平气泡(图 4.40a、4.40b)，多呈近似椭圆形，气泡直径约为 5～15 μm，气泡之间彼此相连。有些气泡可能因内部压力过大，膨胀破裂。由于雷击高温时间很短，降温迅速，气泡外壁破裂快速凝固并未塌陷。分析瓦件表面产生气泡的原因，雷电闪络路径沿着瓦表面泄放，当雷电流以微秒数量级时间通过琉璃瓦件时，琉璃釉质在雷击高温后，釉质内部承受的热量几乎是瞬间聚集，温度也随之激增，瓦件釉质含水率增加时，釉质内部的水分受热瞬间气化产生膨胀，且琉璃瓦的釉质处于高温熔融状态，引起琉璃瓦表面釉质表面出现椭圆形气泡。但是釉质内水分有限，产生的水

蒸气压强又不是特别大，所以多数气泡没有破裂。

雷击釉质除了表面出现气泡，还出现较小的凹坑，其呈点状不均匀分布，可能是雷电通道向下的热激波冲击瓦件表面导致的。釉质表面不喷水时容易出现熔蚀坑，喷水时出现向外鼓起的气泡，初步分析可能是前者雷电热量用于烧蚀熔化釉质表面，后者热量主要用于加热釉质水分和熔融釉质层。

雷击后釉质也有裂纹出现(图4.40c)，雨水季节会导致沿着釉面裂纹吸收大量水分。在水分的参与下，琉璃瓦件釉层表面的开裂会加速它的粉化或脱落。水是各种有害物质的载体，又参与多种化学反应，一方面水吸收并携带大气中的有害气体和颗粒进入含有裂纹的琉璃釉层表面，另一方面釉层中某些不稳定的物质会在水的参与下和外来有害物质发生反应，加速了釉质的破坏。

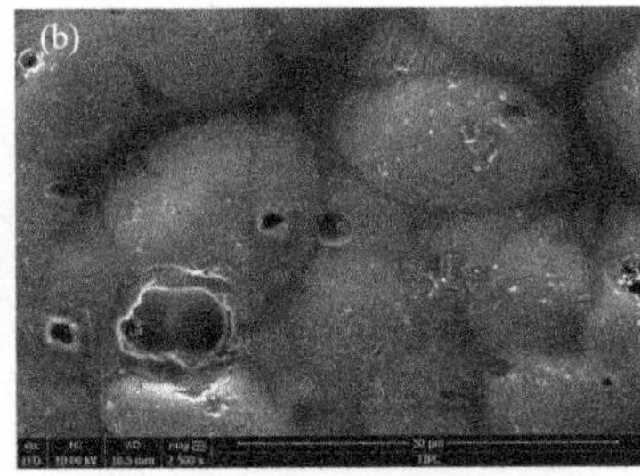

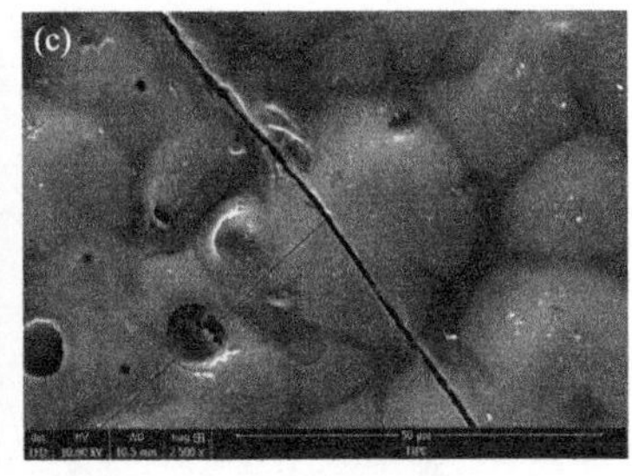

图4.40　雷电流作用下有水釉质表面组织形貌图

(a)雷击后釉质气泡(×1000)，(b)雷击后釉质气泡(×2500)，(c)雷击后釉质裂纹(×2500)

(4)10/350 μs雷击瓦件表面无水时釉质变化

图4.41a—c为利用10/350 μs雷电流波形不同峰值的雷电流作用后琉璃瓦件釉质的SEM微观图，图4.41d为雷击前釉质表面SEM微观图。对比雷击前釉质界面微观图，可看到雷击后琉璃瓦件釉质表面损伤形式以熔蚀坑为主，甚至有熔化后釉质流动痕迹，熔蚀坑大小不一，并且伴有微裂纹，使釉质表面的防水性能明显下降。在20 kA雷电流作用下釉质表面烧蚀作用相对较弱，在40 kA和60 kA作用下烧蚀痕迹非常显著，随着雷电流越大，产生的熔蚀坑越大，越明显。

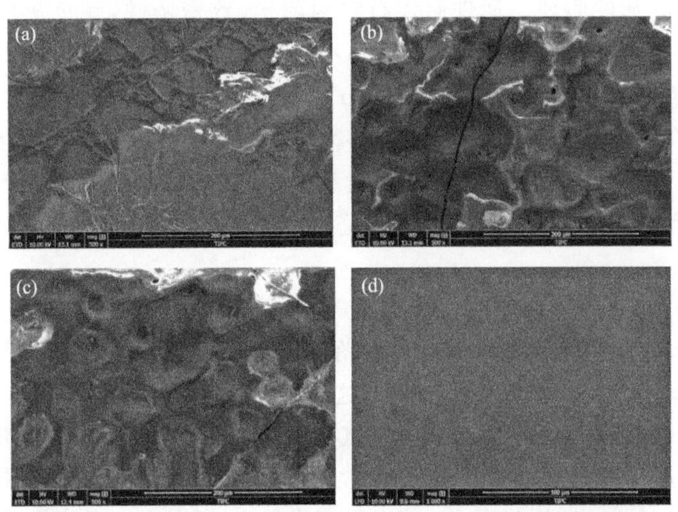

图4.41　不同峰值雷电流下(10/350 μs)瓦件表面的破坏情况

(a)20 kA(×50倍)，(b)40 kA(×50倍)，(c)60 kA(×50倍)，(d)雷击前釉面(×1000倍)

分析熔蚀原因，这主要是由于雷电通道电弧热和电流焦耳热共同作用引起。分析裂纹原因，雷电瞬时高温作用后，釉质材料不同区域所受热应力大小不同，分布不均匀，从而使瓦件釉质形成裂纹。相比雷击琉璃瓦件整体毁坏，雷击釉质表面损坏相对轻，但是表面损坏后，釉质表面坚固性能将下降，随着时间发展，会加速琉璃瓦件的老化和损毁。

为进一步研究瓦件釉质雷击微观变化特征，利用 EDS 能谱仪测量了雷击前后釉质表面元素百分比含量（wt%为质量百分比），见表 4.5。在雷电流高温作用下，雷击后釉质表面 Pb 元素质量百分比增加，这也说明了为什么琉璃瓦雷击部位出现偏银白色（接近铅元素的颜色）。此外，釉质雷击后 Cu、C 元素质量百分比增加，但不如 Pb 元素增加比重大。雷击后 O、Si、K、Ca 元素质量百分比减少，其他元素 Na、Mg、Al 质量百分比变化很小。

表 4.5　雷击（20 kA，10/350 μs 波形）前后釉质表面元素含量

元素	雷击前				雷击后			
	表观浓度	wt%	wt% Sigma	原子百分比	表观浓度	wt%	wt% Sigma	原子百分比
C	0.12	3.79	0.43	7.44	0.32	8.90	0.41	18.97
O	7.77	42.66	0.47	62.85	5.83	36.17	0.47	57.84
Na	0.10	0.61	0.10	0.63	0.09	0.57	0.12	0.64
Mg	0.04	0.27	0.07	0.26	0.03	0.28	0.09	0.29
Al	0.32	2.48	0.11	2.17	0.24	2.10	0.11	1.99
Si	3.25	25.89	0.32	21.74	1.71	14.79	0.24	13.47
K	0.14	1.19	0.14	0.72	0.05	0.31	0.10	0.26
Ca	0.17	1.56	0.16	0.92	0.07	0.66	0.15	0.42
Cu	0.21	3.18	0.25	1.18	0.35	5.89	0.33	2.37
Pb	1.39	18.37	0.61	2.09	2.19	30.33	0.66	3.75
总量		100.00		100.00		100.00		100.00

4.4.3.2　雷击瓦件胎体微观变化

古建筑屋顶的琉璃瓦件经常被风吹日晒，长时间后有的瓦件釉质会脱落，所以本节研究对象包括釉质脱落后的瓦件胎体。瓦件胎体材料为陶土，致密坚硬，颜色灰白，断面可见石英颗粒，胎体 SiO_2 的含量约 54.2%～82.94%、Al_2O_3 的含量约 11%～36%，两者合计约为 90%，说明 SiO_2 和 Al_2O_3 是胎体中最主要的成份（Liu et al.，2016）。胎体中助熔剂为 Fe_2O_3、K_2O、Na_2O、CaO、MgO 等化合物，含量大约为 3.79%～14.79%，约为 10%，主要助溶剂是 K_2O。琉璃瓦件胎体的基质上分布着浅灰色颗粒状物质和黑色孔隙，形态大多为菱形或半圆形，少数为尖角形或圆球状，孔隙分布不均匀，尺寸和形态差别较大（图 4.42a），本试验中胎体含水率约为 25%。

雷击实验过程中，瓦件表面腾起白色粉尘，试验后试验平台上落有白色粉末。胎体雷击前整体较整齐完整，雷击后胎体部位出现剥离脱落现象，在扫描电子显微镜下观察出现微小颗粒或碎裂块（图 4.42c、4.42d），且碎块大小不一，这些说明可能有雷电冲击波的作用。雷电在泄流过程中造成周边空气的温度剧变，形成周边空气气压升高，产生剧烈的冲击波，导致胎体表面材质破碎。雷击胎体后没有熔化痕迹，分析原因，胎体的熔化温度范围较釉质高，胎体主要成分 SiO_2 熔点 1723 ℃，Al_2O_3 熔点 2054 ℃，熔点温度均很高，所以未出现熔化现象。

雷电高温下易产生热应力损伤，雷击胎体不同部位温度空间分布不同，导致在界面处产生

应力，当应力大于基体的屈服强度时，界面应力可通过基体形变而发生作用，从而导致瓦件胎体界面出现脱粘、分离，甚至出现裂缝（图 4.42c）。在自然界雨水的作用下，会导致胎体颗粒被溶解，胎体之间会形成溶孔、溶缝等，对瓦件进一步造成破坏。

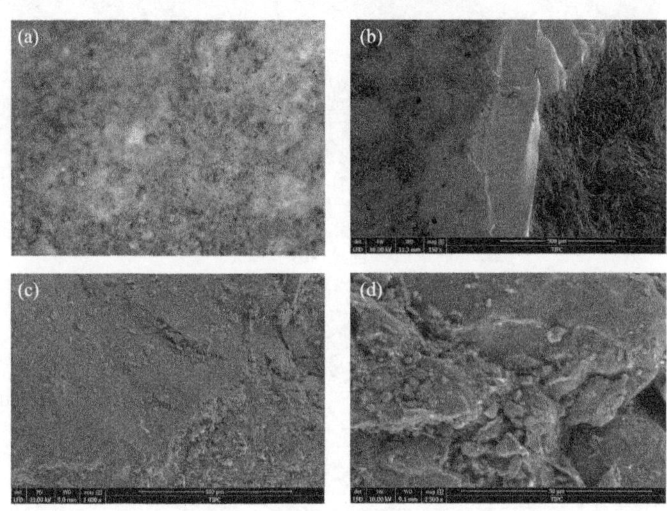

图 4.42　雷击前后胎体图

(a)雷击前胎体宏观图，(b)雷击前胎体微观图（×150 倍），(c)雷击后胎体微观图（×1000 倍），(d)雷击后胎体微观图（×2500 倍）

在雷电高温作用下，胎体的元素百分含量会发生变化。分析雷击前后胎体不同元素含量分布（表 4.6）可知，雷击胎体部位的 C、Ca 等元素含量增大（特别是 C 元素增加比例很高），O、Al、Si 元素减少。雷击后 O 元素含量减少，这和上文雷击釉质以及程向阳等(2017)进行金属油罐材质雷击后 O 元素增加有所不同（杨春浩 等，2020）。图 4.43 为雷击前后琉璃瓦胎体元素谱图分布，雷击前 O 元素最高，雷击后仍然是 O 元素最高，但是质量百分比和原子百分比（at %）均降低。雷击前后 Si 元素含量为第二高，Al 元素含量也很高。

表 4.6　雷击胎体前后不同元素含量分布

元素	雷击前			雷击后		
	wt%	wt% Sigma	at%	wt%	wt% Sigma	at%
C	5.55	0.57	8.93	17.11	0.46	26.21
O	49.28	0.36	59.51	40.88	0.33	47.01
Na	3.95	0.08	3.32	2.20	0.06	1.76
Mg	0.16	0.04	0.13	0.55	0.05	0.42
Al	17.82	0.16	12.75	14.34	0.15	9.78
Si	20.62	0.19	14.18	18.47	0.18	12.10
Cl	0.09	0.04	0.05	0.20	0.05	0.10
K	1.16	0.05	0.57	1.49	0.09	0.70
Ca	0.43	0.05	0.21	2.57	0.11	1.18
Ti	0.53	0.06	0.21	0.51	0.12	0.19
Fe	0.41	0.09	0.14	1.68	0.37	0.55
总量	100.00		100.00	100.00		100.00

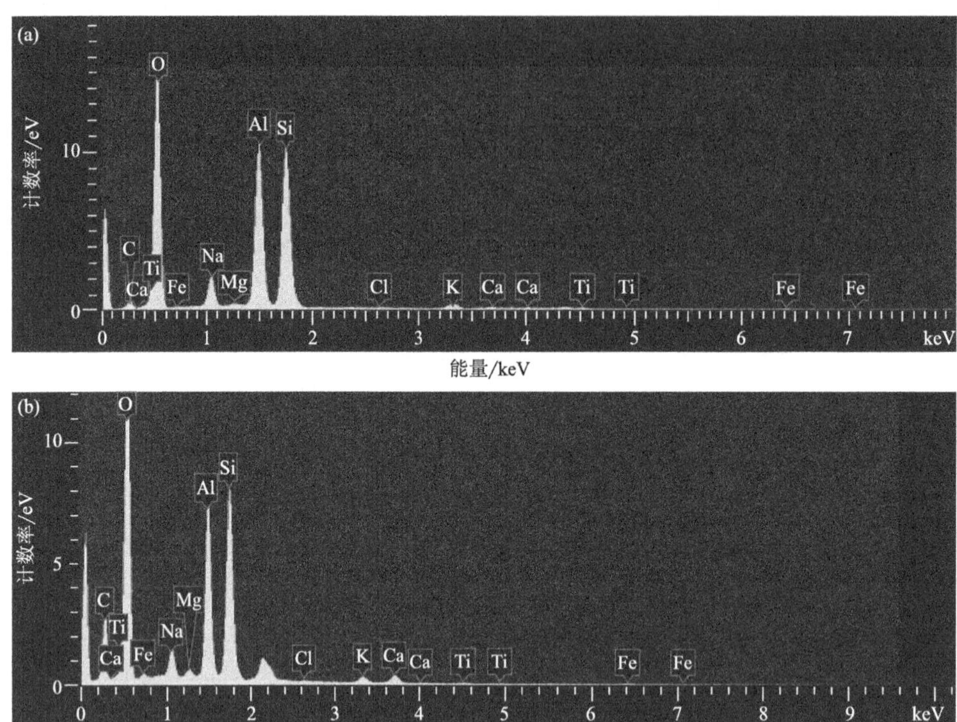

图 4.43 雷击前后琉璃瓦胎体元素谱图分布

(a)雷击前,(b)雷击后

4.4.4 雷击瓦件灰浆变化

琉璃瓦熊头部位的灰浆用于和相邻的筒瓦连接粘牢,同时防止瓦件之间漏水,灰浆可视为筒瓦的一部分。灰浆材料呈灰白颜色,致密性较釉质和胎体差(图 4.44),比较疏松,其主要成分为 $CaCO_3$、SiO_2、$Mg(OH)_2$、$NaAlSi_3O_8$ 等。实验过程中雷电击中灰浆后瓦件完全炸裂、破碎(图 4.45),从雷击后碎片分布来看,是从瓦件内部产生炸裂,碎片飞向四周。雷击熊头部位灰浆时,雷电流以电子流的形式注入灰浆,通过灰浆这一途径,进入瓦件内部,导致瓦件破坏。雷击后难以辨认雷电击中的灰浆,所以本节无雷击后灰浆微观特征观测,仅给出了雷击前琉璃瓦灰浆元素含量(表 4.7)。对比釉质和胎体的元素分布(表 4.4 和表 4.5),灰浆中的 Ca 元素含量非常高,Si、Al 元素比釉质和胎体中含量低很多。

图 4.44 琉璃瓦件灰浆材料

(a)宏观图,(b)微观图(×5000 倍))

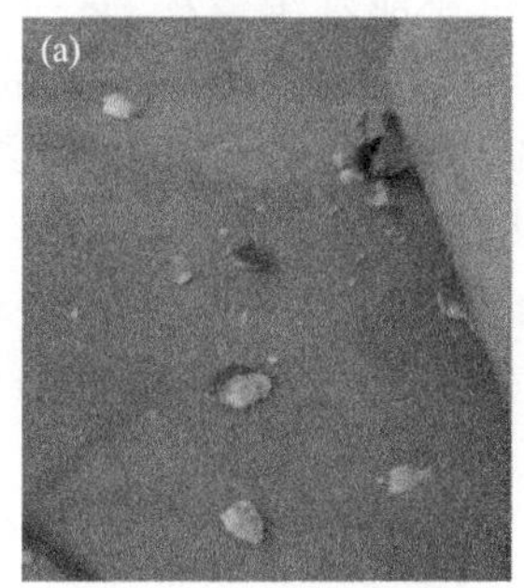

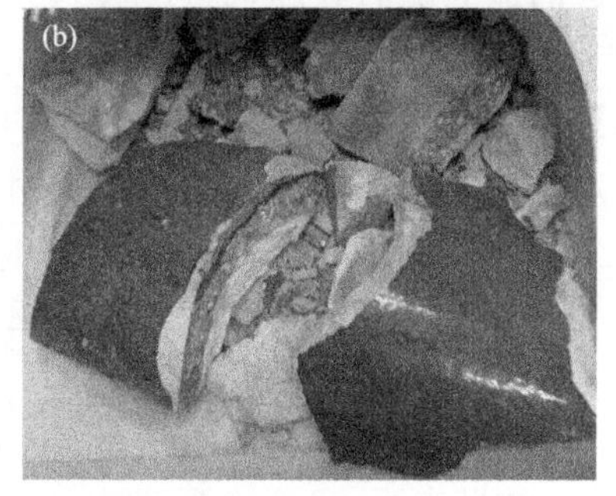

图 4.45　雷击后破坏的琉璃瓦件
(a)试验平台周围的碎片,(b)归集在一起的碎片

表 4.7　雷击前琉璃瓦件灰浆元素含量

元素	wt%	wt% Sigma	at%
C	10.15	0.21	17.60
O	43.62	0.23	56.80
Mg	2.59	0.05	2.22
Al	0.98	0.04	0.76
Si	1.95	0.05	1.45
K	0.29	0.06	0.16
Ca	40.42	0.23	21.01
总量	100.00		100.00

当雷电击在琉璃瓦熊头部位的灰浆时,由于灰浆的孔隙率较大(16%～42%)、含水率较高(11%～42%)、导电性较胎体和釉质好(含水率 25%时电导率约 0.60 $S \cdot m^{-1}$)等特性(Liu et al.,2016),雷电流相对较易进入,通过灰浆和琉璃瓦的啮合部位进入瓦件内部。分析雷电流容易进入原因,琉璃瓦熊头部位表面比较粗燥,孔隙率较高,在毛细和重力作用下,灰浆逐渐向琉璃瓦内部渗透,扩散深度约为 1.5 mm,固化后与灰浆紧密粘结在一起,形成互锁结构(Fang et al.,2014),因此使得灰浆材料在古建筑建成后漫长时间内,逐渐大量扩散填充到琉璃瓦孔隙当中,从而使雷电流容易沿着灰浆材料进入瓦内部,进而造成破坏。

4.5　本章小结

(1)利用 8/20 μs 冲击电流发生器进行了雷击琉璃瓦件试验,对比雷击古建筑屋顶琉璃瓦釉质、胎体、灰浆三种材料表面闪络路径特征以及差异,重点分析了雷电流通过灰浆部位进入胎体造成的破坏。结果得到:1)表面闪络路径在琉璃瓦釉质表面时发展迅速,从琉璃瓦胎体上发展变慢,从瓦之间的灰浆材料发展时最慢。说明发生表面闪络时,固体绝缘体表面光滑时,流注速度较快;固体表面粗糙时,流注速度较慢。釉质面和胎体面对比,路径更容易沿胎体表面发展。同样材质时,含水率较高时,多数情况通道发展速度较快,含水率较低时,发展速度一般较慢,说明当含水率增加时,流注的速度会增加。另外含水率变高时,闪络路径光强会变弱。三种材质中在灰浆表面时损坏最严重。2)通过试验分析,雷电流更容易通过瓦件灰浆部位进入胎体造成的琉璃瓦的破坏，通过电—热—机械能发生破坏，这与灰浆孔隙率高、含水率高、导电性好有关。虽然在灰浆表面通道发展速度较慢，但是产生的破坏作用最大。需重点做好灰浆的防护，通过涂抹绝缘材料降低其导电性减少雷击的破坏，这对于古建筑琉璃瓦件的防雷具有一定意义。3)造成表面闪络的原因多是琉璃瓦体表面出现污秽、水膜等情况降低瓦表面绝缘，这种闪络具有较高危害性，有条件的可利用表面闪络的特性，通过外部防雷装置使其表面产生上行先导，吸引并传导雷电流，通过特定方式将雷电流传导至大地，减少对琉璃瓦件的破坏。

(2)在对琉璃瓦雷击实验结果分析的基础上，开展了电热耦合效应仿真，分析了焦耳热效应对琉璃瓦的致损规律。结果表明：1)雷电通道在釉质、胎体及其交界面等电导率较低的部位附着时，雷电流主要以闪络的形式从材料表面直接传导至接地端，造成的损伤也主要为雷击凹坑或沿闪络路径的表面烧蚀。雷电流对琉璃瓦件的破坏性损伤主要发生在附着位置为电导率相对较高的灰浆部位，致损的主要原因是电流传导进入灰浆内部并产生焦耳热效应而导致的。2)雷电流对琉璃瓦件的致损原因主要是由于琉璃瓦在焦耳热效应导致的内压力和热应力共同作用下难以形变，进而使得琉璃瓦件的强度和稳定性发生变化，并最终超过材料的屈服强度而造成的。内压力主要是由于琉璃瓦内部的水分在焦耳热效应下急剧汽化膨胀而造成的，热应力主要是由于琉璃瓦材料不同电导率区域在焦耳热效应作用下升温不均匀而造成的。3)由琉璃瓦件温度场和热应力仿真分析结果可知，在雷电流作用下瓦件升温迅速降低较缓慢，温度空间分布呈现明显的梯度特征，温度高值区域出现在灰浆部位，热应力高值区出现在瓦件和接地导轨之间位置。随着雷电流峰值的升高，琉璃瓦件的高温区域和热应力高值区域均增大。当遭受峰值为 80 kA 的 10/350 μs 电流冲击时，琉璃瓦胎体结构的几乎所有区域热应力阈值都超过了最低损伤阈值，极有可能出现完全损伤。

(3)利用 10/350 μs 冲击电流发生器进行了琉璃瓦件试验，观测雷击后宏观破坏情况；利用红外热成像仪对琉璃瓦表面温度进行观测；利用扫描电子显微镜观测雷击后微观破坏情况；获得不同部位、不同电流强度下雷击破坏特征；分析了雷击破坏原因。主要得到：1)雷击瓦件后釉质表面出现明显灼烧痕迹，随着雷电流增大，灼烧区域面积越大，甚至引起釉质表面层脱落；雷击胎体表面主要是白色物质飞溅，破坏效应相对不明显；雷击瓦件熊头部位的灰浆引起瓦件损坏，甚至引起整个瓦件碎裂。雷击致损原因除了内压力和热应力外，雷电电弧热效应对釉质表面也有一定影响。2)雷击瓦件后釉质表面温度以雷击点为圆心，呈同心圆方式向外发展扩展，距圆心越远，温度越低。雷击引起琉璃瓦件后升温迅速，降温较为缓慢。雷电流越大，琉璃瓦表面温度越高；雷击釉面和灰浆处温度较高，雷击胎体温度相对较低。同样雷电流情况下，雷击灰浆处温度最高，可以达到 677.8 ℃(60 kA 时)。3)利用扫描电子显微镜发现琉璃瓦件釉质表面损伤形式以熔蚀坑为主，熔蚀坑大小不一，并且伴有微裂纹，裂纹不均匀。雷电流越大，产生的熔蚀坑越大，越明显。相比雷击琉璃瓦件整体的毁坏，雷击釉质表面损坏相对轻，但是釉质表面损坏后，随着时间发展会加速琉璃瓦件的老化和破坏。4)在对古建筑采取防雷措施时，未来可研究如何对琉璃瓦件采取有针对性的加固、封护等技术，减少瓦件内部水分，减轻雷击后内部水分膨胀产生的内暴力，同时采用线膨胀系数较接近或高导热性的加固材料减少雷击热应力的破坏等，特别是对于难以安装防雷装置或者防雷保护范围不完善的古建筑具有积极意义。

(4)利用雷击模拟实验设备和扫描电子显微镜，一是分析琉璃瓦件雷击后微观破坏；二是分析琉璃瓦件雷击前后元素的变化。通过研究主要得到：1)雷击琉璃瓦件釉质后出现明显凹坑，或釉质颜色变浅以及釉层龟裂，原来光滑的表面变得粗糙，甚至有小块釉质层脱落。釉质表面不喷水时容易出现熔蚀坑，喷水时出现椭圆形扁平气泡。微观破坏会加速琉璃瓦件的老化或产生其他病变，缩短瓦件的使用寿命。2）雷击胎体后出现微小颗粒或碎裂块，碎块大小不一，还可能出现微小裂缝，会加速琉璃瓦件的损坏。雷击瓦件灰浆部位后，琉璃瓦件明显破坏，整个瓦件炸裂、破碎。3）雷击高温使得釉层和胎体中不同元素的含量有所变化；雷击后琉璃瓦釉质 Pb 元素比例增加，Cu 元素比例减少是釉质层褪色的主要原因。

第5章　古建筑雷电防护技术

针对古建筑雷击破坏机理，采取有针对性的雷电防护措施。常规的古建筑防雷技术方法由附录B—附录D文物建筑雷电防护技术标准(包括文物建筑防雷装置检测标准)给出*。此外，针对古建筑防护设计与评估、防护特殊需求进行研究分析，构建防雷保护范围三维立体平台给出古建筑防雷设计与评估方法，分析古建筑坡形屋面雷击截收面积的精细化计算方法，研究古建筑防跨步电压和接触电压方法，给出古建筑防雷一般性建议等，最后对于开放段长城的防直击雷方法给予重点分析。

5.1　古建筑防雷设计与评估

5.1.1　引言

我国对古建筑物防雷装置有相应的要求，在屋脊、屋檐、脊顶、宝顶、兽头、挑檐等处都需要安装相应规格的防雷装置，把危害建筑物的雷电流泄放到大地中去。因此古建筑采取了多种方式安装防雷装置，有效防护雷击，包括：有正脊的殿宇，在正脊两端的吻兽上各有单支接闪杆；四角攒尖的屋顶有单支接闪杆；部分建筑的正脊和檐头敷设有接闪带；金属屋顶和屋面上的金属饰物，尺寸满足要求时被充分利用作为接闪器；引下线基本均采用明敷方式敷设。

对于安装防直击雷装置的古建筑，由于保护范围不足还可能会遭受直接雷击，如1985年上海市龙华寺遭受雷击，弥勒殿的屋顶被削去一角，遭雷击原因是弥勒殿不在接闪杆有效保护区之内。1959年9月，陕西省西安市建于明朝的国家级重点文物——碑林大成殿，在一场雷暴雨中遭雷击起火，大殿烧毁，殿内陈列的263件珍贵文物同时烧毁，损失难以计算。据分析，雷击时因为该殿安装的接闪杆保护范围太小，未能保护整座建筑，大成殿的建筑高15 m，接闪杆的高度为24.3 m，安装的位置在后屋檐1 m处，接闪杆的保护范围仅7 m，大殿的前半部分不在接闪杆的保护范围之内，因而前半部分遭到雷击而起火。

对于古建筑群，防雷的关键问题是需要在尽量不破坏文物建筑本体和美观的前提下从建筑群整体防雷的角度考虑和设计。以往的防雷建设都是以一栋栋单体建筑为基础进行规划，现有的防雷技术很难满足现行规范所要求的防护水平。这就需要建立一种新的防雷评估方法和理论，通过对建筑群的综合总体防护考虑，指导设计防雷工程方案或对已有防雷系统实施改造。文物古建筑安装的防直击雷装置，能否完全保护到古建筑屋脊、房檐、走兽等易受雷击部位，保护程度如何，需要作出接闪杆(带)保护范围三维可视化图进行直观具体的判断。

5.1.2　防雷关键问题和目标

对于单体建筑而言，针对各种避雷装置的特性，以建筑物的几何尺寸为基础，在二维平、立、剖面图纸上通过实施滚球法即可获知和评估防雷效果。但对于古建筑群而言，呈现的是以院落为基础的多座建筑区域总体综合防雷整体工程，古建筑群高低错落，不仅要对高大建筑进行相

* 古建筑主要是指具有历史意义的新中国成立之前的民用建筑和公共建筑，文物建筑包括古建筑，附录给出的文物建筑防雷标准涵盖了古建筑。

应的防雷保护,还要对建筑群内的低矮建筑和古树进行雷电防护。各个建筑物之间的防护范围会产生耦合,滚球在建筑群中的滚动轨迹分析要比单体建筑复杂得多。

显然若依旧采用现有的防雷设计图纸作业方法,较难直观表达出防雷装置对建筑群的实际保护情况,既给防雷设计人员增加了设计时间成本,又给防雷设计增添了潜在的不确定性(防雷装置安装不完善会增大建筑群遭受雷电灾害的可能,而安装重复不但会造成经济上的浪费,而且影响建筑整体美观)。因此,文物保护部门和防雷设计施工单位都迫切需要一种新的防雷评估方法,将滚球法从传统的二维图纸平面升级到三维计算机立体虚拟空间中。

本节介绍作者团队研发的一种防雷辅助设计软件平台,通过先进的摄影测量和三维展示手段,可以实现对故宫建筑群防雷体系做模拟展示和整体评价。通过三维可视化的手段,本软件可直观地展现防雷设施对于建筑物的直击雷防护范围、寻找保护死角、优化防雷设计结果的准确性,为决策者提供直观的防雷改造依据、极大程度地缩短防雷设计人员的时间成本。同时,本研发成果也可以为我国古建筑群防雷设计规范和相关标准制定提供很好的借鉴。

5.1.3　主要方案和方法

5.1.3.1　平台的功能设计

传统防雷设计方法难以直观精准地表达出防雷装置对古建筑的实际保护情况,为此北京市气象局和故宫博物院、中兵勘察设计研究院等三家单位联合研发的防雷辅助设计软件平台,通过三维可视化手段直观展现防雷设施对于建筑物的直击雷防护范围,可以极大地缩短防雷设计人员的时间成本,同时增加防雷设计结果的准确性。

以三维可视化为基础,防雷辅助设计软件平台可实现的功能包括:

(1)接闪杆和接闪带的添加、修改和删除;

(2)接闪杆和接闪带之间空间距离和投影距离查询;

(3)动态绘制接闪杆和接闪带的直击雷防护范围;

(4)建筑物引下线设计;

(5)接闪杆和接闪带信息查询;

(6)三维场景自由浏览;

(7)三维场景的距离测量和面积测量。

5.1.3.2　关键技术

为了实现上述功能,通过研究解决了四项关键技术:获取古建筑物群及防雷装置的基础数据、古建筑物群三维建模、生成雷电防护范围三维模型、防雷保护范围模拟展示设计。

(1)获取古建筑物群及防雷装置的基础数据

通过现场测量采集基础数据(使用的仪器有:全站仪、激光测距仪、基本测量工具、单反数码照相机等),对现场环境进行细致、大量的拍摄,场景说明照片能够在建筑物三维建模时减小误差,使建筑物细节还原得更加准确。

防雷装置基础数据在二维图中有信息参数技术支持。点击任一装置的点或线,其相关信息便可读取出来(图 5.1)。

(2)古建筑物群三维建模

用现场采集的古建筑基础数据(古建筑的长、宽、高,包括房脊高、房檐高等)进行三维建模,给出直观具体的模型。

(3)生成雷电保护范围三维模型

以故宫文华殿古建筑物群区域(含文华殿、主敬殿、文渊阁等古建筑)为例,将建筑高度和各

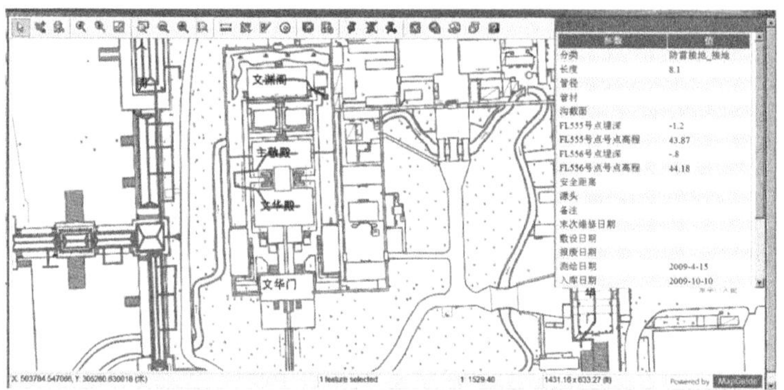

图 5.1　故宫主敬殿接闪带信息参数查询显示图

自接闪器高度的数据带入“滚球法”公式，通过 AutoCAD 软件程序的解算，得出区域的雷电综合防护范围，同时生成三维模型(图 5.2)。

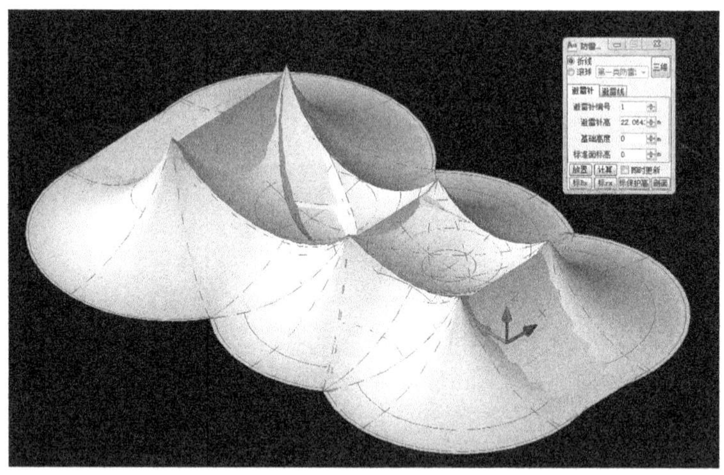

图 5.2　古建筑群(文华殿区域)接闪装置综合防护范围三维示意图

(4)防雷保护范围模拟展示设计

将雷电防护范围的三维模型和建筑三维模型进行叠加。用与建筑群对比强烈的颜色来表示雷电防护范围，还可任意角度观看。如图 5.3 所示，图中的蓝色区域即为接闪装置的综合防护范围，被蓝色区域覆盖住的受到接闪装置保护；反之，在蓝色区域外的未被保护。

图 5.3　文华殿区接闪装置综合防护范围三维模拟示意图(见彩图)

5.1.3.3　直击雷防护范围绘制方法

绘制场景中接闪杆和接闪带的直击雷防护范围，功能菜单如图 5.4 所示。

(1)绘制现状

单击绘制菜单中的“现状”按钮绘制场景中现有接闪杆和接闪带的直击雷防护范围，如图 5.5 所示。

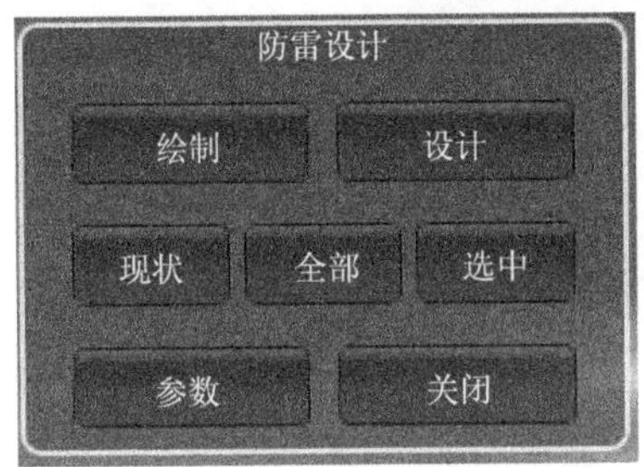

图 5.4　防雷设计绘制功能菜单

图 5.5　接闪杆和接闪带的直击雷防护范围

(2)绘制全部接闪杆和接闪带的直击雷防护范围

单击绘制菜单中的“全部”按钮绘制场景中全部接闪杆和接闪带的直击雷防护范围，如图 5.6 所示。

图 5.6　全部接闪杆和接闪带的直击雷防护范围

(3)绘制选中的接闪杆和接闪带直击雷防护范围

操作步骤：单击“选中”按钮，如图 5.7a 所示，该按钮将变成“绘制”，如图 5.7b 所示。

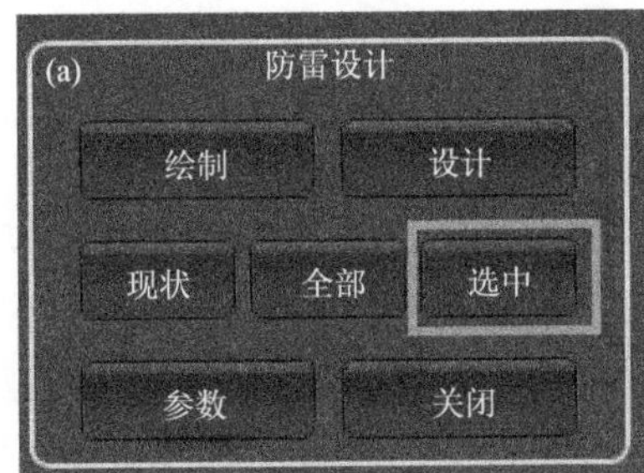

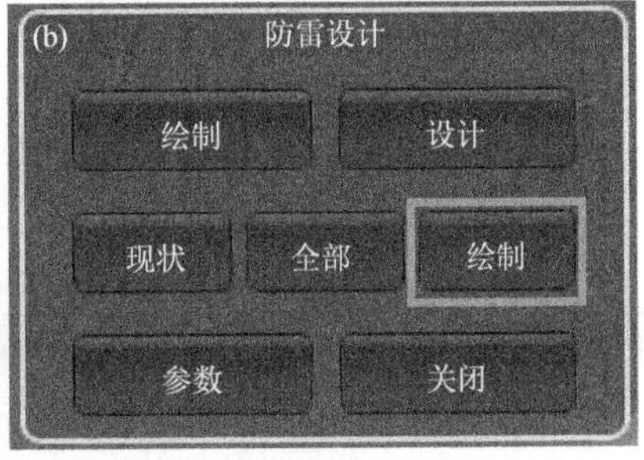

图 5.7　“选中”按钮将变成“绘制”

在场景中选择需要绘制的接闪杆和接闪带,如图 5.8 所示。

图 5.8　场景中选择需要绘制的接闪杆和接闪带

单击图 5.7 中的"绘制"按钮,绘制场景中选中接闪杆和接闪带的直击雷防护范围,所得结果如图 5.9 所示。

图 5.9　选中的接闪杆和接闪带直击雷防护范围

5.1.4　具备的优点

古建筑管理和维护部门所期望的是获得一种能够实现防雷体系模拟展示的新技术方法,为古建筑的防雷监测工作和行业技术的提升带来质的飞跃。在这种方法的辅助之下,工程规划人员可以提出更加合理的防雷工程任务书(或现有系统的整改方案),实时指导防雷改造工程建设及工程验收,解决目前雷电防护设计方法尚不足以综合评估建筑群整体防雷保护效果的问题。所开发的防雷辅助设计软件平台具有以下优点。

(1)无死角的三维立体防雷效果建模

该软件平台利用现场采集的建筑物基础数据进行三维建模,将防雷装置数据以 1∶1 尺寸建立到虚拟场景中,最后以三维模拟方式展示此区域防雷体系,从而多角度直观地反映出雷电防护范围。如图 5.2 所示,单根接闪杆的保护范围如同一座尖顶的圆锥形帐篷,又像一把撑开的伞,在这个圆锥体内部空间,就是接闪杆的安全保护范围。而多支接闪杆的保护范围就需要通过计算体现出多个"圆锥体"的结合。将建筑的高度和各自接闪器高度的数据带入保护范围"滚球法"公式,通过 AutoCAD 软件程序的解算,得出区域的雷电综合防护范围,同时生成三维模型。

这种三维模型将古建筑群避雷装置综合防护范围无死角地清晰展示。在它的指导下实施防雷工程,可有效提升防雷工程建设的质量和效率,真正做到既能有效保护文物建筑,又避免过度或不足安装防雷装置对文物建筑带来的不利影响,准确实现了在安全前提下的最小干预的原则。

(2)直观清晰的防雷展示和隐患排查

三维立体雷电防护范围的模拟展示相对于传统平面表示方法更具优势,表5.1便是对上述两种方法的简单归纳总结对比。

表5.1 雷电防护范围的平面表示和三维模拟展示区别表

类别	展示方式	平面可视性	立面可视性	防护范围展示过程
传统平面表示	二维平面	有	无	通过计算在图中绘制
三维模拟展示	三维立体	有	有,直观	通过软件计算直接点击获取防护范围

该防雷辅助设计软件平台将雷电防护范围的三维模型和建筑三维模型进行叠加。用与建筑群对比强烈的颜色来表示雷电防护范围,可通过360°旋转任意角度观看(图5.10中蓝色区域即为避雷装置的综合防护范围)。

图5.10 故宫文华殿区域避雷装置综合防护范围三维模拟示意图(蓝色区域即防雷防护范围,见彩图)

借助此种展示方式,可以将建筑群原貌和添加的防雷保护范围对比查看(图5.11)。通过单体建筑防护范围和建筑群防护范围的对比,找出现有综合防雷体系在古建筑群中的不足与隐患。

图5.11 故宫文华殿区域建筑原貌和展示避雷装置防护范围对比图

同时，建筑本体和防雷装置在内的所有相关信息都可纳入到此平台中。点击任意防雷装置，其基本信息都可在相应菜单中显示，还可以将避雷装置独立或者综合的保护范围展示出来(图 5.12)。相对于平面表示来讲，在查询数据资料的时候可以更加快速准确。

图 5.12　故宫文华殿区域避雷装置属性信息展示

通过防雷辅助设计软件平台展示可以有效发现当前设施的防雷隐患。如图 5.13 所示，故宫文华殿区防雷装置现状已然不满足当前防雷安全要求。高大的树冠甚至部分树身已经超过接闪杆的防护范围，建筑本体也有大部分露在防护范围之外(图 5.13)。如遇雷雨天气，完全不受避雷装置保护的部分遭受雷击的可能性更大。

图 5.13　文华殿区域避雷装置模拟展示防护范围对树木的影响示意图

而通过防雷辅助设计软件平台，古建筑单位工作人员可借助此种展示手段，及时采取补救措施，保证文物建筑群内的任一建筑或树木的安全。此方法还可以确定经济合理的防雷方案，不但为树单独做防护措施，还能提高建筑物上的避雷装置等级以扩大防护范围。

(3)有利于提高防雷工程设计和审核的精确化程度

现阶段，设计人员依然通过图纸方式完成防雷设计工作，与此同时，审核人员也在以识图的方式审核，凭借丰富经验断定防护范围是否满足要求。如果在设计和审核的过程中，借助建筑群防雷体系三维模拟展示的手段，就可以及时纠正设计不足，又可以帮助审核人员节省时间，完善设计要求。而对于雷击风险评估，非防雷专业的决策者们也可以通过直观的三维展示，充分理解评估结论，以便方案的进一步深化和通过。

随着防雷辅助设计软件平台在防雷相关行业的推广应用，将会给古建筑的监测工作和行业技术的提升带来质的飞跃，真正做到既能有效保护文物建筑，又避免过度或不足安装防雷装置

对文物建筑带来的不利影响，体现在安全前提下的最小干预的原则。

5.2　古建筑雷击截收面积计算

5.2.1　雷击截收面积计算概述

建筑物等效截收面积定义为与建筑物截收相同雷击次数的等效面积。在雷击风险评估中，雷击截收面积参与每个风险分量(R_x)的计算，在防雷装置设计审核、防雷设计中，该参数值的大小与该建筑物被闪电击中的概率密切相关，直接影响到该建筑物雷电防护级别的确定。该参数的计算在雷电灾害风险评估、防雷设计、防雷图纸审核中均需要。

近些年关于建筑物的雷击等效面积计算方法的研究已有不少，对于特殊建筑物的截收面积计算，施广全等(2008)提出了特殊建筑的雷击截收面积计算修订方法；李景水(2012)、王芳春(2004)分别给出了不规则建筑物凸凹部分割补简化处理或等效为平面进行计算的方法，扈海波等(2012)给出了两个或多个建筑物的截收面积相互重叠时利用地理信息系统求截收面积的方法，但总体来说这些是通过简化后利用公式进行计算，还是较为复杂。问楠臻等(2008)对比了利用 AutoCAD 法和平行六面体法对同一建筑计算截收面积的差别，认为采用 AutoCAD 作图法计算得出的截收面积更具可信性。杨仲江(2009)、樊荣等(2009)、姚坤(2004)给出了利用 AutoCAD 作图法求解不规则建筑物截收面积的方法，这些简化了雷击截收面积的计算，便于在业务中应用。此外，对于《建筑物防雷设计规范》(GB 50057—2010)与《雷电防护 第 2 部分 风险管理》(GB/T 21714.2—2015)标准中等效截收面积的计算方法的不同，任艳等(2010)、马玉亮(2007)、徐子健(2012)分别对两种计算方法进行了对比，指出了两者各自存在的不足，给出了不同高度建筑截收面积新的计算方法。

对于斜坡类建筑等特殊建筑的雷击截收面积的精确求法，目前很少见相关文献介绍。标准《建筑物防雷设计规范》(GB 50057—2010)与《雷电防护 第 2 部分 风险管理》(GB/T 21714.2—2015)分别给出了雷击等效截收面积的计算方法，两种方法核心均是计算建筑物的扩大宽度，沿建筑物屋面轮廓，以扩大宽度向外扩展求得其截收面积。按照文献(徐子健，2012)，建筑物低于 104 m 时应按照《雷电防护 第 2 部分 风险管理》(GB/T 21714.2—2015)风险评估标准中方法进行更为合理，即按图 5.14 进行，截收面积是与建筑物上沿接触的斜率为 1/3 的直线沿建筑物旋转一周在地面上划出的面积，每边的扩大宽度(即偏移距离) $D=3H$，接着求出扩大宽度后的图形的面积即截收面积。本节研究的建筑物高度均低于 104 m，所以按照该方法进行。复杂建筑物扩大宽度后(即偏移后)彼此可能会有遮挡，沿外沿最大的轮廓部分为真正的截收面积。

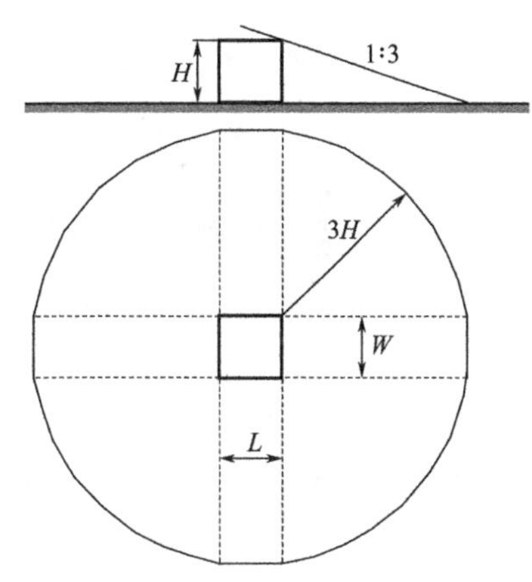

图 5.14　建筑物截收面积计算

对于复杂建筑物具体按照以下方法进行计算(樊荣，等，2009)：①用 AutoCAD 打开建筑图纸，用多段线命令(pline)画线，画出建筑物的外围图，如有明显外围图的可以直接利用；②命令窗口中输入 offsetgaptype，并将其值设置为 1，即偏移后的图形为圆角，符合偏移的本质要求；③使用偏移命令(offset)，选择第①步中画好的多段线或其他合理位置，输入扩大宽度 $3H$(H 为建筑物高度)或其他合理高度，向外围偏移，得到截收面积外围线；对于多个建筑物一起的，需要对每个建筑物的偏移图形设为面域然后求并集；④输入求面积命令(area)，输入O(选择对象)，选择上一步中偏移完成的外围截收面积曲线，得到截收面积。

上面给出的方法适合较规则的六面体建筑，对于斜坡类建筑和圆顶形建筑等特殊建筑，在AutoCAD建筑物外轮廓图中从何点开始往外偏移，扩大宽度为多少，即上面提到的第③步，如何具体确定，这是本文重点分析的内容。

5.2.2 斜坡类古建筑雷击截收面积计算方法

古建筑或仿古建筑多数为斜坡类建筑，在对这些古建筑计算雷击截收面积时往往很困难，计算者会简单地把古建筑最大长、宽、高代入规范中的截收面积公式进行计算，即把古建筑的房檐人为“升高”，变为六面体后计算其截收面积，这种方法计算出来的截收面积比真实值肯定要大。

5.2.2.1 单檐古建筑截收面积

图5.15a和图5.15b分别为某单檐歇山顶古建筑外观图和剖面图，从图中可看到屋脊高度最高，但最靠里侧，房檐最靠外侧，但高度最低。在按三倍高度进行偏移求截收面积时，不确定应按哪部分偏移，需对屋脊和房檐分别进行偏移，具体方法为：先以屋脊MN往外偏移，扩大宽度为$3(H+H')$，再以M、N两点为圆心，以$3(H+H')$为半径，向外偏移出两个半圆，组成一个蓝色所示封闭轮廓图。然后以房檐为起始位置，以$3H'$为扩大宽度，偏移结果为最外侧所示的圆角矩形，结果如图5.15c所示。

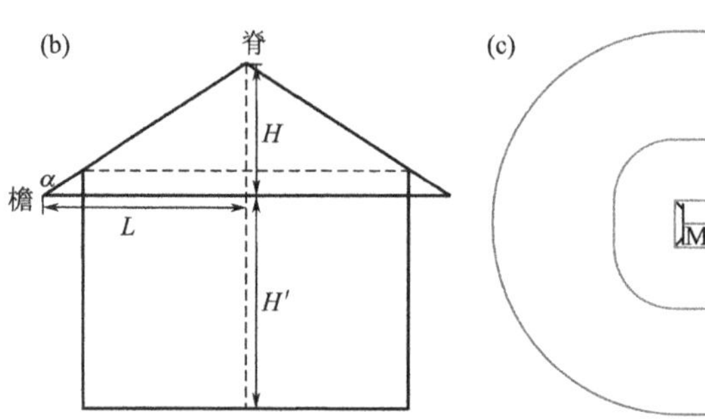

图5.15 单檐古建筑截收面积求法

(a)单檐古建筑外观图，(b)单檐古建筑剖面示意图，(c)偏移后的截收面积图

从图5.15c中可以看到，该古建筑屋脊偏移后轮廓图完全覆盖了房檐偏移后的轮廓图，即直接按屋脊偏移后轮廓图求面积即可。结合图5.15b(为了使房瓦不脱落，古建筑斜坡屋面有稍向下的凹度，凹度很小且是向下凹，此处把屋面近似为一般的斜面，对截收面积计算无影响)，由于屋面为斜坡，近似为一条斜线，满足线性关系，所以要么是屋脊偏移后最大，要么是房檐偏移后最大。

根据风险评估规范中给出的扩大宽度应为建筑物高度的3倍，分析得到单檐古建筑雷击截收面积偏移位置的确定方法。

对L和$3H$比较(L和H的意义见图5.15b)：

当$L<3H$时$\left(即\ \tan\alpha>\dfrac{1}{3}\right)$，屋脊偏移后将遮盖住房檐的偏移，应按屋脊偏移($\alpha$为屋面坡度角，下同)；

当$L>3H$时$\left(即\ \tan\alpha<\dfrac{1}{3}\right)$，屋房檐偏移后将遮盖住屋脊的偏移，应按房檐偏移；

当$L=3H$时$\left(即\ \tan\alpha=\dfrac{1}{3}\right)$，屋脊和房檐偏移后等长，按任何一者偏移均可。

我国地域广阔，考虑雨季排水量大小不同，古建筑的屋面坡度不一定相同，所以古建筑应按屋脊还是房檐偏移，可先按上述关系进行判断，然后利用 AutoCAD 进行偏移求出截收面积。

5.2.2.2 重檐古建筑截收面积

对于重檐庑殿顶古建筑(图 5.16a、b)，借鉴单檐古建筑的方法，分别以古建筑的屋脊、上檐、下檐为对象，各自按照 $3H$、$3H'$、$3H''$的扩大宽度往外偏移。得到如图 5.16c，①号圆角矩形为屋脊偏移后图，由线段 MN 往外偏移的两线段，和以 M、N 两点往外偏移的半圆弧组成。②号、③号圆角矩形分别是古建筑上檐、下檐的偏移后图。从图 5.16c 中可以看出，屋脊偏移后轮廓最大，即图中 1 号圆角矩形，为该重檐古建筑真正的雷击截收面积。

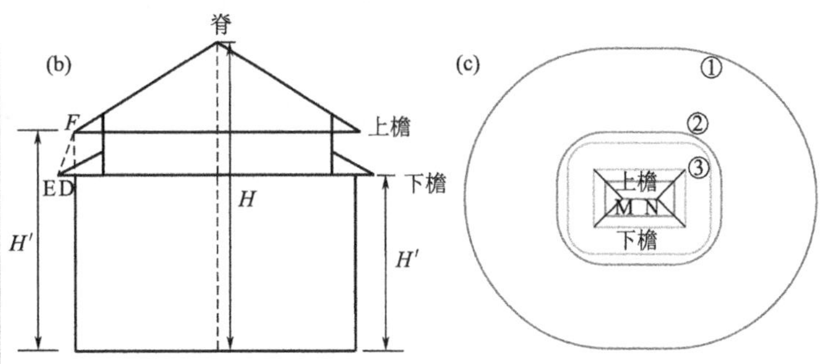

图 5.16 重檐古建筑截收面积计算

(a)重檐古建筑外观图，(b)重檐古建筑剖面示意图，(c)偏移后的截收面积图

可以按照单檐古建筑方法，先判断出 L 和 $3H$ 的大小关系，直接决定出应该按照哪部分进行偏移。根据建筑物高度，上、下房檐的高度，及图 5.16b 中线段 ED 和 FD 长度，判断出应按上檐还是下檐往外偏移更大，再和屋脊比较偏移大小，在三者中确立哪个位置偏移最大，然后利用 AutoCAD 直接偏移求出雷击截收面积。

5.2.2.3 古塔类建筑截收面积

古塔多为攒尖顶，顶部屋面一般都是斜坡，中间为高高的塔尖或宝顶。古塔横截面以六边形和八边形的居多，也有圆形的(图 5.17a、b)。参考单檐古建筑偏移位置的确定方法，对比塔檐到塔尖的水平距离 L 和垂直距离 H 的关系(图 5.17c，比较 L 和 $3H$ 大小)，判断出应按哪个位置偏移，然后用 AutoCAD 作图求出截收面积。由于塔顶最高，扩展宽度为 3 倍高度，所以一般乘以 3 后偏移，大多数塔顶都会遮盖住其他部位。实际业务中应直接根据古塔尺寸结构，求出 L 和 $3H$ 的大小关系，判断应该按塔顶还是塔檐偏移求截收面积。

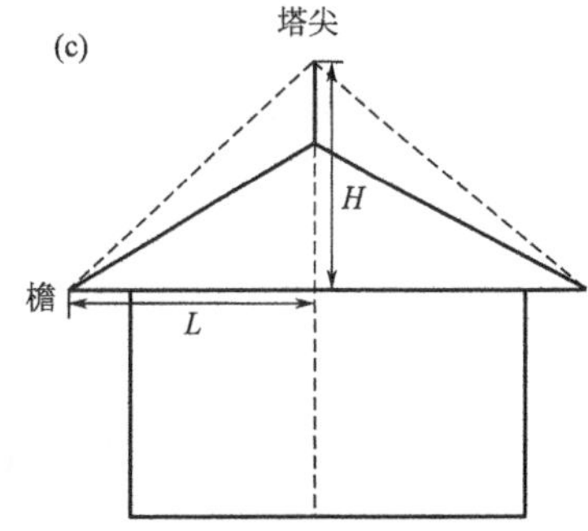

图 5.17 古塔建筑相关示意图

(a)八边形古塔，(b)圆形古塔，(c)古塔顶层剖面图

5.3 古建筑防跨步电压和接触电压

1957年7月6日十三陵长陵棱恩殿被击死的老者(雷击导致一死三伤),就是因跨步电压而死。1992年8月20日天坛南大街状元楼肉食部和天坛综合商店交结处落雷,一行人(23岁,女),拟路过躲雨,在该处被打倒经抢救无效死亡,这也是跨步电压所致。根据古建筑场所(不含古城墙)人员雷击主要为跨步电压和接触电压这一特征,分析防跨步电压和接触电压的相关技术和要求。在雷击古建筑物场所,特别是在人员触碰的明敷引下线附近,跨步电压与接触电压危害常是成对出现(图5.18)。防跨步电压和接触电压的核心为均衡和绝缘。

5.3.1 防跨步电压

当雷电击中地面突出物时,雷击电流入地散流与土壤电阻率相关。为了便于机理分析,现采用等值简化的半球散流模型来加以讨论,即散流模型以半球体形式由圆心点按不同半径向外扩散,不同半径存在不同的电位,离圆心点半径距离越远,电位越低,半径距离无限远处电位为零,其电阻是收敛的。当行人位于雷击点附近,两脚(一般取0.8 m)跨步间出现的电位差称"跨步电压"(图5.19)。

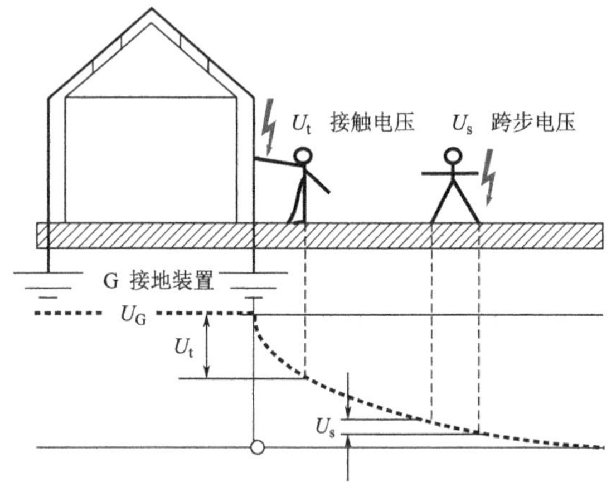

图5.18 接触电压和跨步电压示意图

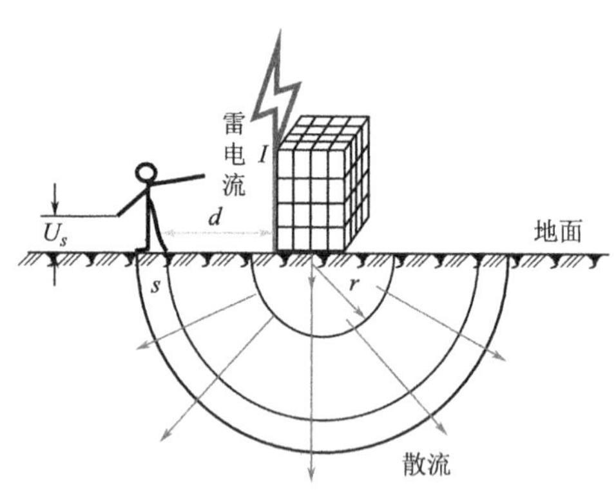

图5.19 雷击跨步电压示意图

半球体微分 dr 段的电阻为:

$$dR=\frac{\rho}{2\pi r^2}dr \tag{5.1}$$

总散流电阻 R 为:

$$R_r=\int_{r_0}^{r}\frac{\rho}{2\pi r^2}dr=\frac{\rho}{2\pi r} \tag{5.2}$$

$$R_0=\int_{r_0}^{\infty}\frac{\rho}{2\pi r^2}dr=\frac{\rho}{2\pi r_0} \tag{5.3}$$

$U=I\times R$,$R=\frac{\rho}{2\pi r}$,$U_s=U_d-U_{d+s}$。雷击点附近跨步电压的计算公式:

$$U_s=I\left(\frac{\rho}{2\pi d}-\frac{\rho}{2\pi(d+s)}\right)=I\times\frac{\rho}{2\pi}\times\frac{s}{d(d+s)} \tag{5.4}$$

式中:I 为雷电流幅值,ρ 为土壤电阻率,s 为步距,d 为雷击点与靠近的一脚的距离。

在实际当中，作用于人体的电压并不是单纯的跨步电势。这是因为人的两脚与土壤间有接触电阻存在。当人在地面行走时，两只脚和土壤间的接触电阻 R_0 与人体电阻 R_b 串联。

此时人体两脚间的实际电压，即跨步电压 U_{s1} 为：

$$U_{s1}=\frac{R_bU_s}{R_b+2R_0} \tag{5.5}$$

$$U_{s1}=\frac{I\rho sR_b}{2\pi d(R_b+2R_0)(d+s)} \tag{5.6}$$

式中：ρ 为土壤电阻率，R_b 为人体的电阻，R_0 为两只脚和土壤间的接触电阻。

现场实际路面为地砖路面，人脚和地面间的接触电阻，应按双层模型计算。则人体每只脚和地表间的接触电阻为：

$$R_0=\frac{\rho_s}{4r_1}-\frac{\rho_s}{2\pi s}+\frac{\rho_s}{\pi\sum\left(\frac{K^n}{2nD}-\frac{K^n}{\sqrt{s^2+4n^2D^2}}\right)} \tag{5.7}$$

式中：D 为地砖厚度，$n=2$，$K=(\rho-\rho_s)/(\rho+\rho_s)$，$\rho_s$ 为地表（地砖）电阻率，ρ 为土壤电阻率，r_1 为人脚半径取 0.08 m。根据该公式可计算得到人体每只脚和地表间的接触电阻 R_0。

以故宫为例，测得土壤电阻率 ρ 为 69.6 Ω·m，设定雷电流 I 为 100 kA，跨步距离 s 为 0.8 m，人体电阻 R_b 为 1000 Ω，表层电阻（地砖）接触电阻 R_0 为 5000 Ω。根据美国电机工程学会提供的相关资料，人得到体能容许的最大跨步电压为 8.8 kV。代入跨步电压计算公式（式(5.6)）。

$$U_{s1}=\frac{I\rho sR_b}{2\pi d(R_b+2R_0)(d+s)}$$

$$8.8=\frac{1\times100\times69.6\times0.8\times1000}{2\times3.14\times d\times(1000+2\times5000)(d+0.8)}$$

$$=\frac{5568000}{d(d+0.8)\times69080}$$

得到 d 为 2.65 m，即安全距离为 2.65 m，U_s 值为 8.8 kV。

当距雷电流入地点距离 d 为 3.5m 时，U_s 值为 5.36 kV。

当距雷电流入地点距离 d 为 4.5m 时，U_s 值为 3.38 kV。

分别作出引下线周围跨步电压的一般危险区域、较危险区域、非常危险区域，用黄色、橙色、红色表示（图 5.20）。当人员在黄色区域有一定不适感觉，在橙色区域有较明显不适感觉，在红色区域可能被直接击倒，出现人员伤亡，属于最危险区域。

图 5.20　古建筑引下线周围跨步电压危险程度示意图（见彩图）

防跨步电压应符合下列规定之一：

(1)用护栏、警告牌使进入距引下线 3 m 范围内地面的可能性减小到最低限度；

(2)用网状接地装置对地面作均衡电位处理；

(3)引下线 3 m 范围内土壤地表层的电阻率不小于 50 kΩ·m，敷设 50 mm 厚沥青层或 150 mm 厚砾石层。

5.3.2 防接触电压

当雷电电流通过高大的物体，如高的建筑物、树木、金属构筑物等泄放下来时，强大的雷电电流，会在高大导体上产生高达几万到几十万伏的电压。人不小心触摸到这些物体时，受到这种触摸电压的袭击，发生触电事故。引下线上电压数值计算参考第 1 章式(1.2)，可以看到古建筑引下线的电压非常高。

古建筑引下线、接地线等外露导体防接触电压应符合下列规定之一：

(1)用护栏、警告牌使接触外露导体的可能性降至最低限度；

(2)人员通过或停留的地面、台明、城台等部位向上 2.7 m 的外露导体用耐 1.2/50 μs 冲击电压 100 kV 的绝缘层隔离，或用至少 3 mm 厚的交联聚乙烯层隔离；

(3)引下线 3 m 范围内土壤地表层的电阻率不小 50 kΩ·m，或敷设 50 mm 厚沥青层或 150 mm 厚砾石层。

图 5.21a、b 分别为古建筑引下线危险警示标志以及绝缘套管。高度 2.7 m 在《建筑物防雷设计规范》(GB 50057—2010)第 4.5.6 条的条款说明中给出解释：2.7 m 是按人垂直向上伸手后人高 2.5 m，另外冲击电压 100 kV 击穿空气间隙按 0.2 m 考虑，二者合计 2.7 m。

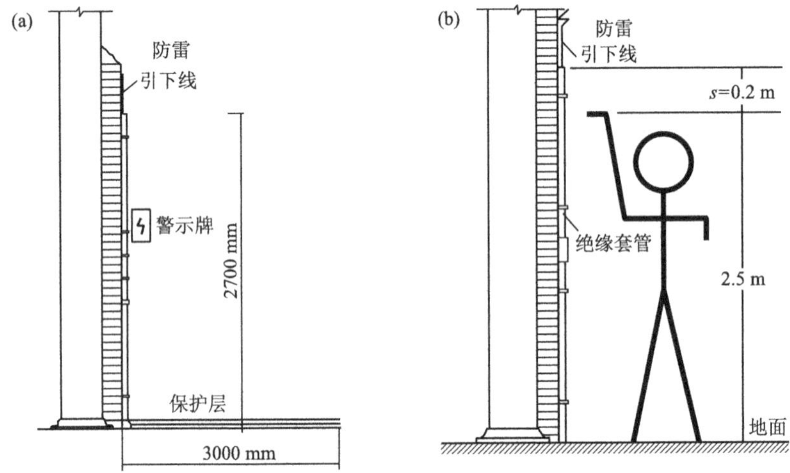

图 5.21 引下线危险警示牌标志(a)以及绝缘套管(b)(图片引自：https://www.sohu.com/a/249127671_100153887)

5.4 古建筑防雷建议对策

5.4.1 防直击雷火灾

针对古建筑直击雷着火的原因和途径，应有针对性地采取以下措施。

(1)温升受引下线直径影响最大，应严格按照规范设置引下线的直径。专设引下线暗敷时，其直径和横截面积要求条件更高。明敷引下线距古建筑物墙面、柱面间距不宜小于 30 mm，宜

选择抹灰墙体进行安装，不宜直接敷在木构件上。当引下线沿廊柱明敷时，引下线的支架尽量避免镶嵌或直接钉入在立柱内，应优先采取有隔热垫层的支架(图 5.22a)；若难以避免必须镶嵌在墙面或立柱内，则应安装绝缘隔热的陶瓷抱箍(图 5.22b)。这些起到隔离引下线上热量避免向墙面或木柱释放的作用。

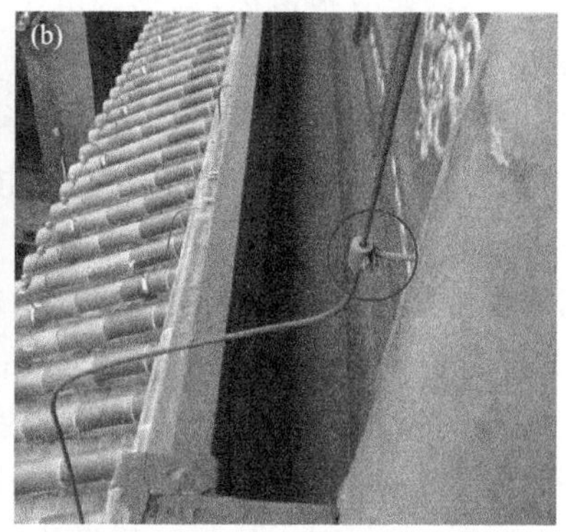

图 5.22 古建筑引下线隔热垫层(a)或陶瓷抱箍(b)(见图中圆圈位置)

(2)文物建筑的防雷装置应定期进行日常维护和保养，检查其接闪器、引下线、断接卡连接的牢固程度以及外观锈蚀、腐蚀和损伤等情况，避免生锈或断裂。在断接卡处刷漆保护，防止生锈、腐蚀引起阻值增大。不同段引下线相焊接时保证良好连接，避免使引下线过渡阻值偏大。

(3)在重要的古建筑物内，应加强防火材料的处理，如在木结构上涂刷防火油漆等。在建筑物维修时，应对没有油饰的木构件涂防火涂料保护，延缓木构件的起火时间。古建筑消防队及时赶到现场处理，一旦古建筑起火尽最短时间灭火，将古建筑火灾损失减到最小。

5.4.2 球形闪电防护

1970 年 7 月间，在故宫午门西南角亭曾发生球雷滚动到室内的事件，事后也派人去现场调查(白丽娟，2005)。角亭内北墙下是武警战士的一排床铺，房间内两中柱间拴了一根铁丝，供战士挂毛巾。据当时在场的战士讲：在北面的床上有一战士午睡，另一战士躺在床上未睡。朝南的槅扇门是敞开的，在开始下雨时是雷雨交加，只见一红黄色的火球直撞北墙，同时将铁丝烧断，然后火球又反弹从南面开着的槅扇门走了，北墙被火球撞的地方已被烧焦。另一次是在 1991 年 8 月 14 日夜雷雨，有一雷落在故宫春禧殿的西配殿后坡的瓦面上，15 日现场勘察情况发现，这一建筑的后坡在核桃树的掩映下，猜测是球形闪电击了核桃树的同时，又击了屋面。球形闪电爆炸，才出现屋面琉璃瓦被击。

球形闪电是因为其形状大多时候为圆球形，平均直径约为 25 cm，偶尔也呈梨形、哑铃形等。常呈红色或橙色，偶尔也为黄色、蓝色或者银白色，甚至是黑色。行踪路线特别神秘复杂，会从高空直接“空降”，接近地面时突然改向作水平移动；有时突然出现在地面，弯曲前进；也会沿着地表快速滚动(所以民间常称为“滚地雷”，最早也称鬼魂的灯笼)。移动速度常为 $1\sim2\ m\cdot s^{-1}$，和人类走路速度差不多。它有跟风习性，即跟着气流运动，当人看到时若拔腿就跑，由于跑时带来一股气流，会紧随人移动。其寿命很短，一般只有几秒钟，最长的为数分钟，但内部温度可达 1000 ℃以上，甚至更高，威力巨大。

球形闪电善于“钻洞”，常可以从烟囱、窗户、门缝钻进屋内，在屋子里转一圈后“溜走”。它似乎喜欢“调查”其他物体，容易向有金属性或磁性的物体“贴近”，会沿着他们移动。在“行走”时会发出轻微的嘁嘁声或咝咝声，离去时会发出微弱的噼啪声而悄悄消失，有时则以“轰隆”爆炸而消失。消失以后，在空气中可能会留下一些像臭氧或硫磺一样的气味。

作为闪电种类中的一员，球形闪电是一种危害较大的闪电。在消失时可能会产生爆炸，造成人畜伤亡，甚至使建筑物倒塌、发生火灾等，给人类造成破坏。在靠近一些易燃物如树木、纸张时，并不一定引起火灾，但在爆炸的一瞬间，却可以毁掉潮湿的树木和房屋。如果落进水池，还会使池水沸腾。苏联曾有报道称，球形闪电飞进了一个盛有近 7 t 水的大锅里，水立即沸腾起来，在锅里 10 min 才熄灭。

球形闪电是一个复杂的电荷系统，目前球形闪电的产生机制和相关研究还不成熟，存在一些争议。球体本身好似法拉第笼，对外不呈现电性，普通接闪杆、网、带对其不起作用，并能从网、带孔洞缝隙中自由出入。既然球形闪电有危害性，预防其的办法是，在雷雨天气关紧门和窗户，避免其从门或窗户钻进去。如果遇到飘浮的球形闪电，轻轻地避开它，千万不要去碰它。在空旷的野外遇见雷雨时，躲避它的最好方法是站在原地，双手抱头，双脚并拢蹲下，降低身体的高度，避免遭其危害。由于球形闪电的难预防性，防护球形闪电最好的方法是采用屏蔽。对于一般的建筑(钢筋混凝土)，可将门窗加上金属纱网与全部钢筋连成一片，构成一个笼式防雷网，可以防止球形闪电侵入。但对古建筑这样做比较困难，对重要的古建筑应当做金属纱窗和金属纱门，将它们可靠接地，既能防球形闪电，也能防雷电侧击和绕击；对次要的古建筑，如不能补加金属纱门、纱窗，应注意在雷雨天紧闭门窗，力争达到全封闭状态，以防球形闪电的侵入，但不可用纸裱糊门窗。

5.4.3 精细化雷电预警和监测

以故宫为例，故宫锡庆门虽然未安装浪涌保护器，但是 2011 年 6 月 21 日故宫雷灾中雷电来临时室外电闸已断开，雷电流没有进入，室内用电设备未遭破坏。可以认为，如果能在雷电到来之前发出预警信号，及时采取规避措施，可中断工作的电子电气设备暂停工作，疏散游人或撤离到安全地方，可减少或避免雷击带来的破坏或损失，能降低雷击风险。为实现雷电预警，可考虑建立雷电预警系统，如安装小范围大气电场仪，通过积累故宫及附近的大气电场观测资料，得到该地区雷电预警针对性指标，进而实现雷电预警。此外，在故宫安装实时气象信息接收端口，及时接收察看由气象部门发出的故宫区域小尺度天气资料，特别是雷电预警信息、雷电发展移动的趋势等。结合故宫内大气电场仪的预警，能增强雷电预警准确性和针对性，实现故宫精细化雷电预警。丁德平等(2012)利用大气电场仪开展北京地区雷电预警研究，结果显示，可提前 16 min 预警(为三级预警到雷电发生的时间)，准确率为 90.6%。

2011 年 6 月 21 日故宫箭亭雷击事故(见 2.3 节分析)当时未能及时发现，1987 年 8 月 24 日故宫雷击事故也未及时发觉。后者雷击发生在夜晚约 11 时，故宫巡逻人员闻到有木材燃烧的味道，同时隐约看到有亮光，发现是雷击引起古建筑起火，这次雷击起火造成 20 万元以上的经济损失。如果当时有闪电监测设备，可以更及时发现这次雷击事故从而采取灭火措施。故宫面积约 72 万 m^2，房间约 9000 间，这么多房间如遭雷击未必能及时发现，逐个排查费时费力，所以应安装闪电监测设备。除了使用闪电定位仪监测闪电具体位置外，还可以在引下线处安装雷击计数器，雷击计数资料自动传输到故宫管理平台，便于管理人员及时发现雷击位置。当遭雷电感应袭击时，引下线处的雷击计数器很难显示出来，还需闪电定位仪判断故宫及附近是否有闪电。

精细化预警可及时预警到故宫是否会发生雷电，是否需要采取规避措施，减少或避免雷击事故发生，通过大气电场仪和实时气象信息接收端口二者结合可实现精细化预警。精细化监测可及时发现故宫内雷电发生的具体位置，避免发生雷击却未能及时发现，特别是对于雷击古建筑起火情况，通过闪电定位仪和雷击计数器合理地结合可实现精细化监测。

5.4.4　其他防雷建议对策

鉴于故宫的社会地位、文化价值和艺术价值，以故宫为例，其他防雷建议对策如下：

(1)防雷总体规划。对故宫这种大型古建筑群或院安装防雷装置前，首先应做总体规划，做到系统防护，综合考虑古建筑防雷设计中接闪功能、分流影响、屏蔽作用、均衡电位、接地效果和合理布线，针对这些采取防雷措施。防雷设计时应全面了解古建筑的构造、各部位的标高、内部设备状况、金属管线的位置和走向等。古建筑大修时配套做好防雷装置安装工作，完善防雷装置的检测、维护与管理，对防雷检测中发现的防雷隐患及时排除。

(2)外部防雷和内部防雷。外部防雷装置要完善，要对古建筑形成全面保护，特别要做好古建筑吻兽房脊的防护。防雷装置应避免破坏古建筑的整体形象，力求整体美观。在内部防雷方面，安装适配的电源和信号浪涌保护器，作为展馆的庑室内增加的轻钢龙骨的壁板和吊顶，这些金属构件应与引下线或等电位带连接。重要线路或电子信息设备做好电磁屏蔽措施。

(3)古树的防护。故宫内有的古树比古建筑房屋还高，应防止因古树高于建筑物而导致雷击危害。可利用古建筑附近的较大古树上安装接闪杆，接闪器可固定于树体的主干部位或粗壮枝干上，在树干上设置接闪杆应考虑树体的生长变化，可采用柔性材料底衬的抱箍固定，引下线沿树干敷设时应套绝缘管，并用抱箍与树干固定。接地极应设置在古树树冠稀疏的一侧，并在树冠的垂直投影 3 m 之外。腐朽古树应采用灰膏堵塞树洞，既可以减少古树引雷的概率，也可防止虫害。

5.5　开放段长城敌台接闪器的设置

长城属于国家重点保护文物，开放段长城是指依法批准并对外公布，被辟为参观游览场所的长城段。随着国家对长城保护、修缮力度的加大，更多的长城段落将被辟为开放段长城。开放段长城的雷电防护既不同于一般建筑物的雷电防护，也不同于其他文物建筑的雷电防护，突出的特点是长城位于崇山峻岭之上、陡峭山体之巅，并且游人高度密集，一旦遇到雷电天气时游人无处躲避，又难以快速撤离到安全地带。因此，开放段长城的雷电防护内容既包括对长城本体的直击雷防护，同时又需要对长城上的游人进行保护，而如何在敌台、烽火台、城楼等最为突出的部位设置接闪器是防护问题的关键所在。以下将以敌台为例分析开放段长城接闪器的具体设置方法和要求。

5.5.1　长城雷电防护的原则及接闪器类型的选择

(1)长城的雷电防护要遵守有关长城保护、开发与利用的相关规定，防雷装置的设置必须遵守不改变文物现状的保护原则，设计方案应在确保防雷安全的前提下执行最少干预的原则，防雷装置的安装应具有可逆性，不得破坏文物建筑的整体风貌，对长城原有风貌影响较大的防雷技术措施的运用应通过论证确定。

(2)采用接闪杆、接闪带之一或其组合的形式用于保护开放段长城敌台，其中接闪杆可设置在长城本体外侧，也可直接设置在敌台上。根据上述原则，为有效保护敌台上的游人，在长城本体外设置的独立接闪杆要有足够的高度，这对长城的整体风貌有较大的影响，不宜采用。因此，接闪器宜首选直接设置在敌台上的短接闪杆及接闪带的组合形式。

(3)接闪器的保护范围采用滚球法确定。根据相关规定，开放段长城均为全国重点文物保护的建筑物，应被界定为第二类防雷建筑物(《建筑物防雷设计规范》(GB 50057—2010)；《文物建筑防雷技术规范》(QX 189—2013))。因此确定长城敌台上接闪器保护范围的滚球半径应取值为 45 m。在北京地区有更严格的要求，滚球半径为 35 m(《文物建筑雷中防护技术规范》(DB11/T 741-2021))。

5.5.2 敌台上接闪器的设置

敌台又称敌楼、墩台，是突出于长城城墙的高台。其高度一般为5～10 m，宽度最大为13 m左右。开放段长城的敌台分为可登临敌台和不可登临敌台两类。对于可登临的敌台，由于游人能够登临到顶部，此时身体将暴露在最突出的位置，故防雷保护对象既包括敌台本体，同时还应充分注意到登顶的游人。对于不可登临的敌台，保护对象仅为敌台本体。

5.5.2.1 可登临敌台

对于可登临的敌台，宜采用四支等高接闪杆做接闪器，接闪杆应设置在垛墙或女墙外立面的四个墙角处，并使用连接带将接闪杆连接。如图5.23、图5.24所示。

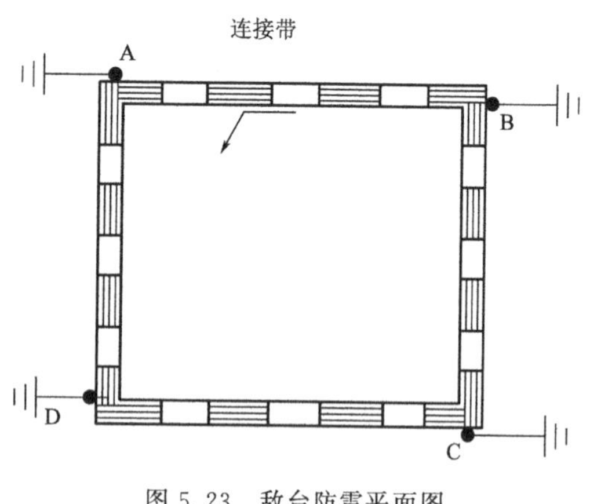

图5.23 敌台防雷平面图

（A、B、C、D：等高接闪杆，⏚：接地）

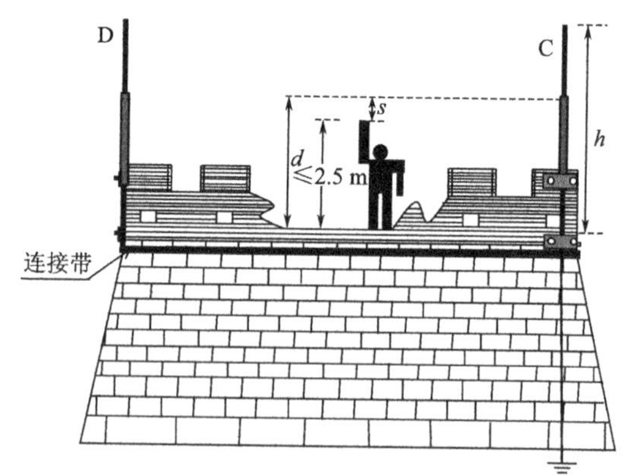

图5.24 敌台正立面图

（C、D：接闪杆，h：接闪杆的高度，d：防接触电压的保护高度，s：防接触电压伤害的保护余量）

接闪杆的高度 h 按下式确定：

$$h_0=\sqrt{h_r^2-\left(\frac{Y}{2}\right)^2}+h-h_r \tag{5.8}$$

式中，h_0 为接闪杆保护范围相对于敌台台面最低点的高度（单位：m）；h_r 为滚球半径，取45 m（北京地区取35 m）；h 为接闪杆相对于敌台台面的高度（单位：m）；Y 为相邻或相对的两支接闪杆的间距（单位：m）；

结合图5.23接闪杆的设置位置，分析式(5.8)中的参数 Y 可知，相邻两支接闪杆的间距一定小于相对的两支接闪杆的间距，游人位于敌台台面中心部位时接闪杆的保护高度最低即为 h_0。因此只要根据敌台顶部的长 L 和宽 W，得出相对的两支接闪杆间距的 Y 值，通过式(5.8)即可得出对游人直击雷保护的接闪杆的高度。设定游人向上伸直手臂后的高度（图5.24）为2.50 m，最小保护范围分别增加0.50 m、1.00 m和1.50 m，即 h_0 取值分别为3.00 m、3.50 m和4.00 m，h_r 取45 m。对于设置在可登临敌台不同台面的接闪杆的高度（h）见表5.2。

表5.2 不同敌台台面的接闪杆高度

最小保护范围增加/m	敌台台面的长与宽 L，W/(m，m)						
	6,6	8,8	8,10	10,10	10,12	12,12	13,13
0.50	3.21	3.36	3.47	3.55	3.68	3.80	3.95
1.00	3.70	3.86	3.96	4.10	4.18	4.31	4.45
1.50	4.20	4.36	4.46	4.56	4.68	4.81	4.95

由表5.2可见，对于最大体量的敌台，在最小保护范围增加1.5 m的情况下，接闪杆的高度不超过5 m。考虑到尽可能减少由于安装接闪杆对长城整体风貌带来的影响，在有效保护游人(保护范围增加1 m)的前提下，接闪杆的高度可控制在4.50 m以下。

5.5.2.2 防接触电压的保护措施

登临敌台的游人，雷电天气时有可能靠近或触摸到接闪杆，造成伤害。为避免伤害发生，需要考虑接闪杆的防接触电压保护，保护的高度不应低于2.7 m，见图5.24。可采取以下措施之一：

(1)使用高强度玻璃钢管作接闪杆的支撑杆，引下线设置在管内；

(2)使用金属管作接闪杆时，应对金属管作绝缘处理。可用耐100 kV、1.2/50 μs波形冲击电压的绝缘层包裹，或外套至少3 mm厚的交联聚乙烯塑料管。

5.5.2.3 不可登临的敌台

对于不可登临的敌台的保护，宜在敌台顶部设置短接闪杆，接闪杆的高度可按公式(5.8)的方法计算确定，一般应控制在1 m以内。同时，还应沿顶部周边设置接闪带，接闪带与接闪杆连接。

5.5.3 执行"最少干预"原则的分析

5.5.3.1 设置连接带或接闪带的作用

在敌台上设置接闪杆做接闪器，每支接闪杆应设置一条专设引下线，并与接地装置连接，以泄放雷电流。根据防雷技术标准的要求，相邻引下线的间距不应大于18 m。然而，由于敌台的大小不同，引下线的数量可能会少于四条，甚至只需要二条。为保证对每条引下线都有泄流的条件，使用接闪带或连接带将相邻的接闪杆连接，再与引下线连接，既符合引下线间距(或平均间距)的防雷要求，又可减少引下线的数量，从而减小固定引下线时对墙体的损伤，符合对长城最小干预的要求。另外，由于引下线数量的减少，可以选择在城墙的外侧或在游人不易停留或靠近的有利位置敷设引下线，降低游人遭接触电压及跨步电压伤害的威胁程度。

5.5.3.2 可登临敌台设置三支或二支接闪杆的条件

能否在可登临的敌台上设置三支或二支接闪杆，实现对本体及登临游人的有效保护，取决于以下的两个条件：敌台周围地面的平整程度；接闪杆的高度。可登临敌台一般都高于城墙，墙体的外侧多为陡峭的山崖，内侧虽有稍平缓的山体，但城墙仍随山体起伏，甚至坡度变化很大(图5.25)。对于正方形或矩形敌台顶部，当设置的接闪杆少于四支时，至少会有一个墙角没有接闪杆。由于开放段长城敌台的雷电防护既要考虑对敌台本体的直击雷防护，还应考虑对可登临敌台的游人安全的保护，现假定按图5.26所示设置三支等高接闪杆，其中：A为敌台内侧立面的中点，B、C分别为敌台外侧顶部的两个墙角，台面距地面的高度为8 m。对于不同台面面积的敌台，要保护到2.5 m高游人的F点，E点等效接闪杆的最小高度h_1按式(5.9)(GB 50057—2010)求得。

$$r_x=\sqrt{h_1(2h_r-h_1)}-\sqrt{h_{x1}(2h_r-h_{x1})} \tag{5.9}$$

式中，r_x为点E、F间的距离；h_1为E点等效接闪杆的高度；h_{x1}为F点高度，即游人高度；h_r为滚球半径。

A、B点等高接闪杆的最小高度h按式(5.10)(GB 50057—2010)求得，计算结果见表5.3。

$$h_x=h_r-\sqrt{(h_r-h)^2+\left(\frac{Y}{2}\right)^2-x^2} \tag{5.10}$$

式中，h_1为E点等效接闪杆的高度，即式(5.2)中的h_1；h为A、B点接闪杆的高度(含敌台的高度)；Y为A、B之间的距离，O为该距离的中点，x为E点到O点距离。

图 5.25　敌台附近的地面

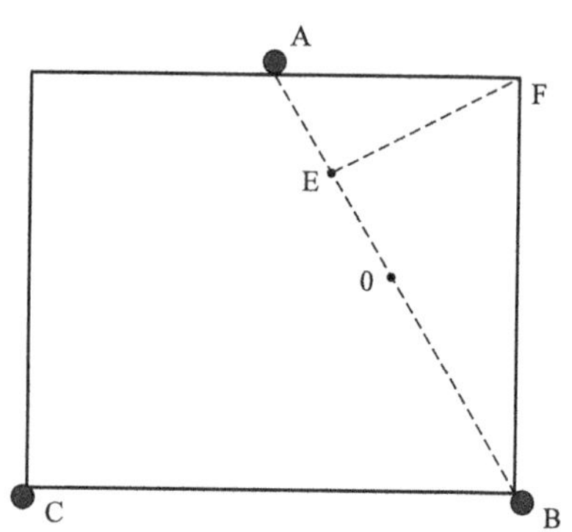

图 5.26　三支等高接闪杆的设置
（A、B、C 为接闪杆位置）

分析表 5.3 的数据可见，对于 10 m×10 m 台面的敌台，保护游人的接闪杆的最低高度（含敌台高度 8 m）为 15.60 m，架设在敌台上的接闪杆的最小高度为 7.60 m。如果考虑附近地面的不平坦性及增加对人的保护余量等因素，接闪杆的高度还要增加。另外，若在敌楼上对称设置两支等高接闪杆，按相同的计算方法可以得到，接闪杆会更高。固定如此高大的接闪杆对敌台立面墙体的扰动和对长城风貌的影响都是不能接受的。图 5.27 和图 5.28 为长城安装的接闪杆。

表 5.3　接闪杆的最低高度

敌台台面的长与宽 L/m，W/m	6,6	8,8	8,10	10,10	10,12	12,12	13,13
相对于地面的最低高度 h/m	13.0	14.37	15.12	15.60	16.45	17.14	17.72
相对于台面的最低高度/m	5.0	6.37	7.12	7.60	8.45	9.14	9.72

图 5.27　延庆九眼楼长城敌台安装的接闪杆

5.5.3.3　长城接闪仿真树

接闪杆主要安装于完好的城垛、敌楼，而在坍塌的敌楼、城垛附近安装接闪仿真树进行防雷。仿真树其实是钢结构的接闪杆，只是外形看上去像一棵松树，和长城的整体风貌更协调。按照现在的文物保护理念，对一些坍塌的敌楼和城垛并不直接修复，而是原状保护，所以在坍塌城体周围两三米的范围里安装这种仿真树接闪杆。不破坏长城整体风貌，这是仿真树式接闪杆最大的优势。

图 5.28 怀柔黄花城水长城敌台安装的接闪杆

(a)远观图,(b)近观图

如图 5.29 八达岭长城保护段安装的这种“松树”,即为仿真树。这类仿真树内部多为镀锌钢管或水泥杆,外包高分子仿真树皮,把接闪杆做在树木顶端,防雷引下线沿仿真树内部敷设,“树根”是金属体,能较好地实现雷电接闪和泄放雷电流。这种仿真树既能保护爬长城游客免受雷击,也可减少对长城原有风貌的影响。

图 5.29 长城接闪仿真树现场实物

5.5.4 其他方面

针对长城游客的防雷安全,建议如下:

(1)准备攀登长城的游人,宜提前了解当地天气预报及雷电预警信息,避开在雷电天气时攀登长城或在室外游览。

(2)正在攀登长城的游人突遇雷电天气时,可采取如下紧急避险措施:

① 立即停止攀登、游览,寻找、躲避到附近安装有防雷装置的建筑物内,如敌楼、敌台或其他建筑物等;

② 在情况紧急或没有可供躲避的条件时,可迅速转移到有较高墙体的城墙通道中央处,身体与墙体的距离不小于 0.5 m,同时降低身体高度至城墙顶部以下位置,作短暂停留;不要停留在敌台顶部;

③ 躲避期间不要将手、头部及手持的物体探出到外面;在躲避或停留时,游人之间不要相互

靠近；

④ 取下随身携带的金属物，如手机照相机等电子产品、手表、金属框架的眼镜、耳机、其他金属物等；不靠近、触摸金属物体、设备的金属外壳等。

⑤ 行走及停留时不可打金属骨架雨伞，不接打电话，不使用其他电子产品。

(3)位于长城游览区内其他室外位置的游人，突遇雷电天气时可采取如下紧急避险措施：

① 迅速躲避到建筑物内；如果无建筑物，应下蹲身体，降低身体高度；

② 不要在防雷引下线附近走动，远离引下线 3 m 以上；

③ 不要在大树下避雨，不要在大型金属体下停留；

④ 不接打电话，不使用其他电子产品；取下随身携带的金属物；

⑤ 雷电天气结束前，不要前去攀登长城。

对于长城的防雷，既要达到保持长城历史原貌，又要保障游客人身防雷安全、长城本体安全，对长城相关管理部门建议如下：

(1)在适当场所安装大气电场仪，并与有关部门协商使用闪电定位系统，达到提前了解雷电发生时间及路径，以便做出应急处理。

(2)利用广播系统在雷电临近游览区时宣传野外防雷常识，提醒游客注意防雷。印制野外防雷常识卡片，在雷雨季节加强防雷宣传工作。

(3)在游人活动较多的城楼处安装防雷装置，以保障游人及城楼的安全，同时在适当场所设置野外防雷的应急避难所。

(4)对于长城本体，除了采用接闪杆和接闪仿真树，也可以根据实际情况采用接闪带。接闪带可以沿敌楼屋顶的走势进行铺设，并且使用较细的金属丝，不会影响游客欣赏雄伟壮丽的长城原貌。

(5)除了长城本体及长城上游客外，还应注重长城索道、电子设备的雷击破坏。应完善长城所安装的各种索道、广播、照明、安防监控等系统的雷电综合防御能力，包括在城楼顶部或附近装设的监控摄像探头均应安装接闪短杆等。

5.6 本章小结

(1)本章介绍了研发构建古建筑防雷保护范围三维立体平台。通过先进的三维可视化建模展示手段，以故宫博物院文华殿为例，将古建筑群直击雷防护范围以三维的方式动态方式显示，实现了对古建筑群防直击雷体系的精确模拟展示和整体评价，对古建筑群的防直击雷设计和评价有较好的指导和参考作用。对建筑群防雷保护，本章提出了一种全新的防雷效果评估方法，实现了三个方面的创新：无死角的三维立体防雷效果建模；直观清晰的防雷展示和隐患排查；有利于准确防雷设计施工开展和审核。

(2)针对目前古建筑这类斜坡类建筑将其房檐升高扩大为六面体，进而进行计算雷击截收面积存在的缺点，本章从雷击截收面积计算逻辑关系和原理出发，通过建立相关模型和数学公式，着重分析了利用 AutoCAD 求截收面积时应从古建筑何位置开始偏移及扩大宽度，进而合理准确地求出截收面积。对于单檐斜坡类古建筑、重檐古建筑或古塔，应按屋脊偏移或者按房檐偏移即可求出截收面积。具体按前者还是后者应根据房檐到屋脊(塔尖)的水平距离 L 和垂直距离 H 的关系来确定。当 $L<3H$ 时$\left(即\ \tan\alpha>\frac{1}{3}\right)$，按屋脊偏移；当 $L>3H$ 时$\left(即\ \tan\alpha<\frac{1}{3}\right)$，

按房檐偏移；当 $L=3H$ 时$\left(\text{即}\ \tan\alpha=\frac{1}{3}\right)$，按任何一者偏移均可。确定偏移位置后用 AutoCAD 作图精确求出截收面积。

(3)对于开放段长城敌台的雷电防护，既要考虑对敌台本体的直击雷防护，还应考虑对可登临敌台上游人安全的保护。通过研究得到：1)对于不可登临敌台本体的直击雷防护，宜采取在其顶部周边设置短接闪杆，同时用接闪带将其连接。接闪杆的高度不宜超过 1 m。2)对于可登临敌台，宜在敌台顶部垛墙外立面的四个角设置接闪杆，对登顶游人保护，接闪杆的高度应根据敌台台面的大小计算后确定。设置的接闪杆少于四支时，由于其高度将显著增加，对长城风貌的影响及固定接闪杆时对墙体的扰动都会明显增加。3)长城的雷电防护可以安装接闪杆，也可以设置长城接闪仿真树或者接闪带。可登临敌台上设置的接闪杆应具有防接触电压的保护措施。

(4)古建筑场所(不含古城墙)人员遭受雷击方式主要为跨步电压和接触电压，在古建筑物场所特别是在人员可以触碰的明敷引下线附近，跨步电压与接触电压危害常是成对出现，防跨步电压和接触电压的关键点分别为均衡和绝缘。

第6章 古建筑智能升降隐藏式防雷设计案例

本章利用具体文物古建案例，详细介绍了实施智能升降隐藏式防雷系统。首先介绍该案例基本概况，根据设计任务对凉亭进行传统防雷保护设计，然后对祠堂进行智能升降隐藏式防雷系统的防雷保护设计，重点介绍了雷电预警系统布设位置、自动接闪杆布局及高度，以及设计接地系统、通信控制、供电及终端处理子系统及其附属设施的参数等，为古建筑智能防雷提供参考。

6.1 项目概况

6.1.1 建筑信息与设计任务

某祠堂建筑是全国重点文物保护单位的文物建筑，地处我国亚热带季风气候区。该祠堂建筑占地 1354 m^2，坐北朝南，为单层单檐砖木结构，有三进三厅，十四耳房，前有三座砖砌大门，最高处 12.10 m。另有一凉亭，高 7.20 m，六角檐角状，最大对角长度 6.12 m。

本项目设计任务是为该祠堂设计安装防直击雷装置，并考虑电源系统的防雷电波侵入措施。

6.1.2 防雷分类

该祠堂、凉亭是全国重点文物保护单位的建筑，依据《建筑物防雷设计规范》(GB 50057—2010)规范要求，属于第二类防雷建筑物；依据《古建筑防雷工程技术规范》(GB 51017—2014)、《文物建筑防雷技术规范》(QX 189—2013)，属于第一类(级)防雷文物建筑。

本项目防雷设计中需符合 GB 51017—2014、QX 189—2013 中第一类(级)防雷文物建筑的要求，同时满足 GB 50057—2010 中第二类防雷建筑物的要求。

6.2 凉亭的传统防雷装置

凉亭采用传统防雷装置进行设计安装。设计内容包括接闪带(网)、引下线、接地装置。防雷设计见图 6.1。

6.2.1 接闪带

(1)安装位置

设计在凉亭建筑的屋脊(正脊、垂脊)、檐口、兽头、宝顶(瓶)等易受雷击部位安装接闪带(网)，并在屋面形成尺寸不大于 10 m×10 m 或 12 m×8 m 的接闪网格。

(2)固定连接要求

接闪带与屋面部位固定均采用弧形或方形卡，不打孔钻钉，接闪带采用卡子固定，每隔 1 m 固定一次，遇到转角、吻兽、装饰等起伏突变位置每隔 0.5 m 固定一次。

接闪带之间采用放热熔焊接，形成对接、T 型及十字型连引下线装置。

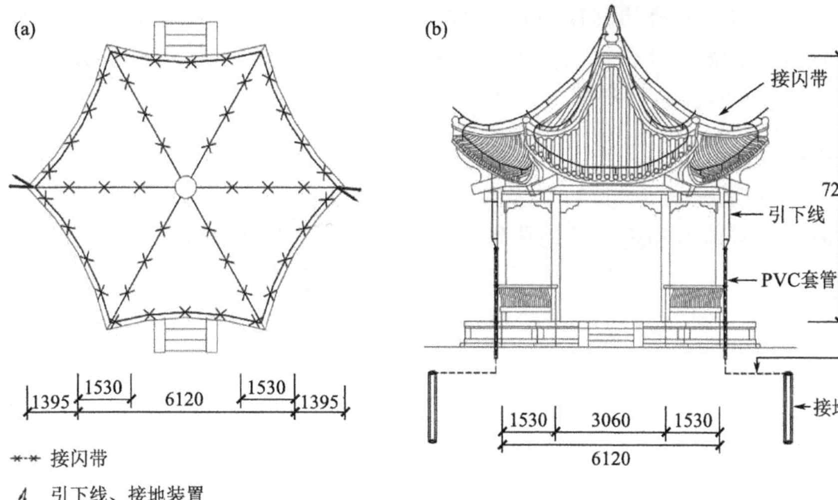

图 6.1 凉亭的防雷布设图

(a)俯视图,(b)侧视图(单位:mm)

6.2.2 引下线

(1)安装位置

设计在凉亭对角各安装 1 根引下线,共 2 根。安装方式见图 6.2。

(2)材料的选择

建筑物引下线采用紫铜棒 ϕ10 mm,紫铜采用国标 T2 号紫铜。

(3)固定连接要求

① 木结构柱处引下线采用抱箍固定,避免对古建筑材料造成破坏。

② 引下线尽量安装拐角隐蔽处,减少对古建筑外观影响。

③ 引下线之间采用放热熔焊接。

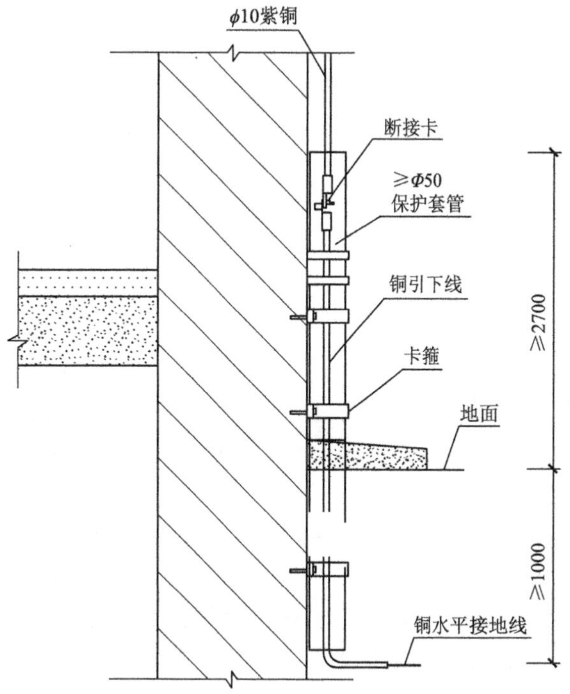

图 6.2 引下线及其保护套管安装示意图(单位:mm)

引下线沿柱子敷设采用抱箍固定,抱箍与木柱子接触处采用热缩套管和石棉材料进行绝缘隔离,沿木柱子敷设的引下线应套保护套管,以防止雷电流泄放时引燃木柱。沿砖墙固定,支架固定在砖缝内,固定完毕,采用原有材料对砖缝进行凝固。支架或抱箍每隔 0.5～1.0 m 分布一个,遇到拐弯连接处每隔 0.5 m 分布一个。引下线与接闪带、引下线各段之间采用放热熔焊接。每根引下线距地面 1.8 m 处设置 1 套断接卡,通过断接卡与接地线连接,该断接卡同时作为接地电阻检测点。

(4)雷击记数器

根据 GB 51017—2014 第 4.2.5 条、DB11/T 741—2021 第 7.2.2.4 条规定,全国重点文物保护单位的古建筑和被联合国教科文组织列入世界文化遗产目录的古建筑宜装设雷击计数器。为真实了解雷电活动规律和检验防雷装置的防护效果,可在接闪杆或引下线上安装雷击计数器，用于实时监测记录雷击电流的强度、极性、时间和次数等数据，将采集到的数据通过网络传送至客户端，使管理人员能及时获知古建筑是否遭受雷击以及雷击的时间、强度、极性、次数等相关数据(李衣长 等，2022；李京校 等，2021)。

6.2.3 接地装置

为每根防雷引下线各安装 1 组 A 型防雷接地装置(GB 51017—2014)，接地装置做法如图 6.3。接地装置的水平接地体和垂直接地体埋深 1 m 以下；垂直接地体采用 3 m 长的离子接地棒置于机械钻井内，每隔 4 m 沿直线敷设 1 根，共计 4 根，分别用水平接地体连通，水平接地体采用 30 mm×3 mm 铜带。设计每组防雷接地接地阻值≤10 Ω。凉亭每根引下线安装 1 组，共 2 组。

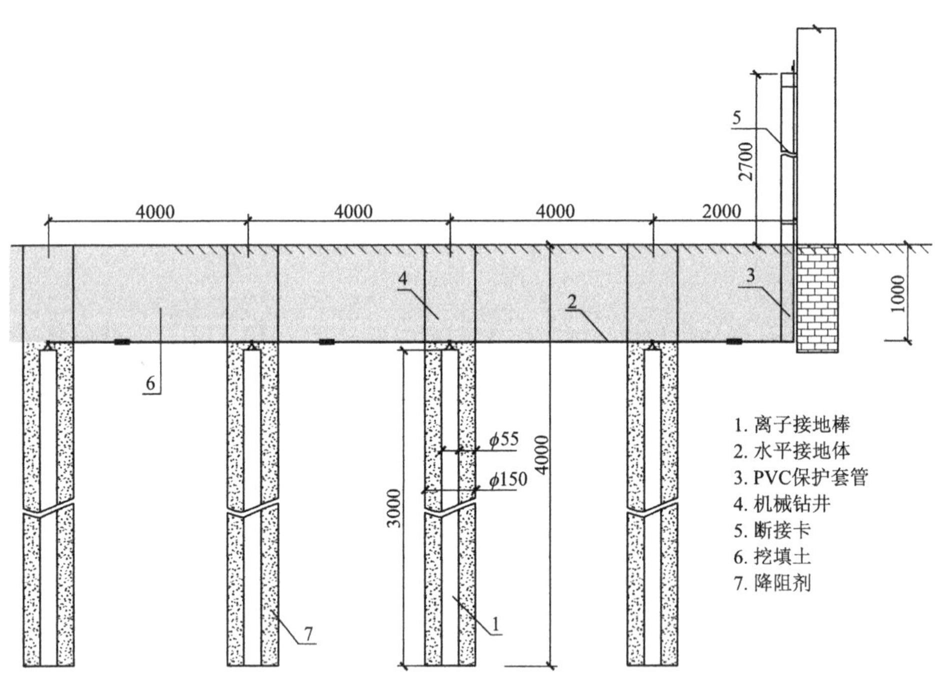

图 6.3 接地装置做法示意图(单位：mm)

6.2.4 防止接触电压和机械损伤措施

为防止接触电压，将地下 0.3 m 至地面 2.7 m 的接地线和引下线安装在壁厚不小于 3 mm 的交联聚乙烯保护管内，保护套管具有防止接触电压和防止接地线、引下线机械损伤的双重功能，具体安装做法见图 6.2。

因引下线在地面 1.8 m 处附近设置断接卡，用于接地电阻检测，故将保护套管在距离地面 1.8 m 附近设置为上下两段，做好上下套接。

对需经台阶入地的保护管，台阶等妨碍游人行走的部位应安装缓坡加强型镀锌钢槽，防止游人绊摔和损伤保护管。引下线保护管、管接头等部位应粘贴明显警示提示和测试点提示，尽量减少游人触碰保护管以及方便检测维护人员测试巡检。

6.2.5 防止跨步电压措施

为防止跨步电压危险将接地体采用接地深埋方式，且防雷装置周边的路面均采用电阻率不小于 50 kΩ·m 的砖石敷设，能够达到解决跨步电压的问题。

6.3　祠堂的升降隐藏式防雷装置设计

6.3.1　雷电预警装置布设

依据祠堂建筑周边情况，在祠堂建筑周边安装 3 套雷电预警装置，各预警站点之间相距 1～5 km，具体位置宜满足安装所需条件现场确定。位置布设情况见图 6.4。

雷电预警智能升降接闪系统具备一定的智能性、隐蔽性和主动防雷特征，可满足文物古建筑防雷的特殊需求，适合于低矮民居古建筑物（高度在 20 m 以下）、集中成片古村落等文物古建筑（李衣长等，2022）。

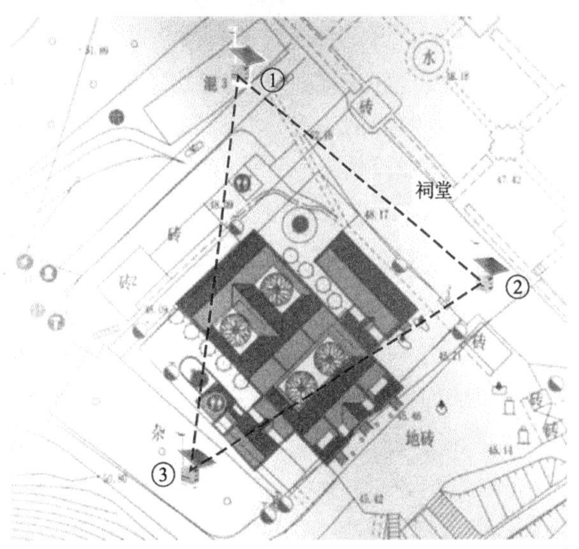

注：预警点①～③位置分别为：祠堂建筑景区办公大楼楼顶平台、景区左右两侧山坡平地上。

图 6.4　预警装置布设图

（1）安装要点

为了雷电预警得更加准确，在安装雷电预警探测头时，应尽量避开周围建筑物或通信天线对雷云电场的干扰，预警探测头应直接安装在室外无阻挡的开阔地带。安装时使预警探测头的视角尽量大，以保证天空和云层都在探测范围内。雷电预警探测头可直接安装在地面上，或安装在屋顶平台上，探测头必须良好接地，以便其被雷击中时将雷电流顺利导向大地，并减少雷电干扰。

（2）可能遇到的电场干扰

预警探测头安装地点周围环境所带的电场，在一定程度上对电场探测头所侦测的雷云电场场强值叠加干扰。此叠加干扰包括：

1）常量电场叠加干扰：与探测头安装地周围的地形，地面物体构造性质，地质等有关的电场干扰。

2）变量电场叠加干扰：与周边植被的生长，车辆流动，生物通行，新建筑物，电缆通过，物体的摆动，地表水的流动等有关的电场干扰。

（3）探测头的安装地点选择

为尽量避免叠加干扰的影响，电场探测头应直接安装于室外无阻挡的开阔地，安装时尽量使探测头的视野立体角不小于 90°，以保证天空和云层都在探测范围内。电场探测头若安装在以下地点时，应注意以下内容：

1）探测头安装于地面时，必须确保在距探测头 10 m 的范围内没有人员、车辆、动物通行。

2）探测头安装于有铁丝网圈定的地面时，探测头的高度必须高于铁丝网的高度。

3）探测头安装于可能被积雪覆盖的地点时，应安装在足够高的地方以保证探测头不会被积雪覆盖。

4）探测头安装于相对孤立的高层建筑物（混凝土楼房或铁塔）时，尽量不要安装在高楼顶部，应选择远离高楼的房屋顶安装。并考虑探测开发角被遮盖的部分不能超过整体的三分之一。因为在这种情况下，探测头的高灵敏度和“环境参数”所做的修正，会弥补高楼对其探测能力的削弱影响。并且，探测头的探测范围将保持接近360°。

5）探测头不能安装于靠近烟囱的地方或发电机的排气出口处，因为烟雾中所带的电荷会干扰探测。

预警探测头和数据处理卡屏蔽腔安装在配套的580 mm立杆上，该立杆底部法兰与地脚螺栓进行固定，立杆可直接安装在地面上。当立杆需要安装在房屋屋顶或屋顶平台上时，立杆的高度可重新加工，最好要让探测头安装在最大程度地发挥其作用的地点，并且还应该考虑到该安装位置是否便于以后对探测头的维护。

探测头必须良好地接地，以便在其被雷电击中的情况下能将雷电电流导向大地以及中和一些电场叠加干扰。探测头连接线裸露室外部分须穿入内径不小于30 mm的金属屏蔽管，金属屏蔽管应保持良好接地。

6.3.2 自动接闪杆布设

在祠堂建筑周边安装6组自动接闪杆系统，呈对称位置选址安装，每个接闪杆系统安装于地井内，收藏后与地表面持平，升起后1#～4#接闪杆距地面高度18 m，5#、6#接闪杆距地面高度11 m。自动接闪杆位置布设情况见图6.5。

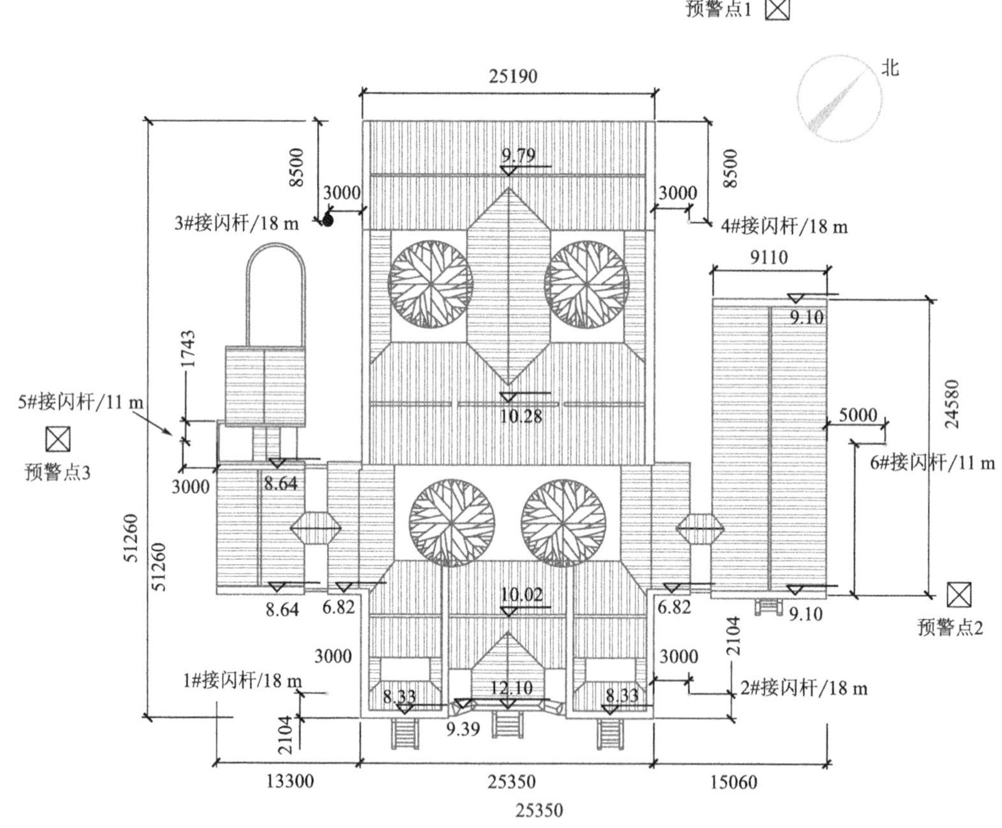

图6.5 自动接闪杆布设图（图中长度单位为mm，高度单位为m）

接闪杆采用进口高效接闪杆，其特性启动时间快（60 μs），保护范围更大，落雷点更准确，减小雷电侧击的概率，安装方便，体积小，重量轻，耐腐蚀，安全可靠，结构紧凑。

自动接闪杆现场布置如图6.6，安装要点如下。

(1)挖深度 4.5 m 的杆井，自动接闪杆全部藏埋于井中，井壁浇筑水泥砂浆。

(2)自动升降隐藏杆设备安装于杆井内，井内用 2 组角钢对自动接闪杆进行三角固定，杆井口用设置井盖板对井口进行保护，井盖板中间再做活动伸缩小盖板，用于自动接闪杆升降隐藏出口。

(3)空压机、电源及通信控制部分分别固定于离井口 20～30 cm 的井壁上。

(4)现场安装一套风速风向仪，设定风速超过八级之后，升降杆不予升起。

图 6.6 可升降式接闪杆

(a)降下后的接闪杆，(b)升起后的接闪杆

在雷击发生前，根据多源数据融合的雷电监测预警系统发出的预警信息(图 6.7)，触发智能升降驱动装置，促使其自动升到预设高度，截获雷电，再通过自身金属升降杆引导雷电流泄散入地，平时可安装为隐藏、半隐蔽状态，包括采用接闪器发射井(图 6.6)，无雷电时接闪器收至发射井内，最大程度减少对文物古建筑和周围景观的影响，但对雷电预警的准确率、稳定性有所要求，并需加强发射井后期的防水、防老化等维护工作。

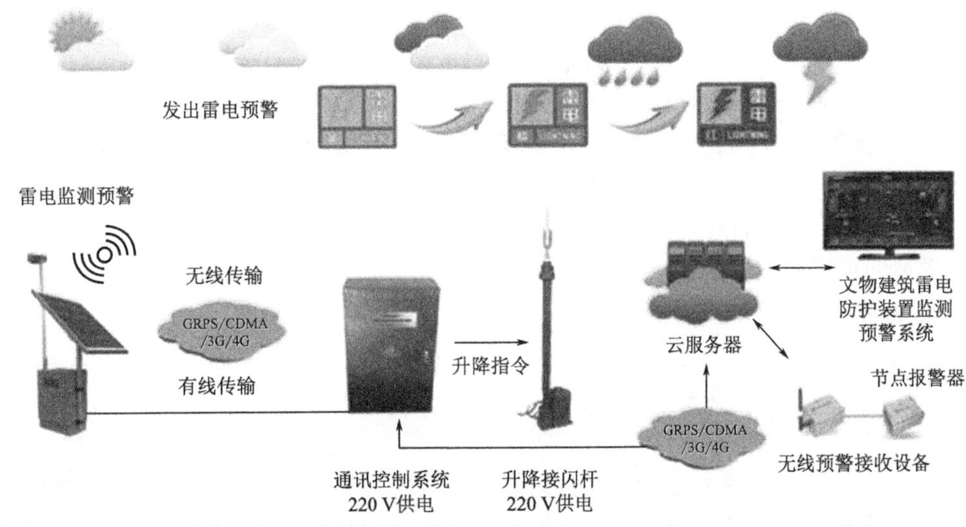

图 6.7 雷电预警智能升降接闪杆系统示意图(李衣长 等，2022)

6.3.3 接地装置

为每根独立接闪杆安装1组环形防雷接地装置,防雷接地装置采用4根高效防腐离子接地棒作为垂直接地极,规格 ϕ55×3000 mm,水平接地体、接地线采用紫铜带30 mm×3 mm,接地线采用90 mm^2 铜线与地井钢筋连接,设计每组防雷接地阻值≤10 Ω。防腐离子接地棒采用接地井深埋方式安装,接地井深4 m,井径150 mm。每根独立接闪杆各安装1组,共6组。具体做法垂直剖面参照图6.3接地装置做法示意图;在地下1 m处的水平截面见图6.8。

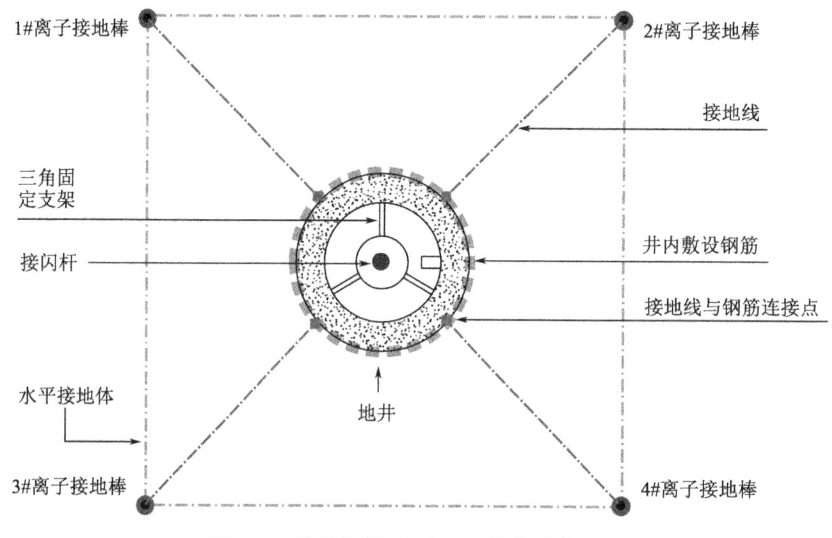

图6.8 接地装置地下1 m处水平截面图

6.3.4 防跨步电压和接触电压

为防跨步电压和接触电压危险将接地体采用接地深埋方式,并环绕接地井在防雷接地装置周边设置护栏,护栏为绝缘材料,同时具有防止跨步电压和接触电压作用。

6.3.5 电涌保护器

(1)设计在祠堂的总配电柜内各安装Ⅰ级试验电涌保护器(SPD),并在每套SPD前端安装1个三相63 A空气开关,作为电涌保护器工频短路保护装置。

设计在祠堂的分配电箱各安装Ⅱ级试验SPD,并在每套SPD前端安装1个三相32 A空气开关,作为电涌保护器工频短路保护装置。

(2)在防雷预警系统控制主机箱直流供电线路上装设1组直流电源SPD,在连通自动接闪杆控制箱的信号线路上装设1只信号SPD。

(3)在自动接闪杆控制箱内的信号线路上装设1只信号SPD。

电源浪涌保护器和信号浪涌保护器见图6.9所示。

6.3.6 终端控制系统

通信控制系统和供电系统的做法本章略。对于终端控制系统,参照雷电预警控制软件、自动接闪杆软件系统的功能设计进行软件开发,现分析并确定雷电预警的阈值及预警等级和相关提示信息。

王荣珠等(2018)对2017年5—8月南昌地区的12次雷暴过程的大气电场仪数据与闪电定位数据进行分析表明,利用大气电场仪实时探测电场强度变化的原理,选取合适的预警阈值,可以简单有效地预报雷电的发生。他们将大气电场仪划分为三个等级:

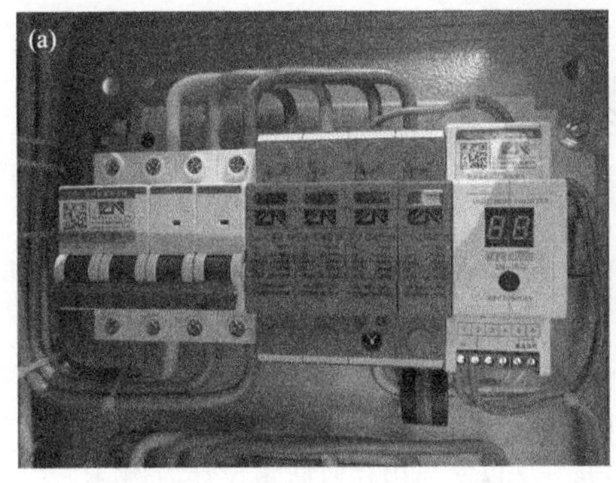

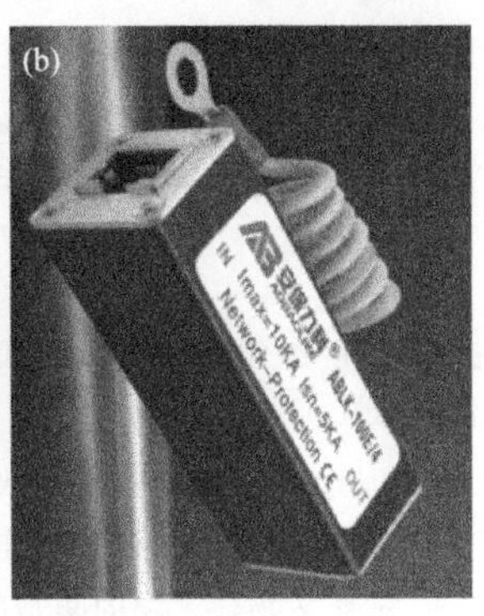

图 6.9　电源浪涌保护器(a)和信号浪涌保护器(b)

第一级:2 kV · m^{-1},20 km 范围内闪电发生概率超过 75%;

第二级:4 kV · m^{-1},20 km 范围内闪电发生概率超过 85%;

第三级:6 kV · m^{-1},20 km 范围内闪电发生概率超过 90%。

(1)预警阈值设定及等级划分

结合本系统防雷设置相关问题进行综合分析,将智能升降隐藏式防雷系统的预警状态分为四个等级,为 0～3 级。

1)0 级:大气电场值小于 2 kV · m^{-1},此时终端控制软件上提示信息为“无雷电预警,安全”。

2)1 级:大气电场值大于等于 2 kV · m^{-1},且小于 4 kV · m^{-1},此时终端控制软件上提示信息为“黄色预警”。

3)2 级:大气电场值大于等于 4 kV · m^{-1},且小于 6 kV · m^{-1},此时终端控制软件上提示信息为“橙色预警”。

4)3 级:大气电场值大于等于 6 kV · m^{-1},此时终端控制软件上提示信息为“红色预警”。

(2)预警情况分析

1)预警等级根据预设的预警阈值,随大气电场值的波动而变化。当大气电场值上升至大于等于 2 kV · m^{-1} 时,预警主机向终端管理系统发送 1 级预警信息,控制软件发出声光预警提示,预警主机不发出升杆信号。此时,值班人员可以通过查看天气情况或查询气象预报信息等进行判断,如需要防雷保护,可在终端控制软件上手动远程控制接闪杆升起。

2)当大气电场值上升至大于等于 4 kV · m^{-1} 时(小于 6 kV · m^{-1}),预警主机发出升杆信号,自动接闪杆升起,并传送信息至终端管理系统,终端控制软件显示 2 级预警。

3)当大气电场值上升至大于 6 kV · m^{-1} 时,终端控制软件显示 3 级预警。

4)大气电场值下降至小于 2 kV · m^{-1} 时,终端显示为 0 级。当区域内雷电天气结束时,大气电场值下降至 0 级预警范围,可设定当电场值的稳定时长超过半小时或一小时以上时,发送自动接闪杆降杆指令。

参考文献

“古代琉璃构件保护与研究”课题组，2008. 古代建筑琉璃构件剥釉机理内在因素研究[J]. 故宫博物院院刊，2008(05)：115-129，160.

安卫华，魏乃永，张萌，2011. 故宫博物院太和殿等古建筑的防雷改造设计[J]. 电气应用，30(22)：50-53.

白丽娟，2005. 故宫博物院古建筑防雷保护工作的回顾[J]. 故宫博物院院刊，2005(5)：344-367.

白丽娟，王景福，2013. 试谈文物建筑物的防雷问题——以武当山建筑防雷设计为例[R]. 中国紫禁城学会论文(第八辑)：756-754.

边旦洛布，许永彬，2018. 西藏古建筑物雷灾特征分析[C]//合肥：第35届中国气象学会年会.

边凯，陈维江，李成榕，等，2012. 架空配电线路雷电感应过电压计算研究[J]. 中国电机工程学报，32(31)：191-199，236.

蔡纪鹤，2008. 古塔类建筑的防雷设计[J]. 低压电器，2008(10)：42-44，52.

陈华晖，黄晓虹，朱泽伟，等，2016. 布达拉宫区域雷击风险评估的精细化防护[C]//西安：第33届中国气象学会年会.

陈加清，周璧华，贺宏兵，2004. 雷电的损伤效应[J]. 安全与电磁兼容，2004(6)：44-48.

陈水明，张适昌，王磊，等，1998. 古建筑防雷系统的雷电电磁暂态分析[J]. 建筑电气，1998(3)：2，4-7.

程琳，裴晓芳，沈刚，等，2011. 江苏高速公路收费站一次雷击事故分析[J]. 气象科学，31(增刊)：120-125.

程琳，周俊驰，许蓓，等，2013. 2011年度江苏省雷电活动及雷击灾害特征分析[J]. 南京信息工程大学学报：自然科学版，5(2)：139-142.

程向阳，刘亚坤，戴明秋，等，2017. 3003铝合金在雷电直击情况下的损伤特性和损伤机理[J]. 高电压技术，43(05)：1615-1620.

刁秀明，孙品，1993. 木材电学性质与电测含水率计的使用[J]. 木材加工机械，1993(3)：18-20.

丁德平，李迅，邓长菊，等，2012. 北京地区大气电场的特征及雷电预警中的订正分析[J]. 沙漠与绿洲气象，6(4)：68-73.

丁宁，赵彬，2014. 复合材料层合板雷击烧蚀损伤影响因素分析[J]. 材料热处理学报，35(2)：186-192.

丁士章，吴寿锽，张荫榕，1988. 应县木塔避雷机制的探讨[J]. 西安交通大学学报，1988(06)：111-113.

丁士章，吴寿锽，张荫榕，等，1990. 应县木塔的避雷机制[J]. 自然科学史研究，9(2)：139-144.

丁银忠，李合，康葆强，等，2015. 北京地区明清建筑琉璃构件制作工艺的初步研究[J]. 故宫学刊，2015(01)：159-169.

窦金海，金和天，张中华，等，2017. 圆明园琉璃瓦表面釉层变色机理的研究[J]. 硅酸盐通报，36(08)：2547-2552，2559.

窦志鹏，杨仲江，刘健，2017. 光伏组件的雷电感应过电压和过电流计算[J]. 电瓷避雷器，2017(3)：47-51.

杜晓华，张定军，2017. 光伏发电站大回线中雷电感应过电压研究[J]. 电瓷避雷器，2017(4)：109-114

段昊，要静武，刘贺龙，等，2018. ±800 kV特高压换流站直流场雷电过电压仿真研究[J]. 科学技术与工程，18(34)：183-190.

段鸿莺，丁银忠，梁国立，等，2011. 我国古代建筑琉璃构件胎体化学组成及工艺研究[J]. 中国陶瓷，47(4)：69-72、68.

段鸿莺，苗建民，李媛，等，2013. 我国古代建筑绿色琉璃构件病害的分析研究[J]. 故宫博物院院刊，2013(02)：114-124，161.

樊荣，肖稳安，李霞，等，2009. 基于GB/T 21714.2的雷击风险评估软件设计及参数探讨[J]. 南京信息工程大学学报(自然科学版)，1(4)：343-349.

冯民学,罗慧,焦雪,2007. 闪电定位资料对仪征储油罐雷灾成因的分析应用[J]. 气象科学,27(6):679-684.

付尚琛,周颖慧,石立华,等,2015. 碳纤维增强复合材料雷击损伤实验及电-热耦合仿真[J]. 复合材料学报,32(1):250-259.

付尚琛,石立华,周颖慧,等,2018. 喷铝涂层碳纤维增强树脂基复合材料抗雷击性能实验及仿真[J]. 复合材料学报,35(10):2730-2744.

甘璐,李津,邓长菊,等,2014. 北京市电网雷害分布规律及风险评估[J]. 应用气象学报,25(4):499-504.

高策,1992. 关于应县木塔的避雷问题——与丁士章等商榷[J]. 自然科学史研究,1992(04):333-337.

高策,丁士章,卢银吉,等,1986. 从山西省五台山古建筑看我国古代避雷措施(一)——兼谈中国古代对雷电的认识[J]. 山西大学学报(自然科学版),1986(04):44-47.

高杰,2006. 引下线过雷电流后高温产生的影响[C]//第五届中国防雷论坛论文集. 成都:中国国际防雷论坛.

高金阁,李京校,张仲,等,2017. 架空传输线雷电感应电压计算公式分析与修订[J]. 气象科学,37(6):845-850.

高燚,周方聪,劳小青,2014. 1999-2011 年海南岛雷电灾害特征分析[J]. 自然灾害学报,23(5):253-262.

龚家军,刘国臻,2008. 武当山古建筑物防雷措施探讨[J]. 电气应用,2008(15):18-21.

关象石,王风山,李世英,等,1997. 国内外雷电灾害事故案例精选[M]. 北京:气象出版社.

郭秀峰,谭涌波,郭风霞,等,2013. 建筑物尖端对大气电场畸变影响的数值计算[J]. 应用气象学报,24(2):189-196.

郭自清,孙小茹,叶齐政,等,2017. 短间隙放电中的电晕型先导特性[J]. 中国电机工程学报,37(11):3339-3347.

郝孝智,关象石,2003. 从应县木塔遭受雷击谈"绝缘防雷"[C]//第二届中国防雷论坛论文集. 北京:第二届中国国际防雷论坛.

何华卫,刘压军,2016. 基于 6SigmaET 的固态功放模块的热设计[J]. 电子机械工程,32(4):20-22,38.

胡毅,叶廷路,汪峰,等,2005. OPGW 断股的微观检测及机理分析[J]. 高电压技术,2005(10):9-11、29.

扈海波,李京校,潘进军,2012. 北京地区雷电灾害风险评估方法与应用[J]. 气象,38(8):1004-1011.

黄克俭,王小飞,李鑫,等,2015. 架空金属线路雷电感应电流热效应分析[J]. 电瓷避雷器,2015(1):119-124.

黄燕虹,齐飞,2012. 对故宫古建筑预防雷电的保护与思考[C]//中国文物保护技术协会第七次学术年会论文集. 北京:科学出版社.

黄玉茹,马宏达,郭洁萍,1989. 故宫建筑材料的雷击实验及改进中国古建筑防雷设计的建议[R]. 中国科学院电工研究所论文报告集,1989(18):110-117.

惠任,王丽琴,梁嘉放,等,2007. 中国古建琉璃构件"粉状锈"之病变初探[J]. 文物保护与考古科学,2007(02):14-19、73.

姜启成,张其林,姜有山,等,2010. 苏州紫金庵雷击原因分析及古建筑防雷技术[J]. 气象科技,38(6):825-831.

金磊,1996. 雷害与古建筑防雷[J]. 安全,1996(03):3-5.

李采芹,王铭珍,2009. 中国古建筑与消防(第 2 版)[M]. 上海:上海科学技术出版社.

李家启,2012. 通信基站建设诱发雷电灾害事故分析[J]. 气象科技,40(4):651-655.

李家启,李良福,覃彬全,等,2007. 雷电灾害典型案例分析[M]. 北京:气象出版社.

李京校,郭凤霞,沈永海,等,2013. 利用 SAFIR 资料对北京及其周边地区的地闪参数特征分析[J]. 高原气象,32(5):1450-1459.

李京校,宋平健,甘璐,等,2014. 故宫博物院"6.23"雷击事故分析[J]. 南京信息工程大学学报(自然科学学报),6(4):326-335.

李京校,宋平健,李如箭,等,2015. 特殊建筑物雷击截收面积计算[J]. 气象科技,43(02):331-337.

李京校,齐飞,张宇龙,等,2016a. 故宫博物院雷电灾害及闪电特征分析[J]. 南京信息工程大学学报(自然科学学报),8(3):252-258.

李京校,宋平健,李如箭,等,2016b. 文物古建直击雷火灾成因分析及对策[J]. 西南师范大学学报(自然科学版),41(10):88-95.

李京校,李如箭,宋平健,等,2019. 基于有限体积法的古建筑防雷引下线温度模拟分析[J]. 气象科学,39(01):

70-77.

李京校，霍沛东，符琳，等，2021. 古建筑雷电灾害及防雷技术研究综述[J]. 气象与环境学报，37(2)：91-100.

李京校，李敬，姚学玲，等，2022. 古建筑屋顶琉璃瓦雷击破坏特性分析[J]. 高电压技术，48(12)：4750-4759.

李景水，2012. 异型建筑物年预计雷击次数计算[J]. 山西建筑，38(12)：152-154.

李静，房小妹，郑贵元，等，2020. 故宫南薰殿琉璃瓦脱釉原因研究[J]. 科学技术与工程，20(21)：8716-8723.

李良福，覃彬全，杨磊，等，2014. 雷电电弧放电效应及其危害机理研究[M]. 北京：气象出版社.

李鹏，2017. 古建筑雷电灾害风险评估现场勘查误区分析[J]. 价值工程，36(17)：159-160.

李如箭，李京校，逯曦，等，2015. 城市轨道交通高架站雷击时磁场空间分布模拟[J]. 气象科技，43(6)：1170-1175.

李顺昕，赵敏，秦飞，2018. 风机塔筒内部感应电压与感应电流计算研究[J]. 电瓷避雷器，(1)：99-104.

李衣长，刘学奎，蔡河章，等，2022. 文物古建筑的智慧防雷应用技术研究[J]. 海峡科学，185(05)：39-44.

李媛，苗建民，张汝藩，2013. 我国古代建筑琉璃构件胎体孔隙类型探讨[J]. 广西工学院学报，24(2)：68-73.

林其钊，朱霁平，王清安，1999. 雷击引起森林火灾的研究[J]. 火灾科学，8(1)：15-21.

刘典，夏胜国，2015. 短空气间隙放电流注分叉特性实验研究[J]. 高电压技术，41(01)：282-286.

刘宏，张骏懋，刘德平，1992. 琉璃瓦釉面变色机理及克服措施[J]. 山东轻工业学院学报(自然科学版)，1992(02)：29-34.

刘建峰，张九根，田丽，2012. 古建筑修缮中的防雷探讨[J]. 建筑电气，31(12)：44-47.

刘俊，2014. 建筑物金属结构雷电流热效应计算研究[J]. 建筑电气，33(6)：30-33.

刘荣，陈水明，张适昌，2000. 古建筑内电子设备雷电反击安全性及改进措施[J]. 建筑电气，19(2)：17-20.

刘世宇，高攀亮，2019. 新型雷电防护在线监测系统的研究与应用[J]. 仪器仪表用户，26(05)：27-32.

刘效彬，2015. 中国传统灰浆的化学组成特征及粘结机理研究[D]. 杭州：浙江大学.

刘效彬，崔彪，张秉坚，2016. 浙江古城墙传统灰浆材料的分析研究[J]. 光谱学与光谱分析，36(1)：237-242.

刘欣，岳慧清，2018. 架空线路雷电感应电压的改进时域有限元法研究[J]. 华北电力大学学报(自然科学版)，45(4)：41-47.

刘亚坤，夏海亮，何雨微，等，2016. 雷击时金属油罐的损伤与温升特性[J]. 高电压技术，42(5)：1578-1585.

刘有为，郑健超，1999. 湿度对绝缘表面工频闪络电压的影响[J]. 中国电机工程学报，1999(05)：54-59.

龙非了，1963. 我国古建筑的避雷措施[J]. 建筑学报，1963(01)：28-29.

马宏达，1989. 故宫防雷调查兼论中国古建防雷的特点[C]//中国科学院电工研究所论文报告集，18：118-122.

马明，吕伟涛，张义军，等，2008a. 1997-2006 年我国雷电灾情特征[J]. 应用气象学报，19(4)：393-400.

马明，吕伟涛，张义军，等，2008b. 我国雷电灾害及相关因素分析[J]. 地球科学进展，23(8)：856-865.

马玉亮，2007. 对国内外防雷标准中有效截收面积计算方法的探讨[C]//第六届中国国际防雷论坛论文摘编，464-467.

麋翔，肖中男，2015. 雷击导致圆钢损伤的实验研究[J]. 建筑电气，34(4)：45-50.

苗建民，王时伟，段鸿莺，等，2008. 古代建筑琉璃构件剥釉机理内在因素研究[J]. 故宫博物院院刊，2008(05)：115-129、160.

潘忠林. 2012. 现代防雷技术与工程(第二版)[M]. 成都：电子科技大学出版社.

彭超，张宇娇，秦威南，2014. 基于有限体积法的超高压电缆接头绝缘性能研究[J]. 高电压技术，40(12)：3695-3701.

齐飞，倪斌，李京校，等，2015. 古建筑防雷设计与评估[C]//天津：第 32 届中国气象学会年会.

钱慕晖，李京校，李如箭，等，2016. 北京市 2005—2014 年雷电灾害特征分析[J]. 气象与环境学报，32(04)：126-131.

秦跃平，孟君，贾敬艳，等，2013. 非稳态导热问题有限体积法[J]. 辽宁工程技术大学学报(自然科学版)，32(5)：577-581.

曲扎江措，泽仁玉珍，2012. 藏式古建筑的结构特点及其防雷措施[J]. 西藏研究，2012(3)：105-109.

全国雷电防护标准化技术委员会，2015. 雷电防护——第 2 部分：风险管理：GB/T 21714. 2—2015/IEC62305. 2-2010 [S]. 北京：中国标准出版社.

任艳,李家启,覃彬全,2010. 雷击大地密度和等效截收面积计算方法[J]. 气象科技,38(6):752-757.

尚杰,于晖,2007. 现代条件下的古建筑防雷[J]. 气象科技,35(增刊):57-62.

沈德魁,方梦祥,李社锋,等,2007. 热辐射下木材热解与着火特性实验[J]. 燃烧科学与技术,13(4):365-369.

施广全,王振会,2008. 雷击灾害风险评估中等效截收面积计算方法研究[J]. 气象与环境科学,31(2):47-50.

宋刚,2020. 古建筑木结构加固与保护[J]. 炎黄地理,571(12):75-77.

宋平健,李京校,李如箭,等,2015. 开放段长城敌台接闪器的设置[J]. 气象科技,43(04):754-758.

苏邦礼,崔秉球,吴望平,等,1996. 雷电与避雷工程[M]. 广州:中山大学出版社.

孙晋茹,姚学玲,许雯珺,等,2019. 雷电流分量对碳纤维增强型复合材料层合板的雷击损伤效应[J]. 高电压技术,45(12):3836-3843.

孙晋茹,焦梓家,朱鑫,等,2021. 光纤复合架空地线雷电损伤模式及影响因素的实验及仿真研究[J]. 高电压技术,47(05):1872 -1880.

孙军,周兵,宗志平,等,2010. 重庆开县雷击事件天气背景分析[J]. 气象,36(3):70-76.

唐生昊,2014. 藏式古建筑物的综合防雷设计——以文成公主庙为例[J]. 青海气象,2014(03):37-41.

陶彪,张华明,杨世刚,2009. 古建筑雷击风险评估探讨[J]. 灾害学,24(4):77-80.

万丽岩,邢宇航,刘恩相,等,2008. 兴城古建筑物防雷技术设计探讨[J]. 气象与环境学报, 2008(03):29-32.

万雪,任铁良,杨懿,等,2016. 水蒸气焓熵的模型化计算[J]. 冶金能源,35(2):13-16.

王芳春,2004. 建筑物年预计雷击次数 N 的简化计算方法[J]. 建筑电气,23(02):19-22.

王富生,姬尧尧,刘志强,等,2014. 复合材料雷击放电效应三维数值模拟[J]. 振动与冲击,33(22):13-20.

王娟,谌芸 . 2015. 2009-2012 年中国闪电分布特征分析[J]. 气象, 41(02):160-170.

王俊波,董龙洋,张志伟,等,2014. 唐山地区 220 kV 输电线路综合防雷模拟仿真研究[J]. 科学技术与工程,14(22):116-120.

王荣珠,余建华,夏雪,等,2018. 南昌地区大气电场的阈值确定[J]. 江西科学,36(06):991-994、1016.

王时煦,1994. 园林古建筑的防雷与防火[J]. 中国园林,10(3):40-45.

王时煦,1996. 再论古建筑物与故宫博物院的防雷[C]//中国紫禁城学会论文集 . 北京:紫禁城出版社,1996:340-348.

王时煦,于倬云,白丽娟,2000. 故宫博物院的防雷历史与经验分析[R]. 中国紫禁城学会论文集(第三辑),400-409.

王玮,2017. 古建筑防接触电压和跨步电压措施技术分析与做法[J]. 价值工程,36(03):148-150.

王希,王顺超,何金良,等,2011. 10kV 配电线路的雷电感应过电压特性[J]. 高电压技术,37(3):599-605.

王雪顽,张适昌,马宏达,1992. 古建筑木材沿面粉尘抗电强度和可燃性试验研究[R]. 中国科学院电工研究所论文报告集,1992(24):118-122.

魏平凡,2005. 山西大同古代建筑避雷机制之浅谈[J]. 科技情报开发与经济,15(17):277-278.

问楠臻,高文俊,2008. 基于 IEC62305 雷击风险评估计算方法[J]. 建筑电气,27(7),34-37.

吴保安,邢江平,2008. 五台山佛光寺古建筑避雷原因探析[J]. 科学技术与辩证法,25(4):95-98.

吴孟恒,付国振,郭砚茗,2007. 古建筑防雷设计应注意的几个问题[J]. 气象科技,35(增刊),63-66.

吴寿锽,王秉钧,丁士章,等,1993. 应县木塔避雷机制的再探讨[J]. 自然科学史研究,12(2):146-152.

吴燕春,吴隽,吴军明,等,2017. 化妆土对鄱阳淮王府琉璃构件釉面品质的影响[J]. 陶瓷学报,38(3):415-420.

肖稳安,张小青,2006. 雷电与防护技术基础[M]. 北京:气象出版社 .

徐航,周群,曹晓燕,等,2017. 基于改进传输线模型和 FDTD 算法的西南丘陵地区感应雷过电压计算方法研究[J]. 电瓷避雷器,(5):107-112.

徐满平,1998. 对我国古建筑"避雷措施"的分析与认识[J]. 安徽师范大学学报(自然科学版),21(3):303-306.

徐兴发,聂一雄,程汉湘,等,2014. 基于改进 Agrawal 模型和 FDTD 法的感应雷过电压算法[J]. 南方电网技术,8(1):27-32.

徐子健,2012. 建筑物年预计雷击次数 Nd 的取值探讨[C]//合肥:中部六省防雷论坛 .

许爱华,马中元,郭艳,2004. "7.17"庐山雷击事件分析[J]. 气象,30(6):35-39.

杨成山，辛延俊，王军，等，2015. 塔尔寺古建筑的雷电环境分析与防护措施[J]. 文物保护与考古科学，27(03)：20-25.

杨春浩，赵洋，肖瑶，等，2020. 玻璃纤维复合材料在雷电冲击电流下的沿面损伤试验研究[J]. 复合材料科学与工程，2020(05)：47-52.

杨静，郄秀书，王建国，等，2008. 雷电在水平导体中产生感应电压的观测及数值模拟研究[J]. 物理学报，57(3)：1068-1075.

杨磊，谭涌波，强玉华，等，2015. 太阳能光伏发电系统雷电灾害及防御分析[J]. 高压电器，51(6)：62-67.

杨世刚，张华明，陶彪，2010a. 古建筑防雷探讨[J]. 防灾科技学院学报，12(3)：40-43.

杨世刚，赵桂香，潘森，等，2010b. 我国雷电灾害时空分布特征及预警[J]. 自然灾害学报，19(6)：153-159.

杨仲江，2009. 雷电灾害风险评估与管理基础[M]. 北京：气象出版社.

杨仲江，李玉照，姜长稷，2009. 从扬州重宁寺藏经楼雷击事故看古建筑防雷[J]. 建筑电气，28(10)：536-539.

姚坤，2004. 利用计算机作图法求建筑物年预计雷击次数[J]. 建筑电气，23(04)：30-32.

姚学玲，郭灿阳，孙晋茹，等，2017. 碳纤维复合材料在雷电流作用下的损伤仿真与试验[J]. 高电压技术，43(05)：1400-1408.

尹俊杰，李曙林，姚学玲，等，2017. 含紧固件复合材料层压板结构雷击烧蚀损伤特征分析[J]. 34(1)：104-111.

余占清，曾嵘，王绍安，等，2013. 配电线路雷电感应过电压仿真计算分析[J]. 高电压技术，39(2)：415-422.

虞悦，冯丹丹，包炳生，2019. 国家级文物保护的古建筑防雷技术探讨[J]. 科技通报，35(04)：189-193.

张春龙，行鸿彦，李春影，等，2018. 不同类型电缆耦合雷电感应过电压研究[J]. 电子测量与仪器学报，32(6)：180-185.

张华明，刘耀龙，张义军，等，2015. 基于 AHP 的文物建筑防雷分类研究[J]. 气象科技，43(2)：326-330.

张华明，杨世刚，张义军，等，2013. 古建筑物雷击灾害特征[J]. 气象科技，41(4)：758-763.

张华明，李强，刘耀龙，等，2020. 文物建筑雷击火灾机理及防护研究[J]. 中低纬山地气象，44(01)：66-70.

张小青，2000. 建筑物内电子设备的防雷保护[M]. 北京：电子工业出版社.

张徐伟，李鹏飞，郑文佳，等，2018. 基于波导理论与 ATP-EMTP 对雷击风机系统仿真及防护[J]. 科学技术与工程，18(25)：164-171.

张义军，周秀骥，2006. 雷电研究的回顾和进展[J]. 应用气象学报，17(6)：829-834.

张义军，陶善昌，马明，等，2009. 雷电灾害[M]. 北京：气象出版社.

张玉桦，李学耕，张军，2009. 嵩山历史古建筑群申遗项目防雷工程设计[J]. 气象与环境科学，32(02)：90-93.

张泽江，梅秀娟，2010. 古建筑消防[M]. 北京：化学工业出版社.

赵静，迪丽热巴·阿迪力，钱荣，等，2020. 故宫养心殿燕喜堂古建筑琉璃构件的釉面损毁研究[J]. 文物保护与考古科学，32(02)：1-12.

赵君龙，2015. 变电站雷击过电压计算及对站内监测设备的影响[D]. 济南：山东大学.

赵秋生，聂百胜，2008. 燃点、自燃点定义及其相互关系探讨[J]. 中国安全生产科学技术，4(6)：39-43.

赵贤产，吴剑强，马宁，等，2012. 一次强雷击空气冲击波引发灾害过程分析[J]. 气象科技，40(6)：1025-1029.

赵彦钊，殷海荣，2006. 玻璃工艺学[M]. 北京：化学工业出版社.

赵洋，张耀，行鸿彦，2020. 用于风电机组的玻璃纤维增强复合材料模拟雷击试验研究[J]. 电瓷避雷器，2020(06)：130-135.

郑玥，刘耀银，万玉苏，等，2017. 雷击接触网高速列车车体过电压仿真分析[J]. 高压电器，53(10)：44-49.

周乾，2019. 紫禁城古建筑防雷的传统方法[J]. 工业建筑，49(05)：197-200.

朱秀兰，李梦达，2010. 10kV 配电线路防雷保护间隙的设计[J]. 科学技术与工程，10(31)：7755-7759.

朱易，刘乃安，邓志华，等，2012. 雷击引燃森林可燃物概率的实验研究[J]. 火灾科学，21(2)：71-77.

朱泽伟，周歧斌，陈华晖，等，2019. 高层建筑物幕墙玻璃模拟雷击试验技术方法研究[J]. 高压电器，55(10)：164-168.

朱肇春，叶龙耕，王满林，1978. 日用精陶坯釉结合性能的研究[J]. 硅酸盐学报，1978(04)：266-278、329、336.

ADORNI，ELISA，2013. The steeple spire of the Parma Cathedral：An analysis of the glazed bricks and mortars [J]. Journal of the European Ceramic Society，33(13-14)：2801-2809.

AN Z Y,LIU B,2013. Chinese historic buildings fire safety and countermeasure[J]. Procedia Engineering,52:23-26.

BARKEP P P,SHORT T A,EYBERT-BERARD A R,et al,1996. Induced voltage measurements on an experimental distribution line during nearby rocket triggered lightning flashes[J]. IEEE Transactions on Power Delivery,11(2):980-995.

BECERRA M,COORAY V,HARTONO Z A,2007. Identification of lightning vulnerability points on complex grounded structures[J]. Journal of Electrostatics,65:562-570.

CHEN W M, 2006,Principles of Lightning Science[M]Beijing:China Meteorological Press.

DARVENIZA M,ZHOU Y,1994. Lightning-initiated fires:Energy absorbed by fibrous materials from impulse current arcs[J]. Journal of Geophysical Research,99:10663-10670.

DILIREBA A,ZHAO J,LU Y,et al,2020. Protection of glazed tiles in ancient buildings of China[J]. Heritage Science,8(1):1-12.

DLMINI W M,2009. Lightning fatalities in Swaziland:2000—2007[J]. Natural Hazards,50(1):179-191.

ELSON D M,2001. Deaths and injuries caused by lightning in the United Kingdom:Analyses of two databases [J]. Atmospheric Research,56:325-334.

FAN T,YUAN P,WANG X J,et al,2017. The evolution of current and channel radius in cloud-to-ground lightning return stroke process[J]. Atmospheric Research,194:226-234.

FAN X B,XIONG Q F,XIA Z G,2011. Study on the lightning-protection of ancient buildings[J]. Journal of Landscape Research,3(5):65-69.

FANG S Q,BING H Z,ZHANG J,et al,2014. The identification of organic additives in traditional lime mortar [J]. Journal of Cultural Heritage,15(2):144-150.

FARHAD R,MARCOS R,SILVIA G,et al,1997. Voltages induced on overhead lines by dart leaders and subsequent return strokes in natural and rocket-triggered lightning[J]. IEEE Transactions on Electromagnetic Compatibility,39(2):160-166.

GULZAR S,WORLE M,BURG J P,et al,2013. Characterization of 17th Century Mughal tile glazes from Shahdara complex,Lahore-Pakistan[J]. Journal of Cultural Heritage,14(2):174-179.

HILL J D,UMAN M A,JORDAN D M,2011. High-speed video observations of a lightning stepped leader[J]. Journal of Geophysical Research. Atmospheres,116(D16).

HIRANO Y,KATSUMATA S,IWAHORI Y,et al,2010. Artificial lightning testing on graphite/epoxy composite laminate[J]. Composites Part A:Applied Science and Manufacturing,41(10):1461-1470.

HU J,LI C,2011. Lightning protection of Chinese ancient architecture[C]//7th Asia-Pacific International Conference on Lightning. China,Chengdu.

JAN M,MARCELA E,JIŘÍ K,et al,2014. Influence of the wall material of the lightning protected object size induced surges [C]//32nd International Conference on Lightning Protection,Shanghai,China.

LATHAM D J,SCHLIETER J A,1989. Ignition probabilities of wildland fuels based on simulated lightning discharges. Washington DC:USDA,Intermountain Research Station.

LI J X,ZHANG X Q,LI J,et al,2017. An experimental study of the damage degrees to ancient building timber caused by lightning strikes[J]. Journal of Electrostatics,90:23-30.

LI J X,FANG Z L,FU L,et al,2021a. Artificial lightning strike tests and coupled electrical-thermal analysis on roofing glazed tiles of ancient buildings[J]. Heritage Science,9(110):1-12.

LI J X,FU S C,ZHANG T,et al,2021b. Investigation of lightning damage mechanism and flashover channels on glazed roofing tiles of ancient buildings through laboratory experiments[J]. Journal of Electrostatics,110:103553—103562.

LI L F,LI J Q,QIN B Q,2010. Study on lightning protection technology for buildings with plastic-steel doors and windows on exterior walls [C]//2010 Asia-Pacific International Symposium on Electromagnetic Compatibility,Beijing,China.

LI X,ZHANG J,CHEN L,et al,2016. Measuring method for lightning channel temperature[J]. Scientific Reports,6(5):33906.

LIU X B,MA X,ZHANG B J,et al,2016. Analytical investigations of traditional masonry mortars from ancient city walls built during Ming and Qing dynasties in China[J]. International Journal of Architectural Heritage,10(5):663-673.

MATSUMOTOT,SASAMOTO R,2015. Gas heating and streamer-to-leader transition of impulse surface discharge on quartz glass in atmospheric air[J]. IEEE Transactions on Plasma Science,43(12):1-6.

METWALLY I A, HEIDLER F, ZISCHANK W, 2004. Measurement of the rear-face temperature of metals struck by lightning long duration currents[J]. European Transactions on Electrical Power,14(4):201-222.

NILUFER A,MUHSIN K,2004. A study on the fire protection of historic Cumalıkızık village[J]. Journal of Cultural Heritage,2004(5):213-219.

OGASAWARA T,HIRANO Y,YOSHIMURA A,2010. Coupled thermal-electrical analysis for carbon fiber/epoxy composites exposed to simulated lightning current[J]. Composites Part A,41(8):973-981.

OKANO D,2016. Lightning transient impedance analysis of a junction concrete gap soaked in salt water under varying air pressure conditions[C]//33rd International Conference on Lightning Protection. Estoril,Portugal.

PAISIOS M P,KARAGIANNOPOULOS C G,BOURKAS P D,2007. Estimation of the temperature rise in cylindrical conductors subjected to heavy 10/350μs lightning current impulses[J]. Electric Power Systems Research,78(1):80-87.

RONALD L H,RAUL E L,2000. Lightning casualties and damages in the United States from 1959 to 1994[J]. Journal of Climate,13(19):3448-3464.

SABA M M,PAIVA A R,SCHUMANN C,et al,2017. Lightning attachment process to common buildings[J]. Geophysical Research Letters,44(9):4368-4375.

SATO M,KURAMOTO S,2000. Experimental direct lightning current distribution in a reinforced concrete building[J]. Electronics and Communications in Japan,83(4):53-62.

SHIRAI J,SHIGEFUKU A,MURAKAMI Y,et al,2012. Aerial flashover caused by surface flashover generated from microscopic pores of insulating solid[J]. Electrical Engineering in Japan,178(4):16-23.

WANG F S,DING N,LIU Z Q,et al,2014. Ablation damage characteristic and residual strength prediction of carbon fiber/epoxy composite suffered from lightning strike[J]. Composite Structures,117:222-233.

WANG N N,ZHAO X F,ZOU Z,2020. Autonomous damage segmentation and measurement of glazed tiles in historic buildings via deep learning[J]. Computer-Aided Civil and Infrastructure Engineering,35:277-291.

YANG X M,GAO C,2011. Study on lightning-proof mechanism in buildings via naturism concept in ancient China[C]//Proceedings of Eco-Sophia 2011 Parallel Session-8th International Whitehead Conference-Creativity and Harmony. Japan,Tokyo,325-332.

ZHANG S M,LU R Q,2012. ICA3D-Intelligent computer-aided ancient Chinese architecture design[J]. Advanced Engineering Informatics,2012(26):705-715.

ZHAO J,LI W D,LUO H J,et al,2010. Research on protection of the architectural glazed ceramics in the Palace Museum,Beijing[J]. Journal of Cultural Heritage. 11(3):279-287.

ZISCHANK W,HEIDLER F,WIESINGER J,et al,2004. Laboratory simulation of direct lightning strokes to a modeled building:measurement of magnetic fields and induced voltages[J]. Journal of Electrostatics,60(2-4):223-232.

附录A 全国古建筑和故宫博物院雷灾统计

全国古建筑雷灾统计见表A.1。

表A.1 全国古建筑雷灾统计

编号	雷击年份(公元)	月	日	地点(省、区、市)	古建名称	雷击损毁状况描述	雷击类型
1	534	—	—	河南	洛阳永宁寺木塔	我国最早的摩天楼——永宁寺木塔,是一座木结构佛塔,建于519年,534年被雷击中,毁于火灾,高125～145 m	直击雷
2	762	—	—	西藏	布达拉宫	一场雷击引发大火,导致布达拉宫内1000多间房屋中绝大多数被烧毁,仅有曲结竹普和帕巴拉康两处幸免。直到17世纪才重修	直击雷
3	833	9	26	北京	法源寺	公元833年9月26日北京法源寺木塔被雷击焚毁。位于北京宣武门外的法源寺,为北京城内现存历史最悠久的名刹,寺中有一石碑,就记录这一事实:“夜,忽风雨暴至,灾火延寺,浮图灵庙,飒为烟烬”,五层木塔遭雷击起火被焚毁	直击雷
4	1112	—	—	河南	开封佑国寺铁塔、繁塔	始建于1049年,初为木塔,塔高100多米,从设计到建成历时8年,在建成55年后遭雷击起火焚毁。5年后重建,改木塔为琉璃塔。开封市的另一座名塔繁塔建成于公元990年,原为9层,在雷击和兵灾中,到元代只剩下3层	直击雷
5	1150	—	—	浙江	湖州飞英塔	飞英塔原名舍利石塔,石塔始建于唐代(884—894年),宋开宝年间(968—976年)在石塔四周又作木塔以笼之,成为少见的“塔里塔”。南宋绍兴二十年(1150年),遭雷击起火,内外两塔尽毁	直击雷
6	1368	6	30	北京	妙应寺(又称白塔寺)	北京妙应寺元代称为大圣寿万安寺,雷击起火被毁,“是日未时,雷雨中有火,自空而下,焚大圣寿万安寺”	直击雷
7	1391	3	28	北京	白塔寺	明洪武二十四年,白塔寺遭雷击,将修复的白塔和殿宇击坏焚毁	直击雷
8	1457	7	25	北京	天安门	今北京天安门,明代叫承天门,1457年7月25日遭受雷击起火被毁	直击雷
9	1499	6	16	山东	孔庙	明弘治十二年6月16日夜子时,雷击启圣家祖,延烧正殿,伯鱼庙,子思庙,大成门,大成殿,启圣殿,东西两庑,以及洪武、永乐御制碑文并楼共123间	直击雷
10	1526	6	5	北京	阜成门	雷击阜成门城楼南角吻兽及迤北地九铺旗杆	直击雷
11	1531	6	18	北京	德胜门	雷震德胜门,破民屋柱死者4人	直击雷
12	1539	6	16	北京	北鼓楼	雷击皇城北鼓楼毁	直击雷
13	1604	6	20	北京	明十三陵	雷击毁长陵楼,焚毁明楼,击碎文皇碑	直击雷

续表

编号	雷击年份（公元）	月	日	地点（省、区、市）	古建名称	雷击损毁状况描述	雷击类型
14	1611	6	—	北京	正阳门	大雨雷震，正阳门楼旗杆毁	直击雷
15	1617	8	6	北京	五凤楼、东华门	雷击五凤楼、东华门城楼吻兽	直击雷
16	1629	6	18	北京	宣武门西角楼	雷击宣武门西角楼迤东旗杆，烟出五尺许	直击雷
17	1695	—	—	北京	十三陵昭陵	陵恩殿和两庑配殿又遭雷击起火，陵卒拼命扑救，只救下了两庑配殿，陵恩殿被彻底烧毁	直击雷
18	1724	6	9	山东	孔庙	6月9日申时，雷落大成殿，火势凶猛，正殿焚毁，延烧寝殿，东西两庑，大成门，启圣王殿，金丝堂，以及圣祖皇帝御碑东西两亭等	直击雷
19	1768	6	3	北京	西城	建于元朝五六十年间的北京白塔寺，历史上曾两次经历雷击。1768年6月03日“是日未时，雷雨中有火，自空而下，焚大圣寺万安寺”	直击雷
20	清乾隆年间			北京	颐和园佛香阁	乾隆命人在万寿山上修建延寿塔，原设计是九层，可是盖到八层的时候遭雷击起火被毁，后来乾隆皇帝改变主意把九层改为三层，并改名叫佛香阁	直击雷
21	清嘉庆年间	— —	— —	安徽	宣城外敬亭山广教寺双塔	建于北宋后期，到清嘉庆年间其顶部已被雷电崩平，到1989年修复时，发现部分孔洞有半焦的檐椽和烧焦的梁头	直击雷
22	1889	8	24	北京	天坛	天坛祈年殿匾额被雷电击碎，碎片纷纷落地，同时，悬挂匾额的木柱起火。片刻之后，殿内一片大火，殿内木梁与立柱相继燃着，整个祈年殿化成灰烬，丹陛上的汉白玉石栏杆也全被烧毁炸裂	直击雷
23	1938	8	9	北京	景山万春亭	雷电击中景山万春亭，据载： “万春亭上层琉璃瓦顶殛碎，东北、东南、西北三处琉璃瓦脊殛落，下面四角明柱被殛破裂，东南角明柱下面铁箍崩断，前面殿门被烟熏黑……正殿周围玻璃击碎六块，正殿周围泥坯均有损坏，西面围墙墙头殛落一段……”； 虽然雷击未造成万春亭整体烧毁，但损失是显而易见的。后来，故宫博物院在财政极为困难的条件下，对其进行了修复。并检讨了火灾原因，是因为当时条件所限，未能为故宫内的建筑安装接闪杆，导致雷击的后果	直击雷
24	1952	夏	—	河北	东陵	河北遵化县清东陵因雷击起火，建筑被毁	直击雷
25	1956	—	—	北京	鼓楼	鼓楼东部吻兽首被雷击	直击雷
26	1957	7	6	北京	明十三陵长陵棱恩殿	十三陵长陵棱恩殿的西部兽头被雷击掉一半，横脊被砸裂40～50 cm，电流沿着大顶内立柱、横梁，又通过两根直径1.17 m，高14.3 m的大楠木柱子流下，劈裂楠木柱，表层深2～3 cm，裂缝宽10～20 cm，雷击后当即死亡1人，伤3人	直击雷
27	1957	7	8	北京	中山公园	中山公园音乐堂附近的一棵大树上落雷，雷电流感应到附近的架空线路上，电流传到音乐堂的配电室，致使观众厅的顶棚和后台的屋架大部份被烧毁	感应雷

续表

编号	雷击年份(公元)	月	日	地点(省、区、市)	古建名称	雷击损毁状况描述	雷击类型
28	1957	7	8	北京	鼓楼	鼓楼东部吻兽首被雷击	直击雷
29	1957	7	29	北京	原朝阳门	该日,北京原朝阳门北部的吻兽被雷击掉	直击雷
30	1957	8	16	北京	鼓楼	鼓楼东部吻兽首被雷击	直击雷
31	1958 1963 1987	—	—	安徽	巢湖锥子塔	锥子塔始建于明代初期,为6角7层砖石结构,高约35米,塔内有石阶可登。该塔1958、1963、1987年3次遭雷击,上两层又被击塌过半	直击雷
32	1959	夏		山东	泰安市岱庙	山东省泰安市岱庙因雷击发生火灾,天贶殿楠木立柱被击毁	直击雷
33	1959	9	13	陕西	西安市碑林大成殿	全国重点文物保护单位,陕西省西安市碑林大成殿遭受雷击起火被毁,殿内263件文物也被烧毁	直击雷
34	1961	6	21	北京	颐和园	颐和园昆明湖东边的文昌阁被雷击西房角及坡顶瓦,内部电线(电灯进户线)被烧断	直击雷、感应雷
35	1962	—	—	辽宁	福陵(又称东陵,努尔哈赤墓)明楼	福陵于1962年毁于雷火	直击雷
36	1964	9	10	河北	承德避暑山庄外八庙普佑寺	承德避暑山庄外八庙普佑寺因雷击起火,整个庙宇被烧毁	直击雷
37	1965	7	18	河北	承德避暑山庄六合塔	全国重点文物保护单位,河北省承德市避暑山庄六合塔遭受雷击起火,塔内木柱被焚毁	直击雷
38	1967	6	11	北京	前门	前门劝业场屋顶木旗杆被雷击坏	直击雷
39	1976	8	28	河北	易县清西陵崇陵	河北省易县清西陵崇陵东配殿遭受雷击起火,五间殿宇被	直击雷
40	1982	5	26	河北	张家口市赐儿山凉亭	始建于明代的赐儿山凉亭因雷击全部烧毁	直击雷
41	1983	8	13	北京	法源寺	21时51分,北京市法源寺门前一棵古树遭雷劈	直击雷
42	1984	—	—	北京	景山公园	景山后山坡大树遭雷击	直击雷
43	1984	—	—	西藏	布达拉宫	布达拉宫白宫遭受雷击,墙体和消防管道部分受损	直击雷
44	1985	—	—	上海	龙华寺	上海龙华寺遭雷击,弥勒佛的屋顶被雷电削去一角,虽然装了接闪杆,但针高不够,弥勒佛未在接闪杆的有效保护伞内	直击雷
45	1987	5	31	湖北	十堰市武当山一寺庙	武当山一寺庙的金顶遭雷击,因为金顶的接闪杆接地导线在修建施工时被弄断,事后没有及时检查修复,接闪杆实际成为了引雷针	直击雷
46	1988	7	30	北京	地坛公园西门附近	9时15分,地坛公园西门附近,一行人遭雷击身亡	直击雷
47	1988	8	30	北京	卢沟桥	卢沟桥中部北侧石狮子的头被击掉	直击雷
48	1992	6	9	北京	明十三陵献陵明楼	雷击起火,因无法扑救,烧了几天,完全毁坏	直击雷

续表

编号	雷击年份（公元）	月	日	地点（省、区、市）	古建名称	雷击损毁状况描述	雷击类型
49	1992	7	—	北京	香山团城	刚刚重修并安装了接闪杆的北京市香山团城演武庭，遭雷击损坏	直击雷
50	1992	8	29	北京	天坛附近	该日天坛南大街状元楼肉食部和天坛综合商店交结处落雷，一行人（23岁，女），拟路过躲雨，在该处被打倒，经抢救无效，死亡，这也是跨步电压所致	跨步电压
51	1993	8	19	北京	日坛公园	西北角一颗大树被雷劈掉树叉，树干也被劈裂	直击雷
52	1993	—	—	北京	香山鬼见愁主峰亭子	北京市香山鬼见愁主峰亭子损坏	直击雷
53	1993	8	19	北京	日坛公园	20时，一高20 m的小叶杨树被雷击，从主干直到根部被一劈到底，没有烧焦的痕迹	直击雷
54	1993	—	—	北京	前门箭楼	前门箭楼的低压配电柜遭雷击起火	感应雷
55	1993	—	—	北京	西什库天主教堂	西什库天主教堂被第二次雷击，将东一、东二砖塔击坏	直击雷
56	1993年1次			海南	文昌古塔	海南文昌古塔这座百年古塔在20个世纪90年代曾数次遭到自然灾害冲击，1993年遭雷击，1997年又连遭暴雨冲刷，2001年再遭2次雷击，原本七层的文笔塔被天灾破坏得仅存底层	直击雷
57	2001年2次						
58							
59	1995	6	24	北京	天坛南门	16时，北京天坛南门一居民楼遭雷击，7户居民家中彩电损坏	感应雷
60	1996	4	—	广西	桂林紫候祠	桂林紫候祠遭受雷击损坏	直击雷
61	1996	9	18	北京	颐和园	17时左右，颐和园二龙闸北3排7号，4排2号遭雷击，电话、电视机遭破坏	感应雷
62	1999	7	—	广西	桂林燕窝楼	桂林燕窝楼雷击起火损失50万元	直击雷
63	2001	—	—	西藏	布达拉宫	布达拉宫白宫再次遭受雷击，消防管道受损，电话线、市电线被烧断，3个监控显示器烧坏	直击雷、感应雷
64	2002	9	7	山西	朔州应县木塔	应县木塔遭雷击，开创900年木塔雷击先例。木材劈裂，地震监测设备被毁	直击雷、感应雷
65	2003	4	19	贵州	都匀市百子桥	都匀市省级文物保护单位百子桥因雷击击穿电源线外缘胶皮引发火灾，致使桥亭北端一角被火损坏，亭内的一些物品也受到损失	直击雷、感应雷
66	2003	5	—	广东	佛山南海区康有为故居	康有为故居古建筑群康氏宗祠屋顶遭雷击，被劈穿一个大洞	直击雷
67	2004	5	11	山西	运城稷山县大佛寺	大佛寺遭雷击发生火灾，经消防人员奋力扑救，大殿才免遭劫难，但仍有部分建筑被毁坏	直击雷
68	2004	8月初		云南	昆明市金马碧鸡坊	昆明的金马碧鸡坊遭雷击，一盏飞檐被打掉	直击雷
69	2005	4	29	江苏	苏州紫金庵	紫金庵内的一棵古银杏树冠突遭雷击，使这棵具有珍贵价值的古树树枝断落。同时雷电击中紫金庵罗汉堂隔壁墙体，强大的电磁耦合感应到侧墙上的电缆线上，击穿了配电箱，造成电线短路起火	直击雷、感应雷

续表

编号	雷击年份(公元)	月	日	地点(省、区、市)	古建名称	雷击损毁状况描述	雷击类型
70	2005	5	2	福建	泉州清源山南台寺	该日晚约8时,福建泉州市清源山南台寺遭雷击,南台寺大雄宝殿已经全部烧毁,该寺为儒、道、释三教合一的著名胜迹	直击雷
71	2005	7	2	河南	新乡辉县龙亭	7月2日晚,国家级重点文物保护单位、辉县市百泉风景区内苏门山上有乾隆皇帝题词御碑的龙亭遭雷击后被大火烧毁。坐落在百泉湖北面苏门山半山腰上的龙亭几乎全部坍塌,倒落在地上已烧成黑炭的圆柱木梁,有的仍在冒着黑烟。另一座台子上,中间竖着一块六七米高的石碑裂成了数块,用铁丝箍着。亭子被焚毁,石碑被击成数块,周围的柏树也被烧焦了	直击雷
72	2005	7	—	四川	广元明代古塔	该日四川广元苍溪县一明代古塔遭雷击后通体裂缝,塔顶刹座被击落,部分檐部垮塌,表层粉饰大面积脱落	直击雷
73	2005	8	13	山西	运城稷山县大佛寺	维修上次雷击损坏工程刚刚竣工,当时木柱较潮湿,新砌的砖墙也没完全干透,墙面地板遭破坏	直击雷
74	2008	5	—	北京	劳动文化宫	该日,北京市劳动人民文化宫院内一棵侧柏遭受雷击,据说该侧柏为明成祖朱棣皇帝亲手所栽,为国家一级保护古树名木,本次雷击造成侧柏所有树冠均被损坏。	直击雷
75	2008	8	11	江苏	扬州重宁寺藏经楼	重宁寺藏经楼遭雷击,并引发火灾,藏经楼的一扇门被雷击倒,多扇窗户都有被击伤的痕迹,一根10余米的木质门柱损坏严重,藏经楼内部多处被烧毁,二楼地板被烧出两个大洞	直击雷
76	2008	8	16	河南	洛阳白马寺	该日,在河南洛阳中国第一古刹白马寺,有悠久历史的十三层齐云塔遭到雷击后,底层部分砖块被劈碎,塔身严重倾斜。齐云塔建于五代时期,原为木塔,北宋时毁于战火,金朝大定年间重修改为砖塔,至今800多年(2008—2009年两年间洛阳白马寺齐云塔遭雷击三次,损坏严重)	直击雷
77	2008	5-8月	—	北京	云居寺	损坏的设备包括:被雷击成四段的石经山埋地电力电缆,石经山区域的电视监控系统、地波探测报警系统、红外探测报警系统、防盗掘系统,云居寺院内电视监控、火灾报警系统及办公自动化系统,云居寺院内的静琬茶苑匾额牌的立柱等	直击雷、感应雷
78	2008	10	4	山西	晋中市榆次老城	山西省榆次老城遭雷击,雷电击中元代古建筑物显佑殿,屋脊顶上西侧吻兽被击毁,琉璃瓦屋面被击崩(碎),西侧木质顶柱(梁)也被击裂。景区内消防控制、110报警弱电设备以及多台电脑、电视机等因雷电高压引入被击毁	直击雷
79	2009	8	14	浙江	义乌大安寺塔	大安寺塔遭受雷击,塔身多处受创,其中第四层的飞檐被击落。大安寺塔建于宋大观四年(1110年),迄今已900年,是义乌境内现存最早的砖木结构建筑	直击雷

续表

编号	雷击年份(公元)	月	日	地点(省、区、市)	古建名称	雷击损毁状况描述	雷击类型
80	2010	7	24	内蒙古	兴安盟乌兰浩特市普惠寺	内蒙古兴安盟乌兰浩特市普惠寺大雄宝殿因雷击发生火灾	直击雷
81	2011	6	7	北京	中山公园	位于中山公园内唐花坞前的一棵古树遭到雷击	直击雷
82	2011	—	—	广西	桂林靖江王陵	桂林靖江王陵多次遭雷击,损坏该场所的电话、监控设备、变压器等	直击雷、感应雷
83	2012	5	18	北京	植物园	该日 23 时左右,位于海淀区的北京植物园园内一棵高约 30 m 的鹅掌楸树遭受直接雷击,造成该棵名树死亡	直击雷
84	2012	7	14	河南	济源市阳台宫玉皇阁	当地突降暴雨,雷电击中河南省济源市王屋山风景区阳台宫玉皇阁正脊,西侧近 2 m 高的大吻、后檐垂脊 3 节脊筒被击碎,西侧博脊北段约 2 m 被击毁,多处瓦件破碎,木质神龛上方一横梁被击劈裂,在神台上击出三个大小不一的不规则圆坑	直击雷
85	2012	8	4	云南	玉溪市通海县九街镇碧溪村附近大佛寺	该日 16 时 30 分,通海县九街镇碧溪村附近大佛寺遭雷击,大佛寺屋顶东面龙头、瓦片被击碎,引起寺内部分起火	直击雷
86	2013	7	27	四川	宜宾旧州塔	7 月 27 日晚,建于北宋大观三年(公元 1109 年)的旧州塔遭雷击,塔外围第六层的翼角处受损最为严重,几块砖石摇摇欲坠;三至七层檐口均有不同程度的开裂,塔脚下堆着一堆碎石块。为国家级文物	直击雷
87	2013	8	23	青海	西宁南凉虎台遗址公园“西平王”雕像	造成西宁市南凉虎台遗址公园西平王雕像受损,雕像上身到碑座底部裂开大约长 1 m,宽 0.03 m 的缝,雕像身后出现细长的裂缝,碑座底部的石板已成破碎状散落在地	直击雷
88	2014	5	31	广西	恭城古建筑文庙	雷击导致广西恭城古建筑群文庙部分受损,屋檐卷草、西庑与乡贤祠卷草交接位置遭受雷击而受损,卷草及部分山墙脱落	直击雷
89	2016	4	12	广西	桂林靖江王府	桂林靖江王府 3 号 10 栋遭雷击烧毁塌落	直击雷
90	2016	8	12	辽宁	北镇庙鼓楼	该日晚上,辽宁北镇庙鼓楼发生雷击火灾事故。过火后,鼓楼一层砖石结构墙体基本完好,抱头梁少部分被烧,碳化面积 10%～20%。二层烧毁非常严重,以木结构为主的二层全部被烧,过火面积达 100%。门窗和护栏全部烧毁不存;梁、枋、椽、飞、望板、阙替等炭化面积 70%～80%;二层只有柱子还在支撑,柱子炭化面积 60%～70%。一层通向二层的楼梯也已经失去承载能力。鼓楼周边建筑未过火,无人员伤亡	直击雷
91	2020	8	—	福建	厦门大学	全国重点文物保护单位厦门大学成智楼遭受雷击,造成屋顶部分结构被损坏,屋脊红色机平瓦等部件被击脱落	直击雷
92	2020	9	7	福建	泉州晋江市紫帽山上凌霄塔	9 月 7 日下午,福建省泉州晋江市一旅游景点紫帽山上凌霄塔被雷击导致顶部受损严重,凌霄塔南侧已倒塌,凌霄塔靠南面一角 3 至 5 层已倒塌,地上都是碎石,一片狼藉,塔尖顶部还有雷击烧灼的一片一片的黑色印记	直击雷

续表

编号	雷击年份(公元)	月	日	地点(省、区、市)	古建名称	雷击损毁状况描述	雷击类型
93	2021	7	28	云南	文山州一历史建筑	7月28日晚上,受雷雨天气影响,文山州丘北县平寨乡的米村原村公所200多年历史建筑受到雷击,造成建筑左侧墙体坍塌,墙体支撑立柱开裂	直击雷
94	2021	9	3	浙江	宁波江北区清湾寺庙	当日傍晚清湾寺庙西侧屋檐一角遭雷击起火	直击雷
95	2022	5	24	北京	鼓楼	北京鼓楼中控室遭雷击,导致消防控制系统损坏,另外10个壁灯被击坏	感应雷击
96	2022	5	24	北京	北大红楼	北大红楼遭雷击,造成该文物建筑的门禁道闸配电箱、控制柜以及监控机房内设备被损坏	感应雷击

故宫博物院雷击事故统计见表 A.2。

表 A.2　故宫博物院雷击事故统计

编号	发生年份	发生月份	地点	雷击部位	损害类型	备注
1	明永乐十九年(1421年)	四月庚子(5月9日)	奉天殿、华盖殿、谨身殿(今太和殿、保和殿、中和殿)	烧毁	直击雷	
2	明正统八年(1443年)	五月戊寅(6月3日)	奉天殿(今太和殿)	鸱吻(吻兽)	直击雷	
3	明正统九年(1444年)	闰七月壬寅(9月7日)	奉先殿	鸱吻(吻兽)	直击雷	
4	明景泰三年(1452年)	7月3日	雷击宫廷中门		直击雷	
5	明天顺元年(1457年)	六月己亥	奉天殿	鸱吻(吻兽)	直击雷	奉天殿(今太和殿)鸱吻(吻兽)损坏
6	明弘治三年(1490年)	8月18日	雷击午门		直击雷	
7	明正德十六年(1521年)	八月庚辰(9月1日)	奉天门(今太和门)		直击雷	
8	明嘉靖十年(1531年)	六月癸亥(6月24日)	午门上角亭垂脊、西华门城楼西北角柱	角亭垂脊、城楼柱	直击雷	
9	明嘉靖十六年(1537年)	五月戊戌(6月27日)	谨身殿(保和殿)	鸱吻(吻兽)	直击雷	
10	明嘉靖二十八年(1549年)	六月丁酉(8月23日)	奉先殿	左吻及东室门	直击雷	

续表

编号	发生年份	发生月份	地点	雷击部位	损害类型	备注
11	明嘉靖三十六年(1557年)	四月丙申(5月11日)	奉天殿、华盖殿、谨身殿(今太和殿、保和殿、中和殿),体仁阁,弘义阁,太和门,协和门,熙和门及午门	尽毁(最严重的一次)	直击雷	火势由太和殿延烧中和、保和二殿,体仁阁、宏义阁,太和门、协和门、熙和门及午门外左右廊尽毁
12	明嘉靖三十八年(1559年)	六月丙寅(7月30日)	奉先殿	殿外南、西二墙	直击雷	
13	明万历三年(1575年)	六月己卯(7月19日)	建极殿(今保和殿)	鸱吻(吻兽)	直击雷	
14	明万历三年(1575年)	六月壬辰(8月2日)	端门	鸱吻(吻兽)	直击雷	
15	明万历二十二年(1594年)	六月己酉(7月14日)	西华门城楼		直击雷	西华楼城门起火
16	明万历二十二年(1594年)	六月	皇极、中极、建极三殿		直击雷	
17	明万历二十五年(1597年)	六月戊寅	火起协和门延伸至体仁阁、弘义阁,以及皇极、中极、建极三殿(今太和殿、中和殿、保和殿,和1557年很类似)(前三殿与后三宫)		直击雷	
18	明崇祯十六年(1643年对的)	六月丙戌(8月7日)	奉先殿	鸱吻(吻兽)、隔扇、铜环	直击雷,感应雷	铜环尽毁坏
19	清乾隆二十三年(1758年)	四月二十八日(6月3日)	太和殿庑房丝皮库(太和门西侧)	火烧至贞度门、熙和门	直击雷(推测)	火势延烧至贞度门、熙和门,共烧毁房屋四十一间,因起火时间在雷雨季节,推测起火原因是雷击
20	清乾隆四十八年(1783年)	六月癸亥(7月2日)	体仁阁(位于太和殿东侧一处较低矮殿宇),西华门		直击雷	烧了西华门、体仁阁
21	清同治元年(1862年)	—	太和门、太和殿、东华门、西华门、神武门	鸱吻(吻兽)出烟	直击雷	
22	清同治八年(1869年)	辛酉(7月29日)	武英殿		直击雷(推测)	火势延烧二十余间,因起火时间在雷雨季节,推测起火原因是雷击
23	1954年	7月	慈宁门	屋面西北角垂兽(其玻璃瓦)被击落	直击雷	

续表

编号	发生年份	发生月份	地点	雷击部位	损害类型	备注
24	1955年	8月8日	午门东北角楼		直击雷	
25	1955年	8月14日	午门东南角楼	东南角楼沿额枋安装的电话线，沿线有烧焦的痕迹	直击雷，感应雷	东南角楼沿额枋安装的电话线，沿线有烧焦的痕迹
26	1957年	7月12日	东华门	一接闪杆鎏金部位(估计也是吻兽)	直击雷	
27	1957年	7月31日	太和殿前	台阶上施工架旁立着的临时杉槁	直击雷	临时杉槁被击裂
28	1957年	8月27日	太和殿、保和殿	太和殿西北角额枋灼黑、保和殿正脊东侧吻上的接闪杆接闪	直击雷	保和殿接闪杆尖有电烙痕迹
29	1970年	6月	慈宁宫东侧的头所殿后殿	东吻吻兽上半部	直击雷	慈宁宫东侧头所殿后殿东吻上部被雷击掉
30	1970年	6月	午门西南角亭	东南斜脊上的走兽(垂兽)	直击雷	午门西南角亭东南斜脊上一排五个走兽被击倒
31	1970年	7月	午门西南角亭	滚动到室内，北墙局部烧焦，室内两中柱间拴的铁丝烧断	球形雷	
32	1970年	7月	皇极门外东侧	松树树皮被脱落	直击雷	树皮剥落一条，树木安然
33	1973年	8月	重华宫	厨房檐头被雷击，电铃线烧断	直击雷，感应雷	西铁门通向崇华宫厨房的电铃线被烧断
34	1978年	7月	景运门(乾清门广场东侧)	正脊北端吻兽	直击雷	吻兽上半部被击掉，雷电流向下击穿山花板
35	1980年	8月	养心殿院内西配殿	正脊南端的较高吻兽	直击雷	上午刚安装的正吻被击掉
36	1984年	6月2日	承乾宫正殿	正脊中宝盒	直击雷	通脊上的盖瓦被击坏(通脊内有宝盒)，较高的吻兽却未遭雷击
37	1987年	8月24日	景阳宫	西部兽头	直击雷	景阳宫起火；西部兽头被击掉，摔成三块
38	1991年	8月14日	寿安宫前院西配殿(现图书馆)即春禧殿的西配殿	后坡西坡瓦面	球形雷	

续表

编号	发生年份	发生月份	地点	雷击部位	损害类型	备注
39	1992年	8月2日	玄穹宝殿南裙房院内	松树，电话线击穿、电话机被击坏	直击雷、雷电波侵入	松树树皮脱落，院内架空线被击穿，并引入室内，电话机被烧坏
40	1993年	—	景福宫区、乐寿堂区、养性殿区、履顺门区、保和殿东庑	报警系统失灵	感应雷	报警系统可能遭雷击
41	1993年	8月	钟粹宫	西吻兽安装的接闪杆	直击雷	
42	1994年	8月	景阳宫	东侧独立接闪杆接闪	直击雷	
43	1994年	—	景福宫区、宁寿宫区	报警系统失灵	感应雷	报警系统可能遭雷击
44	1994年	8月	长春宫	西吻兽安装的接闪杆	直击雷	
45	1995年	—	景福宫区、永寿宫区	报警系统失灵	感应雷	报警系统可能遭雷击
46	1996年	8月	储秀宫、长春宫	东吻上安装的接闪杆、西吻兽安装的接闪杆	直击雷	长春宫接闪杆接闪两次，记录由雷击计数器显示
47	2003年	9月22日	(南三所正门)东山、吻兽、正脊、山花	东山墙、吻兽、正脊、山花，房瓦被揭掉	直击雷	房瓦被揭掉
48	2006年	7月24日	太和殿施工现场	两个脚手架	直击雷	两个脚手架均做了接地处理，故未造成损失
49	2011年	6月23日	箭亭、锡庆门、修缮中心、宝蕴楼后武警院内、电管科办公室	屋脊端头瓦件、电子设备	直击雷，感应雷	上述几处均遭雷击，屋脊端头瓦件被击碎脱落
50	2012年	6月23日	武警消防中队、故宫西南侧(断虹桥西南角)	电子设备、一棵国槐	直击雷，感应雷	消防中队、故宫内一棵古树均遭雷击
51	2012年	9月27日	神武门外广场东侧	一棵柏树	直击雷	

附录B　文物建筑雷电防护技术规范

1　范围

本文件规定了文物建筑雷电防护的分类、基本要求、风险评估、直击雷防护、雷击电磁脉冲的防护和防雷装置的检测与维护。

本文件适用于北京市行政区域内文物建筑雷电防护工程的设计、施工、改造和防雷装置的检测维护。

2　规范性引用文件

下列文件中的内容通过文中的规范性引用而构成本文件必不可少的条款。其中，注日期的引用文件，仅该日期对应的版本适用于本文件。不注日期的引用文件，其最新版本(包括所有的修改单)适用于本文件。

GB/T 18802.11　低压电涌保护器(SPD)第11部分：低压配电系统的电涌保护器性能要求和试验方法

GB/T 18802.21　低压电涌保护器 第21部分：电信和信号网络的电涌保护器(SPD)性能要求和试验方法

GB/T 21431　建筑物防雷装置检测技术规范

GB/T 21714.2　雷电防护 第2部分 风险管理(IEC 62305-2，IDT)

GB 50057　建筑物防雷设计规范

GB/T 50104　建筑制图统一标准

GB 50343　建筑物电子信息系统防雷技术规范

DB11/T 634　建筑物电子系统防雷装置检测技术规范

DB11/T 1636　雷电防护装置日常维护规程

3　术语和定义

下列术语和定义适用于本文件。

3.1

文物建筑　heritage buildings

公布为不可移动文物的建筑物和构筑物。

[来源：QX 189—2013，定义3.1]

3.2

正脊　main ridge

庑殿顶和非卷棚的歇山、悬山、硬山顶上前后两个坡面相接处的屋脊，在屋顶的最高处。

3.3

垂脊　vertical ridge

庑殿顶自正脊两端至屋檐四角，攒尖顶自宝顶至屋檐转角处，歇山、悬山、硬山顶自正脊两端沿前后坡垂直向下的屋脊。

3.4

戗脊　sloping ridge

自歇山顶建筑垂脊下端至屋檐四角部分的屋脊。脊身与垂脊成45°,对垂脊起支戗作用。

3.5

宝顶　top of an emperor's mausoleum

中国传统建筑攒尖屋面顶面做法之一,造型多为顶座加顶珠的形式。

3.6

宝瓶　sacred vase

文物建筑正脊上砌筑的塔式造型构筑物。

3.7

垂兽　vertical ridge of animal

又称角兽,中国传统建筑屋顶垂脊上安装的主要兽件。

3.8

戗兽　sloping ridge of animal

中国传统建筑戗脊上安装的主要兽件。

3.9

防雷装置　lightning protection system;LPS

用于减少闪击击于建(构)筑物上或建(构)筑物附近造成的物质性损害和人身伤亡,由外部防雷装置和内部防雷装置组成。

[来源:GB 50057—2010,定义 2.0.5]

3.10

防雷等电位连接　lightning equipotential bonding

将分开的诸金属物体直接用连接导体或经电涌保护器连接到防雷装置上,以减小雷电流引发的电位差。

[来源:GB 50057—2010,定义 2.0.19]

3.11

电涌保护器　surge protective device;SPD

用于限制瞬态过电压和分泄电涌电流的器件。它至少含有一个非线性元件。

[来源:GB 50057—2010,定义 2.0.29]

3.12

防雷区　lightning protection zone;LPZ

划分雷击电磁环境的区,一个防雷区的区界面不一定要有实物界面,如不一定要有墙壁、地板或天花板作为区界面。

[来源:GB 50057—2010,定义 2.0.24]

4　雷电防护分类

4.1　根据文物建筑的位置、结构、保护级别、雷击历史、年预计雷击次数等,将文物建筑防雷分为三类。

4.2　遇有下列情况之一,应划为第一类防雷文物建筑:

——全国重点文物保护单位的文物建筑;

——有雷击历史的市级文物保护单位的文物建筑;

——预计雷击次数大于 0.05 次·a^{-1} 的市级文物保护单位的文物建筑；

——预计雷击次数大于 0.25 次·a^{-1} 的区级文物保护单位的文物建筑；

——市级文物保护单位中孤立高耸(高度不低于 15 m)的碑、塔、楼、台、亭、阁等文物建筑。

4.3 遇有下列情况之一，应划为第二类防雷文物建筑：

——市级文物保护单位的文物建筑；

——有雷击历史的区级文物保护单位的文物建筑；

——预计雷击次数大于 0.05 次·a^{-1}，且小于或等于 0.25 次·a^{-1} 的区级文物保护单位的文物建筑；

——区级文物保护单位中孤立高耸(高度不低于 15 m)的碑、塔、楼、台、亭、阁等文物建筑。

4.4 遇有下列情况之一，应划为第三类防雷文物建筑：

——区级文物保护单位的文物建筑；

——尚未核定公布为文物保护单位的文物建筑。

5 基本要求

5.1 雷电灾害风险评估及防雷工程设计前，应对现场进行勘察。根据现场勘察和风险评估结果，进行文物建筑防雷工程的设计和施工。

5.2 文物建筑的雷电防护不应影响文物建筑的整体风貌，防雷装置设计应遵循最小程度干预的原则，防雷装置安装应具有可逆性。

5.3 防雷装置的设计和施工宜与文物建筑修缮的设计和施工同步进行。防雷装置设计图应规范完整，符合 GB/T 50104 的要求，防雷图纸编制要求参见附件 A。

5.4 防雷装置施工过程中，各连接导体的电气连接应可靠。地面以上部分连接宜采用夹接、焊接或放热焊接；地下或在不易检测维护和观察部位的导体连接应采用焊接或放热焊接，采用焊接时应在焊缝处做防腐处理。

5.5 安装的接闪器、引下线和各种金属构件进行固定时，应考虑金属构件的热胀冷缩，留有余量。

5.6 文物建筑施工修缮期间应采取临时防雷措施。

5.7 文物保护单位内的售票处、餐厅等非文物建筑防雷可按 GB 50057 要求执行。

6 现场勘察与风险评估

6.1 现场勘察

6.1.1 现场勘察主要包括以下内容：

a)文物建筑所在区域的地理位置、地质地貌、土壤电阻率、环境等条件和雷击历史；

b)文物建筑的高度、面积、屋顶形式；单体建筑与周围建筑、构筑物的四至距离、地面状况；文物建筑本体结构、材料等；文物建筑防雷装置现状情况；

注：四至距离：单体被保护建筑与其四周邻近建筑、构筑物、道路等标志物之间的直线距离。

c)文物建筑内电气、电子设备位置、数量，进入建筑物的管线敷设方式以及低压电气、电子接地方式；

d)需要进行地面开挖、加装防雷装置、铺设管线等，应对文物建筑的结构形式、构造特征和结构承载力等方面进行勘察；

e)雷雨季节游人的数量、活动范围、主要人员通道、出入口的位置及文物管理、使用部门的特殊要求等。

6.1.2 现场勘察应获取以下资料：

a)由当地气象台提供的有关天气气候、雷电活动规律等资料；

b)由文物部门或文物使用单位提供的建筑、结构等图纸、文字、照片及相关资料。

6.1.3 根据现场勘察的内容及获取的相关资料,编制勘察报告。

6.2 雷击风险评估

6.2.1 雷击风险评估时,应计算人员生命损失风险和文化遗产损失风险,并计算安装防雷装置后的雷击风险,以及防雷装置对文物建筑的保护有效率。

6.2.2 按 GB 50057 给出的方法计算年预计雷击次数,其中雷击截收面积计算方法参见附件 B。

6.3 防雷装置对文物建筑影响的评估

对文物建筑的防雷设计、施工方案进行评估时,重点评估防雷装置的材料、重量及安装工艺对文物建筑结构、景观和环境的影响。评估内容包括:

——结构承载力;

——施工材料伸缩性;

——材料污染性;

——可逆性;

——外观形状、色调。

7 直击雷防护

7.1 接闪器

7.1.1 设计要求

7.1.1.1 接闪器可由下列的一种或多种组成:

——直接装设在文物建筑上的接闪杆、接闪带或接闪网;

——独立接闪杆;

——架空接闪线或架空接闪网。

7.1.1.2 文物建筑应处于接闪器的保护范围之内,接闪器的保护范围应采用 GB 50057 所规定的滚球法计算。文物建筑防雷类别与滚球半径对应数值应符合表 B.1 的要求。

表 B.1 文物建筑防雷类别与滚球半径对应数值 单位:m

文物建筑防雷类别	第一类防雷文物建筑	第二类防雷文物建筑	第三类防雷文物建筑
滚球半径	35	45	60

7.1.1.3 接闪带应设置在建筑物易受雷击的部位,并符合下列要求:

a)平屋面:应在女儿墙、屋檐等部位安装接闪带,接闪带应闭合成环状;

b)坡度不大于 10%的屋面:应在垂脊、戗脊、屋檐、檐角等部位安装接闪带;

c)坡度大于 10%且小于 50%的屋面:应在正脊、垂脊、戗脊、屋檐、檐角等部位安装接闪带;

d)坡度不小于 50%的屋面:应在正脊、垂脊、戗脊、檐角等部位安装接闪带;

e)对于 c)、d)项,并应根据文物建筑所处的地形特点,如平坦地面或山顶、山坡、陡峭的山石、台阶,当屋檐处于屋脊接闪带的保护范围内时屋檐可不设接闪带,当屋檐不在屋脊接闪带的保护范围内时屋檐应加装接闪带。

7.1.1.4 接闪网应覆盖需要被保护的整个屋面,接闪网格的尺寸应符合表 B.2 的要求。

表 B.2 接闪网格尺寸

文物建筑防雷类别	第一类防雷文物建筑	第二类防雷文物建筑	第三类防雷文物建筑
接闪网网格尺寸	≤8m×8m 或≤6m×10m	≤10m×10m 或≤12m×8m	≤20m×20m 或≤24m×16m

7.1.1.5 文物建筑顶部的金属宝顶、铁刹等金属脊件应在其上部或旁边加装接闪杆，其底座应与接闪带连接。正脊、垂脊、戗脊上有突出脊兽时，接闪带敷设到此处应加高或加装接闪杆。屋顶本体上其他大尺寸金属构件应与防雷装置连接。

7.1.1.6 文物建筑本体外的接闪杆与文物建筑的水平距离不宜小于3 m，选址应回避地下文物遗存。

7.1.1.7 处于山顶或孤立且高度超过30 m的古塔，除在塔顶、顶层檐设置接闪装置外，从顶层檐向下至30 m处，每两层檐加装连接成环状的接闪带。

7.1.1.8 建筑高度15 m以下需单独保护的碑、塔、楼、台、亭、阁等孤立的文物建筑，宜采用避雷塔（杆）进行保护。

7.1.1.9 接闪器材料和尺寸的选择应符合表B.3的要求。第一类防雷文物建筑的接闪器宜采用铜材。

表B.3 接闪器材料和尺寸

接闪器材料	接闪杆直径/mm	接闪带	接闪网	架空接闪线
铜	1 m以下：Φ14 1～2 m：Φ18	圆铜：Φ≥8 mm 扁铜：截面积≥50 mm^2	圆铜：Φ≥8 mm 扁铜：截面积≥50 mm^2	≥50 mm^2的钢芯铜绞线
钢	1 m以下：Φ12 1～2 m：Φ16	圆钢：Φ≥10 mm 扁钢：截面积≥50 mm^2	圆钢：Φ≥10 mm 扁钢：截面积≥50 mm^2	≥50 mm^2的镀锌钢绞线
接闪器采用扁铜或扁钢时，其厚度应不小于4 mm。				

7.1.1.10 对于外型特殊的文物建筑，如藏式佛塔、清真寺等，接闪器的设计造型、色调及安装工艺应与文物建筑外观形式和风格相协调。

7.1.1.11 当文物建筑不需要安装防雷装置，但周围5 m范围内树木高于文物建筑或树冠距文物建筑不足2 m时，应对树木或树冠采取防雷措施。

7.1.2 施工要求

7.1.2.1 在金属宝顶、铁刹顶部安装的接闪杆，宜从宝顶底座处对称引上不少于2根金属支撑杆且在顶部连接在一起，从连接处连接短接闪杆。支撑杆应与宝顶底座可靠连接。宝顶、铁刹周围3 m以内的金属构件宜与其就近等电位连接。

7.1.2.2 接闪带若采用圆铜或圆钢，其支持件应将接闪带可靠固定并不得对文物建筑造成损坏，支持件的间距为0.5～1.0 m。

7.1.2.3 正脊上的接闪带可采用扁铜或扁钢，在有吻兽、垂兽、戗兽的正脊、垂脊、戗脊上，接闪带应沿其轮廓随形钝角弯曲。屋脊终端处接闪带应向外向上延伸不小于150 mm。

7.1.2.4 在屋檐处设置的接闪带，其高度不宜高于房檐顶50 mm，固定接闪带的支架支撑杆应垂直于水平面或采用三角形结构的支架。

7.2 引下线

7.2.1 设计要求

7.2.1.1 引下线可采用圆铜或扁铜、圆钢或扁钢，宜优先采用圆铜或扁铜。引下线选用材料及规格应符合表B.4的要求。第一类防雷文物建筑的引下线宜采用铜材。

表B.4 引下线材料规格

材料	圆铜	圆钢	扁铜	扁钢
规格[a]	Φ≥10 mm，Φ≥8 mm	Φ≥12 mm，Φ≥10 mm	截面积≥78.5 mm^2， 截面积≥50 mm^2	截面积≥113 mm^2， 截面积≥78.5 mm^2

续表

材料	圆铜	圆钢	扁铜	扁钢
第一类、第二类防雷文物建筑选用扁铜时，其厚度应不小于 3 mm，而选用扁钢时，其厚度应不小于 2.5 mm。				
[a] 该行前者为第一类防雷文物建筑应选参数，后者为第二、三类防雷文物建筑应选参数。				

7.2.1.2 单体建筑接闪器的引下线不应少于 2 根，并宜沿文物建筑四周均匀或对称分布，其平均间距宜满足表 B.5 的要求。对于方形文物建筑，当引下线多于 2 根时宜在四角位置附近敷设，引下线应以最短、弯路最少为宜。

表 B.5 引下线平均间距要求 单位：m

文物建筑防雷类别	第一类防雷文物建筑	第二类防雷文物建筑	第三类防雷文物建筑
平均间距	≤18	≤25	≤25

7.2.1.3 引下线与接闪器、接地装置应可靠连接。

7.2.1.4 引下线、接地线等外露导体防接触电压应符合下列规定之一：

a)用护栏、警告牌使接触外露导体的可能性降至最低限度；

b)人员通过或停留的地面、台明、城台等部位向上 2.7 m 的外露导体用耐 1.2/50 μs 冲击电压 100 kV 的绝缘层隔离，或用至少 3 mm 厚的交联聚乙烯层隔离；

c)引下线 3 m 范围内土壤地表层的电阻率不小于 50 kΩ · m，或敷设 50 mm 厚沥青层或 150 mm 厚砾石层。

7.2.1.5 采用多根引下线时，宜在各引下线上距地面 0.3～1.8 m 之间装设断接卡。断接卡处保护管宜设置活动连接头，便于露出断接卡进行检测。

7.2.1.6 在易受机械损伤部位，地面上 1.7 m 至地面下 0.3 m 接地线应采取防机械损伤措施。防机械损伤应采用暗敷或采用镀锌角钢、改性塑料管或橡胶管等加以保护。当对引下线同时采取防接触电压和防机械损伤措施时，防机械损伤措施应设置在防接触电压之外。

7.2.1.7 当引下线经过木质构件时，与木质构件的间距应不小于 100 mm。当小于 100 mm 时，引下线的横截面积应不小于 100 mm^2。

7.2.2 施工要求

7.2.2.1 引下线间距不满足表 B.5 要求的，宜根据文物建筑的特点、景观要求、接地装置的位置合理选择和布设引下线，并适当加大引下线截面积，详细见表 B.4。引下线宜敷设在隐蔽处或游人不易触及到的部位。引下线敷设时，应根据文物建筑的轮廓弯曲，弯曲角度不应小于 90°。

7.2.2.2 引下线宜选择抹灰墙体进行安装，并经最短路径接地，裸露部分应作绝缘处理。当难以避免需要在木质构件上敷设引下线时，引下线的支架应采用隔热层与木质构件之间隔离。

7.2.2.3 文物建筑的金属防鸟网、金属管道等，当其无法与防雷装置作绝缘隔离时，应与防雷装置做等电位连接。

7.2.2.4 全国重点文物保护单位的建筑宜根据条件，在较高大的突出的建筑引下线上安装 1 个符合要求的雷击计数器。

7.2.2.5 对毗邻的文物建筑，接闪带宜相互连接，应按表 5 要求统筹考虑引下线条数，满足平均间距的要求，每栋文物建筑不应少于 1 根引下线。

7.3 接地装置

7.3.1 设计要求

7.3.1.1 文物建筑接地装置宜采用独立接地体。当冲击接地电阻值达不到表B.7要求时，可采用围绕文物建筑形成闭合环形的接地装置。垂直接地体距文物建筑基础、外墙体或散水外不宜小于1 m。

7.3.1.2 防跨步电压应符合下列规定之一：

a)用护栏、警告牌使进入距引下线3 m范围内地面的可能性减小到最低限度；

b)用网状接地装置对地面作均衡电位处理；

c)同7.2.1.4条c)款。

7.3.1.3 接地装置当采用扁铜、热镀锌钢材时，其材质应和引下线材质相同，材料规格应符合表B.6的要求。在腐蚀性较强的土壤中，应采取热镀锌等防腐措施或加大材料的截面积。

表B.6 接地装置材料规格 单位：mm

材质种类	扁铜	圆钢	扁钢	角钢	钢管	铜包钢
规格	截面积≥30×3	Φ≥10	截面积≥40×3	∠50×50×3	Φ≥25；壁厚≥3	Φ≥10

7.3.1.4 埋于土壤中的接地引线长度不应大于$2\sqrt{\rho}$ m，ρ为土壤电阻率，单位Ω·m，每一独立接地装置的冲击接地电阻值宜满足表B.7要求。

表B.7 每一独立接地装置冲击接地电阻值要求 单位：Ω

文物建筑防雷类别	第一类防雷文物建筑	第二类防雷文物建筑	第三类防雷文物建筑
冲击接地电阻值	≤10	≤10	≤30

7.3.1.5 土壤电阻率大于300 Ω·m，小于等于1000 Ω·m时，接地装置的冲击电阻应小于等于30 Ω。当土壤电阻率大于1000 Ω·m，小于或等于3000 Ω·m，且环形接地所包围的面积符合GB 50057规定时，可不计及接地装置的冲击接地电阻值。

7.3.1.6 垂直接地体间的距离及人工水平接地体间的距离宜为5 m，受条件限制时可适当减小。人工接地体在土壤中的埋设深度不应小于0.8 m。

7.3.1.7 在土壤电阻率相近情况下，单体文物建筑不同独立接地装置的接地阻值差异不宜超过2倍。

7.3.2 施工要求

7.3.2.1 埋于土壤中的人工垂直接地体宜采用离子接地体、电镀铜接地体、铜包钢或接地模块等材料，也可采用热镀锌角钢、圆钢或钢管。埋于土壤中的人工水平接地体宜采用铜排、热镀锌扁钢或圆钢。

7.3.2.2 接地阻值难以达到设计要求时，宜采用物理降阻措施，不应采用化学降阻剂。

7.3.2.3 现场不具备条件安装较长水平接地体时，应采用加长垂直接地体的敷设方式。

7.3.2.4 接地体应远离由于高温影响使土壤电阻率升高的地方。

8 雷击电磁脉冲的防护

8.1 屏蔽、接地和防雷等电位连接

8.1.1 设计要求

8.1.1.1 文物建筑保护范围内的电气和电子信息系统宜采用共用接地系统，并在室内预留接地端子。接地端子经接地干线在地网中心位置直接引出，当不满足要求时应做独立接地体，冲击接地电阻宜小于4 Ω。

8.1.1.2 室外低压配电线路宜采用铠装电缆或电缆穿钢管直接埋地敷设，埋地长度宜大于

15 m,在入户处应将电缆的金属外皮、钢管接到防雷等电位连接带上。光纤加强筋、金属防潮层应做好接地或等电位连接。

8.1.1.3 文物建筑内的信号线缆宜采用屏蔽电缆,其屏蔽层应至少在两端处做防雷等电位连接或接地。当系统要求只在一端做防雷等电位连接时,应采用两层屏蔽或穿钢管敷设,外层屏蔽或钢管按本条前述要求处理。

8.1.1.4 穿过各防雷区界面的金属物和系统,以及在一个防雷区内部的金属物和系统均应在界面处做防雷等电位连接。

8.1.1.5 进入文物建筑的外来导电物均应在 $LPZ0_A$ 或 $LPZ0_B$ 与 LPZ1 区的界面处做防雷等电位连接,防雷区的划分见 GB 50057。当外来导电物、电力线、通信线及各种金属管道等设施在不同地点进入文物建筑时,宜设若干防雷等电位连接带,并应就近连接到环形接地体、内部环形导体或此类钢筋上。室内环形导体应每隔 5 m 与接地体(含基础接地体、人工环形接地体或此类钢筋)连接一次。对各类文物建筑,各种连接导体的截面积不应小于表 B.8 的规定。各后续防雷区界面处也应进行等电位连接。

表 B.8 各种连接导体的最小截面积 单位:mm^2

材料	防雷等电位连接带之间和防雷等电位连接带与接地装置之间的连接导体	内部金属装置与防雷等电位连接带之间的连接导体
铜	16	6
铝	25	10
铁	50	16

8.1.1.6 当文物建筑内有电子信息系统时,防雷等电位连接带宜采用金属板,并与钢筋或其他屏蔽构件做多点连接。铜或镀锌钢防雷等电位连接带的截面不应小于 50 mm^2。

8.1.1.7 在 $LPZ0_A$ 与 LPZ1 区的界面处做防雷等电位连接用的接线夹和电涌保护器,按照 GB 50057 雷电流参数估算通过它们的分流值。当无法估算时,可按以下方法确定,并应采用估算数值的较大者:

a)全部雷电流 I 的 50%流入文物建筑防雷装置的接地装置,另 50%,即 I_s 分配于引入文物建筑的各种外来导电物、电力线、通信线等设施。其中一类雷文物建筑全部雷电流 I 选取 200 kA,二类 150 kA,三类 100 kA;

b)流入每一设施的电流 I_i 等于 I_s/n,n 为上述设施的个数。流经无屏蔽电缆芯线的电流 I_v 等于电流 I_i 除以芯线数 m,即 $I_v=I_i/m$;

c)对有屏蔽的电缆,绝大部分的电流将沿屏蔽层流走;

d)尚应同时考虑沿各种设施引入文物建筑的雷电流。

8.1.2 施工要求

8.1.2.1 文物建筑内的电源线路须穿金属(钢)管敷设,应至少在线管两端处做防雷等电位连接,连接处应电气连通。

8.1.2.2 有电子信息系统的机房宜根据信息系统抗电磁干扰的性能指标,对机房采取相应的电磁屏蔽措施。在电子信息系统的机房内,各种金属箱体、壳体、机架等金属组件应做防雷等电位连接,等电位连接形式和要求应符合 GB 50057 的规定。

8.1.2.3 文物建筑防雷接地系统为围绕建筑物的环形接地体时,可就近接到环形接地体上。需作独立接地体时,该独立接地体应符合与防雷接地间的安全距离要求,两者间在地中的距离不应小于 3 m。

8.1.2.4 采用局部防雷等电位连接带做防雷等电位连接时，各种屏蔽结构或设备外壳等其他局部金属物也应连接到防雷等电位连接带。

8.1.2.5 用于防雷等电位连接的接线夹和电涌保护器应分别估算通过的雷电流。

8.1.2.6 所有防静电地板、金属门框架、设施管道、电缆桥架等大尺寸的内部导体，其防雷等电位连接应以最短路径连接到最近的防雷等电位连接带或其他已做防雷等电位连接的金属物，各导体之间宜附加多次互相连接。长距离金属管道、电缆桥架等金属设施应全程电气连通。

8.2 电源电涌保护器的选择和安装

8.2.1 电涌保护器的选择

8.2.1.1 供电系统采用 TN 系统时，从文物建筑内总配电盘(箱)开始引出的配电线路和分支线路应采用 TN-S 系统。

8.2.1.2 电涌保护器应选择符合 GB/T 18802.11 和 GB/T 18802.21 要求的产品。

8.2.1.3 电源电涌保护器应选择具备失效显示功能的产品，并宜具备过流过热脱扣装置。当不具备上述功能时应加装 SPD 配套专用的过流保护装置。

8.2.1.4 户外线路进入文物建筑处，即 $LPZ0_A$ 或 $LPZ0_B$ 与 LPZ1 区的交界面处，配电线路的总配电箱内应装设Ⅰ级试验的电涌保护器，电涌保护器的 U_p 值应不大于 2.5 kV。电涌保护器在无法按本标准第 8.1.1.7 条计算确定的情况下，每一模式的 I_{imp} 值应不小于 12.5 kA。当室外线路是穿金属管埋地引入时，总配电盘上安装的 SPD 可选用Ⅱ级试验的电涌保护器，电涌保护器的 U_p 值应小于或等于 2.5 kV，每一模式电涌保护器的 I_n 值应不小于 40 kA。

8.2.1.5 靠近需要保护的设备处，即 LPZ1 和更高区的界面处，配电线路的分配电箱或插座处当需要安装电涌保护器时，电气系统宜选用Ⅱ或Ⅲ级试验的电涌保护器，Ⅱ级试验的电涌保护器，I_n 取值应不小于 5 kA；Ⅲ级试验的电涌保护器，I_n 取值应不小于 3 kA。前后级电涌保护器应满足能量配合的要求。串联在电路中的 SPD 插座或 SPD 箱的功率应满足电气设备负荷要求。

8.2.2 电涌保护器安装

8.2.2.1 电涌保护器连接导线应平直，应以最短的路径接地，其长度不宜大于 0.5 m，连线的弯曲角度不得小于 90°。电涌保护器的各段连接线应连接可靠。

8.2.2.2 各级电源电涌保护器应安装在配电设备的输入端或被保护设备的输入端口。

8.2.2.3 当开关型 SPD 与限压型 SPD 之间的线路长度小于 10 m 或者限压型 SPD 之间的线路长度小于 5 m 时，在两级 SPD 之间应加装退耦装置。当 SPD 具有能量自动配合功能时，SPD 之间的线路长度不受限制。

8.2.2.4 电源 SPD 连接线对应相线 L、中性线 N 及地线 PE 应分别采用相应颜色的多股塑铜线，各级 SPD 连线的最小截面积应符合表 B.9 的要求。

表 B.9 电源电涌保护器连接导线最小截面积 单位：mm^2

SPD 试验类型	连接线	接地线
Ⅰ级试验	6	10
Ⅱ级试验	4	6
Ⅲ级试验	1.5	2.5

8.2.2.5 电涌保护器连接线宜采用铜线鼻连接。

8.3 信号电涌保护器的选择和安装

8.3.1 信号网络系统选择的 SPD 电压保护水平应小于 0.8 U_w，冲击电流对于从室外进线的取值宜在 0.5 kA 至 2.5 kA(高能量型)或者 25 A 到 100 A(慢上升率型),室内线路取值宜在 0.25 kA 至 1 kA,SPD 的插入损耗、驻波比、频率带宽、功率、串扰等参数应与网络匹配。

8.3.2 信号电涌保护器的选择和安装应符合 GB 50343 要求。

8.3.3 信号电涌保护器应安装在入户进线盒或靠近被保护设备端口处。

8.3.4 接地线应采用截面积不小于 1.5 mm^2 多股塑铜线。

9 防雷装置检测与维护

9.1 文物建筑的防雷装置安装完成后应按 GB/T 21431 的要求进行检测,电子信息系统防雷装置应按 DB11/T 634 的要求进行检测。

9.2 文物建筑的防雷装置应定期维护,维护时应按 DB11/T 1636 进行。

附件 A
(资料性)
防雷图纸编制要求

A.1 文物建筑防雷图纸应包括以下内容：

——封面；

——目录；

——设计说明；

——总平面图；

——防雷平面图；

——接地平面图；

——立面图；

——防雷装置与文物建筑本体接触点的大样图。

A.2 设计图中应标注与防雷相关联的数据。

A.3 设计说明应包括：

——设计依据；

——设计范围；

——文物建筑防雷类别及判定依据；

——外部防雷装置的设置，包括防雷装置的类型、材质、规格、安装位置、连接及固定方式、数量及参数要求，接闪器保护范围及接地装置接地电阻的论证，防机械损伤及防接触电压和防跨步电压保护的措施；

——雷击电磁脉冲防护措施的要求；

——主要设备材料表；

——施工中对文物建筑保护的要求。

附件 B
(资料性)
雷击截收面积 A_D 的确定

B.1 对于一般平坦大地上孤立的长方体文物建筑，其等效雷击截收面积可按式(B.1)确定：

$$A_D = L \times W + 6H \times (L + W) + \pi(3H)^2 \tag{B.1}$$

式中：

A_D——等效雷击截收面积(m^2)；

L——文物建筑的屋顶最大外廓的长度(m)；

W——文物建筑屋顶最大外廓的宽度(m)；

H——文物建筑防雷计算高度，文物建筑的屋顶及其附属物最高处距室外地面的高度(m)；

π——圆周率，计算中取 3.14。

B.2 斜坡屋顶文物建筑，当屋顶坡度大于或等于 1/3 时，其等效雷击截收面积可按式(B.2)确定：

$$A_D = 6H \times L + \pi \times (3H)^2 \tag{B.2}$$

当屋顶坡度小于 1/3 时的悬山顶和硬山顶等，其等效雷击截收面积可按式(B.3)确定：

$$A_D = L \times W + 6H' \times L + \pi \times (3H)^2 \tag{B.3}$$

当屋顶坡度均小于 1/3 时的歇山顶、庑殿顶等，其等效雷击截收面积可按式(B.4)确定：

$$A_D = L \times W + 6H' \times (L + W) + \pi \times (3H')^2 \tag{B.4}$$

式中：

A_D——等效雷击截收面积(m^2)；

H——文物建筑的屋脊最高处距室外地面的高度(m)；

H'——文物建筑的房檐最高处距室外地面的高度(m)；

L——文物建筑的屋脊或房檐对应的长度(m)；

W——文物建筑房檐最大外廓的宽度(m)；

π——圆周率，计算中取 3.14。

B.3 攒尖式文物建筑以及塔等，当屋顶坡度大于或等于 1/3 时，其等效雷击截收面积可按式(B.5)确定：

$$A_D = \pi \times (3H)^2 \tag{B.5}$$

当屋顶坡度小于 1/3 时(圆形攒尖式或塔等)，其等效雷击截收面积可按式(B.6)确定：

$$A_D = \pi(3H' + R)^2 \tag{B.6}$$

当屋顶坡度小于 1/3 时(正方形攒尖式或塔等)，其等效雷击截收面积可按式(B.7)确定：

$$A_D = \pi \times (3H')^2 + 3H' \times 4L + L^2 \tag{B.7}$$

式中：

A_D——等效雷击截收面积(m^2)；

H——文物建筑的屋脊最高处距室外地面的高度(m)；

H'——文物建筑的房檐最高处距室外地面的高度(m)；

R——圆形攒尖式建筑或塔的屋顶平面半径(m)；

L——正方形攒尖式建筑或塔的房檐边长(m);

π——圆周率,计算中取3.14。

注:此处屋顶坡度指屋檐到屋顶(含屋尖或塔顶)的坡度。

B.4 几何形状复杂的文物建筑(如重檐、盝顶、八角攒尖等)等效雷击截收面积可按现行国家标准GB/T 21714.2的作图法规定确定。

附录C　文物建筑雷电防护技术规范
开放段长城

1　范围

本文件规定了开放段长城防雷装置的设置、检测、维护与管理。

本文件适用于开放段长城的雷电防护。

2　规范性引用文件

下列文件对于本文件的应用是必不可少的。凡是注日期的引用文件，仅所注日期的版本适用于本文件。凡是不注日期的引用文件，其最新版本(包括所有的修改单)适用于本文件。

GB/T 21431　建筑物防雷装置检测技术规范

GB 50057—2010　建筑物防雷设计规范

DB11/T 741—2010　文物建筑雷电防护技术规范

3　术语和定义

DB11/T 741—2010 界定的以及下列术语和定义适用于本文件。

3.1

开放段长城　open section of the Great Wall

依法批准并对外公布，辟为参观游览场所的长城段落。

3.2

城楼　tower

建于长城墙体上用于瞭望和射击的建筑物。又称门楼、楼子、堞楼等。

3.3

铺舍　shop house

建于城墙或者敌台上，供守城士兵巡逻放哨时遮风避雨的建筑物，也是戍卒休息和储备军用物品的场所。又称楼橹、铺房。

3.4

敌台　lookout tower

突出于城墙的高台，可分为空心和实心两种。又称敌楼、墩台。

3.5

垛口　bonnet

城墙顶部外侧连续凹凸的矮墙。又称女口、雉堞、垛口墙。

3.6

女墙　parapet wall

城墙顶上的矮墙，一般建于内侧。又称宇墙、女儿墙、睥睨(埤)、女头墙。

3.7

防雷装置　lightning protection system(LPS)

用于减少闪击击于建(构)筑物上或建(构)筑物附近造成的物质性损害和人身伤亡，由外部防雷装置和内部防雷装置组成。

[GB 50057—2010,定义 2.0.5]

3.8

外部防雷装置 external lightning protection system

由接闪器、引下线和接地装置组成。

[GB 50057—2010,定义 2.0.6]

3.9

接闪器 air-termination system

由拦截闪击的接闪杆、接闪带、接闪线、接闪网以及金属屋面、金属构件等组成。

[GB 50057—2010,定义 2.0.8]

4 一般要求

4.1 开放段长城(简称长城)装设外部防雷装置,应遵守不改变建筑原状、不影响结构安全的原则。对长城原有风貌影响较大的防雷技术措施的运用应通过论证确定。

4.2 在设计与施工中,应考虑当地的风向、风速、暴雨、覆冰等气象环境以及防雷装置的重量、形状及固定方式等因素,采用对长城基础、墙体和屋面等扰动小的技术措施及施工方法。

4.3 长城的防雷应符合 DB11/T 741—2010 第 4 章对第一类防雷文物建筑的要求。

4.4 外部防雷装置的材料、规格应符合附件 A 的要求。

4.5 装设在长城上的监控、广播、灯光等电气、电子设备的防雷措施,应符合 DB11/ 741 的要求。

5 防雷装置的设置

5.1 接闪器

5.1.1 接闪器应由下列的一种或多种方式组成:

——安装在长城上的接闪杆、接闪带、接闪网;

——安装在长城本体外的独立接闪杆。

5.1.2 城楼、铺舍应在屋面的屋脊、垂脊和屋檐设置接闪带,接闪带末端应向斜上方延伸 30 cm。同时按 DB11/T 741—2010 表 2 的要求,在屋面上设置接闪网。

5.1.3 未被辟为登顶的敌台应在顶部周边设置闭合状的接闪带,并宜在四个墙角处各设置与接闪带连接的短接闪杆,其高度宜为 0.3～0.5 m。

5.1.4 可登顶的敌台,应在垛墙或女墙四个墙角处分别设置高度为 1 m 的接闪杆。对可登顶敌台上的游人有确定的防雷保护要求时,应按附件 B 的要求设置接闪杆。

5.1.5 在城墙方向改变或坡度变小的阳角处,宜在墙体侧面上设置超出墙体高度约 1 m 的短接闪杆。

5.1.6 在需要防雷保护的长城部位,周边附近可供利用的设施、树木等宜优先利用设置防雷装置。

5.1.7 城楼、铺舍上的接闪带(网)应通过支架固定在屋顶瓦面上。沿屋檐设置的接闪带不宜高出檐口顶部 5 cm,其他部位的支架高度宜为 100～150 mm,支架间距不宜大于 1 m。

5.1.8 未被辟为登顶敌台上的接闪带宜明敷在顶部,直接明敷在顶面或用水泥墩固定。城墙上的游人有确定的防雷保护要求时,应按附件 B 的要求设置接闪杆,应优先利用垛口、流水孔等与墙体固定。

5.2 引下线

5.2.1 长城上各单体建筑物引下线的设置,应符合 DB11/T 741—2010 中 7.3.1 的要求,各引下线宜敷设在隐蔽处或游人不易触及的部位。

5.2.2 设置于敌楼、铺舍、敌台等砖、木结构建筑的引下线应符合 DB11/T 741—2010 中 7.3.2.3 的要求。

5.2.3 独立接闪杆的金属结构应作为自然引下线。

5.2.4 沿树干敷设的引下线其截面积不应小于 50 mm^2，宜采用绝缘铜芯电缆，且线缆内每单芯线的直径应不小于 1.7 mm。

5.2.5 引下线固定支架的间距不应大于 1 m，支架可采用抱箍固定在柱子、树干，或直接固定在垛口或女墙墙体的砖石缝隙处。

5.2.6 对游人能够触及的引下线，防接触电压的措施应符合 DB11/T 741—2010 中 7.3.2.4 的要求。

5.2.7 在长城修缮过程中，引下线宜优先采用暗敷方式。

5.3 接地装置

5.3.1 采用 A 型接地体时，每组接地装置中接地体的数量不应少于 2 条。根据当地地质情况，接地装置可由水平接地体与垂直接地体混合组成，也可单独采用水平接地体。

5.3.2 接地体的材料、规格应符合附件 A 中 A.3 的要求。

5.3.3 每组接地装置的冲击接地电阻值不宜大于 10 Ω。当土壤电阻率较高时，接地装置的冲击电阻应不大于 30 Ω。降低接地电阻值可采取如下措施之一：

——扩大接地体与土壤的接触面积；

——采用多条水平接地极外引接地体，但水平接地体的单根最大长度值不应大于 $2\sqrt{\rho}$，ρ 为土壤电阻率；

——多组接地装置连接在一起；

——采用接地降阻措施；

——更换为电阻率低的土壤。

5.3.4 接地体宜设置在隐蔽处或游人不易到达的区域。当条件不具备时，应采取如下之一的防雷击跨步电压措施：

——在引下线入地点周围 3 m 范围内的地面敷设 15 cm 厚的砾石层；

——设置护栏和/或警示牌，使人进入接地体周围 3 m 范围内的可能性减小到最低程度。

5.4 其他

5.4.1 在开放段长城通道内设置的栏杆宜采用非金属材料。

5.4.2 电气、电子系统的线缆不应悬挂、绑缚或固定在接闪器或引下线上。

5.4.3 在雷雨季节进行长城修缮及沿长城搭建的临时性或季节性活动场地，应采取临时防雷措施，金属脚手架、电气设备的金属外壳等均应接地。

6 检测、维护与管理

6.1 检测

6.1.1 长城修缮及专项防雷工程完成后，应对安装的防雷装置进行检测。投入使用后的防雷装置应在每年雷雨季节前检测一次。

6.1.2 在遭受地震、暴雨、泥石流、山火及发生雷击事件或其他工程项目建设可能对防雷装置带来影响时，应及时进行检测。

6.1.3 检测项目、内容和方法应按 GB/T 21431 的规定执行。

6.2 维护与管理

6.2.1 防雷装置的日常维护与管理应由专人负责，对防雷装置进行检查，发现隐患及时处理。

检查内容应包括：

——接闪器、引下线的外观：不应有丢失、损坏、倒伏、断裂、移动等现象；

——接地体：不应暴露在覆土层的外面。埋设接地体的地面应完好；

——电气、电子系统的线缆：信号线、电源线不应固定在接闪器或引下线上，设备接地线不应连接在接闪器或引下线上。

6.2.2　防雷装置的原始技术文件、检测报告、整改记录等应及时归档，妥善保管。

6.2.3　应在接闪杆、引下线上及登临长城入口处、突出的城墙处设置颜色醒目的雷电警示标识。

6.2.4　使用管理部门应通过雷电预警、广播及信息提示等应急措施，使相关人员了解防雷常识，在雷电天气时采取适当的自身保护措施。

附件 A
（规范性）
外部防雷装置的材料与规格

A.1　接闪器材料与规格

接闪器材料与规格见表 A.1。

表 A.1　接闪器的材料与规格

材料	接闪杆	接闪带、接闪网
铜	1 m 以下：$\Phi \geqslant 14$ mm 1～2 m：$\Phi \geqslant 18$ mm	圆铜：$\Phi \geqslant 8$ mm 扁铜：截面积≥48 mm^2
不锈钢	1 m 以下：$\Phi \geqslant 12$ mm 1～2 m：$\Phi \geqslant 16$ mm	
扁铜的厚度应不小于 3 mm		

A.2　引下线材料与规格

引下线材料与规格见表 A.2。

表 A.2　引下线的材料与规格

材料	明敷	暗敷
圆铜	$\Phi \geqslant 8$ mm	$\Phi \geqslant 10$ mm
扁铜	截面积≥50 mm^2	截面积≥90 mm^2
扁铜的厚度应不小于 3 mm		

A.3　接地装置的材料与规格

接地装置的材料与规格见表 A.3。

表 A.3　接地装置材料、结构、规格

材料	扁铜	圆铜	铜包钢
规格	截面积≥90 mm^2	$\Phi \geqslant 10$ mm	$\Phi \geqslant 10$ mm
扁铜的厚度应不小于 3 mm			

附件 B
(规范性)
保护游人的接闪杆设置

B.1 对位于可登顶敌台顶部及地势较高或位置突出的城墙上的游人有确定的保护要求时,可按以下要求设置接闪杆:

——当在敌台顶部的垛墙或女墙上设置接闪杆时,应将其布置在墙体四角的外立面,保护范围应覆盖到敌台顶部游人站立的全部空间。接闪杆的高度按滚球法确定,滚球半径为 35 m。

——当相邻 200 m 距离内没有可安装防雷装置的城楼、铺舍及空心敌台供游人躲避雷电时,宜在长城本体外地势较高的位置设置独立接闪杆,其高度不宜超过近邻城墙或敌台顶部 20 m。

——特殊情况下,可考虑采用升降式接闪杆。

——接闪杆的形式及色彩宜与景观环境、周围植被相协调,尽可能减小对长城风貌的影响。

B.2 接闪杆固定宜符合以下要求:

——优先利用墙体的垛口、瞭望洞或流水孔等固定接闪杆。

——宜优先采用非金属材料作接闪杆的支撑杆,引下线设置在支撑杆内部。当采用金属材料时,从敌台顶游人站立的平面向上至 2.7 m 高度处的支撑杆,应外套厚度不小于 3 mm 的交联聚乙烯保护管。

B.3 敌台墙体上接闪杆及保护管的设置示意图见图 B.1。

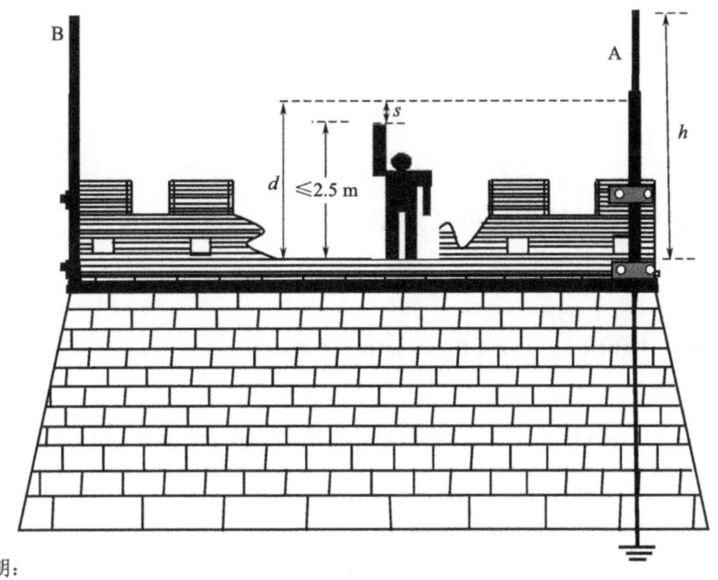

说明:
A、B——接闪杆;
d——接触电压保护管敷设高度;
h——接闪杆高度;
s——保护余量。
s的距离为200 mm。

图 B.1 接闪杆及保护管的设置示意图

附录D　文物建筑雷电防护装置检测规范

1　范围

本文件规定了文物建筑雷电防护装置检测的基本要求、检测流程、检测内容与要求、检测报告和档案管理。

本文件适用于检测机构对文物建筑雷电防护装置的定期检测。

2　规范性引用文件

下列文件中的内容通过文中的规范性引用而构成本文件必不可少的条款。其中，注日期的引用文件，仅该日期对应的版本适用于本文件；不注日期的引用文件，其最新版本（包括所有的修改单）适用于本文件。

GB/T 21431　建筑物防雷装置检测技术规范

GB/T 32938　防雷装置检测服务规范

GB 50057　建筑物防雷设计规范

QX/T 319　雷电防护装置检测文件归档整理

QX/T 401　雷电防护装置检测单位质量管理体系建设规范

QX/T 560　雷电防护装置检测作业安全要求

DB11/T 634　建筑物电子系统防雷装置检测技术规范

DB11/T 741—2021　文物建筑雷电防护技术规范

3　术语和定义

下列术语和定义适用于本文件。

3.1

文物建筑　heritage buildings

公布为不可移动文物的建筑物和构筑物。

[来源：QX 189—2013，定义3.1]

3.2

雷电防护装置　lightning protection system；LPS

防雷装置

用于减少闪击击于建（构）筑物上或建（构）筑物附近造成的物质性损害和人身伤亡，由外部雷电防护装置和内部雷电防护装置组成。

[来源：QX/T 560—2020，定义3.1]

3.3

防雷装置检测　inspection of lightning protection system

按照建筑物防雷装置的设计标准确定防雷装置满足标准要求而进行的检查、测量及信息综合分析处理全过程。

注：改写GB/T 21431—2015，定义3.23

[来源：QX/T 406—2017，定义3.2]

3.4

电涌保护器　surge protection device;SPD

用于限制瞬态过电压和泄放电涌电流的电器。

注1:电涌保护器至少包含一个非线性的元件。

注2:SPD具有适当的连接装置,是一个装配完整的部件。

[来源:GB/T 18802.11—2020,定义3.1.1]

3.5

接地　earth;ground

一种有意或非有意的导电连接,由于这种连接,可使电路或电气设备接到大地或接到代替大地的某种较大的导电体。

注:接地的目的是:a. 使连接到地的导体具有等于或近似于大地(或代替大地的导电体)的电位;b. 引导入地电流流入和流出大地(或代替大地的导电体)。

[来源:GB/T 17949.1—2000,定义4.1]

3.6

接地装置　earth-termination system

接地体和接地线的总合,用于传导雷电流并将其流散入大地。

[来源:GB 50057—2010,定义2.0.10]

3.7

接触电压　touch voltage

接地的金属结构和地面上相隔一定距离处一点间的电位差。此距离通常等于最大的水平伸臂距离,约为1 m。

[来源:GB/T 17949.1—2000,定义4.17]

3.8

跨步电压　step voltage

地面一步距离的两点间的电位差,此距离取最大电位梯度方向上1 m的长度。

注:当工作人员站立在大地或某物之上,而有电流流过该大地或该物时,此电位差可能是危险的,在故障状态时尤其如此。

[来源:GB/T 17949.1—2000,定义4.18]

4　基本要求

4.1　检测机构

4.1.1　检测机构应具有独立法人资格。

4.1.2　检测机构应按照QX/T 401的要求建立完善的雷电防护装置检测质量管理体系,具有相应的管理制度和应急预案。

4.1.3　检测机构应配备技术负责人、质量负责人、检测员等。

4.1.4　检测机构应配备相应的检测仪器设备和工具。

4.1.5　检测机构应保守国家和受检单位的秘密。

4.2　检测人员

4.2.1　检测人员应经过防雷检测培训合格后上岗,熟悉掌握文物建筑雷电防护装置检测方法和操作流程。

4.2.2　检测人员应具有文物保护意识和安全知识,了解文物建筑的结构和材质特点。

4.3 检测仪器设备

4.3.1 主要检测仪器设备及参数应符合 GB/T 21431 要求。

4.3.2 仪器仪表和测量工具的精度应满足检测项目的要求，仪器仪表和测量工具应定期检定和校准。

4.4 检测质量和安全

4.4.1 检测质量应满足以下要求：

a)检测质量控制应符合 GB/T 32938 相关要求；

b)接地阻值及土壤电阻率的测量应在无降雨、无积水和非冻土条件下进行，宜在相同气候条件下进行；

c)雷电防护装置定期检测间隔时间不应超过 12 个月。

4.4.2 检测安全应满足以下要求：

a)检测人员应遵守受检单位的安全规章制度和安全操作规程；

b)检测人员现场检测时安全作业要求应符合 QX/T 560 相关规定。

4.5 文物建筑保护

4.5.1 在文物建筑屋顶检测作业时，不应扰动或损毁屋顶瓦件和兽件。

4.5.2 测量接地阻值时，接地极宜布置在土壤地段，不应在文物建筑周边受保护地面地砖缝隙处插入接地极。

4.5.3 使用梯子等辅助工具时不宜直接接触文物建筑本体，若直接接触应在接触部位用柔软材料包裹做好防护措施。

5 检测流程

5.1 接受委托

检测机构接受委托时，应了解以下内容：

a)受检单位的检测需求；

b)文物建筑保护级别和要求；

c)受检单位提供的材料；

d)踏勘时间。

5.2 现场踏勘

现场踏勘应主要包括以下内容：

a)查看雷电防护装置基本情况；

b)查阅雷电防护装置竣工资料、日常维护记录、隐蔽工程记录等雷电防护相关资料；

c)了解文物建筑及其周边情况；

d)按照 DB11/T 741—2021 第 4 章确定文物建筑防雷分类。

5.3 制定检测方案

5.3.1 检测机构应根据受检单位委托和踏勘结果制定委托项目检测方案，并应与受检单位沟通和确认。

5.3.2 检测方案应主要包括以下内容：

a)项目概况；

b)项目负责人；

c)检测人员及其分工；

d)检测范围；

e)检测内容；

f)主要检测方法和现场作业流程；

g)所需仪器设备和工具；

h)检测作业安全措施；

i)检测时间和具体地点。

5.4　实施检测

5.4.1　现场检测应不少于 3 人，应进行工作交底、安全交底和技术交底。

5.4.2　根据文物建筑现场情况，应准备包括但不限于以下辅助工具或设备：施工脚手架、木梯或钢梯、测量加长杆、升降车、望远镜。

5.4.3　应按制定的检测方案执行检测，检测内容及要求按照第 6 章进行。

5.4.4　应使用检定或校准有效期内的检测仪器，同时检测仪器的各类标识应完整、清晰，所用测试线等辅助器材完整良好。

5.4.5　检测过程中应记录检测仪器使用前后状态，以及仪器开始使用和停止使用时间。

5.4.6　检测过程中应记录检测原始数据，原始记录应符合 GB/T 21431 相关要求。

5.5　出具报告

现场检测完成后，应对原始记录的检测数据逐项整理、分析、计算，出具检测报告。

6　检测内容和要求

6.1　接闪器

接闪器检测内容和要求应符合表 D.1 的规定。

表 D.1　接闪器检测内容和要求

检测内容	要求	检测方式	依据标准
接闪器类型	接闪带(杆/网/线)、独立接闪杆(塔)	目测	DB11/T 741—2021 中 7.1.1.1
接闪器材料	铜/热镀锌钢	目测或查阅资料	DB11/T 741—2021 中表 3
接闪器尺寸	应符合 DB11/T 741—2021 中表 3	器测	DB11/T 741—2021 中表 3
接闪器现状	接闪带应平正顺直、无断裂或倒伏；焊接处防腐涂漆应完整	目测	GB/T 21431
	接闪器应固定牢靠	目测	
	接闪器截面不应锈蚀 1/3 以上	器测	
接闪带敷设位置	a)平屋面：在女儿墙、屋檐等部位；接闪带应闭合成环状 b)坡度不大于 10%的屋面：在垂脊、戗脊、屋檐、檐角等部位 c)坡度大于 10%且小于 50%的屋面：在正脊、垂脊、戗脊、屋檐、檐角等部位 d)坡度不小于 50%的屋面：在正脊、垂脊、戗脊、檐角等部位 e)对于 c)、d)项，并应根据文物建筑所处的地形特点，如平坦地面或山顶、山坡、陡峭的山石、台阶，当屋檐处于屋脊接闪带的保护范围内时屋檐可无接闪带，当屋檐不在屋脊接闪带的保护范围内时屋檐应有接闪带	目测	DB11/T 741—2021 中 7.1.1.3

续表

<table>
<tr><th>检测内容</th><th colspan="2">要求</th><th>检测方式</th><th>依据标准</th></tr>
<tr><td rowspan="4">接闪器连接方式、工艺与质量</td><td colspan="2">夹接或焊接</td><td>目测</td><td rowspan="3">DB11/T 741—2021 中 5.4,7.1.2.1</td></tr>
<tr><td rowspan="2">钢材之间焊接</td><td>扁钢/扁钢,三面焊,长度不小于 2D(D 为扁钢宽度,下同)
圆钢/圆钢,双面焊,长度不小于 6ϕ(ϕ 为圆钢直径,下同)
圆钢/扁钢,双面焊,长度不小于 6ϕ</td><td>目测、器测</td></tr>
<tr><td>焊缝应饱满无遗漏,焊接处应防腐</td><td>目测</td></tr>
<tr><td>铜材之间或铜材与钢材之间焊接</td><td>焊接接头应将被连接的导体完全包在接头内,应保证连接部位的金属完全熔化,并应连接牢固</td><td>目测</td><td>GB 50601</td></tr>
<tr><td>接闪带转弯角度</td><td colspan="2">应大于 90°,在有吻兽、垂兽、戗兽的正脊、垂脊、戗脊上,接闪带应为沿其轮廓随形钝角弯曲</td><td>目测</td><td>DB11/T 741—2021 中 7.1.2.3、GB/T 21431</td></tr>
<tr><td>接闪网格尺寸</td><td colspan="2">一类防雷文物建筑:不大于 8 m×8 m 或 10 m×6 m
二类防雷文物建筑:不大于 10 m×10 m 或 12 m×8 m
三类防雷文物建筑:不大于 20 m×20 m 或 24 m×16 m</td><td>器测</td><td>DB11/T 741—2021 中表 2</td></tr>
<tr><td rowspan="4">接闪带(网)支架间距、支架高度、支架防松零件</td><td colspan="2">支架间距 0.5～1.0 m</td><td>器测</td><td>DB11/T 741—2021 中 7.1.2.2</td></tr>
<tr><td colspan="2">支架高度不宜小于 150 mm,但房檐处高度不宜大于 50 mm</td><td>器测</td><td>GB 50057,DB11/T 741—2021 中 7.1.2.4</td></tr>
<tr><td colspan="2">屋脊终端处接闪带应向外向上延伸不小于 150 mm</td><td>器测</td><td>DB11/T 741—2021 中 7.1.2.3</td></tr>
<tr><td colspan="2">螺栓固定的应备帽等防松零件应齐全</td><td>目测</td><td>GB/T 21431</td></tr>
<tr><td>接闪器上附着情况</td><td colspan="2">应无附着电气、电子线路</td><td>目测</td><td>GB/T 21431</td></tr>
<tr><td>防侧击措施</td><td colspan="2">当处于山顶或孤立的古塔高度超过 30 m 时,除在塔顶、顶层檐应有接闪装置外,从顶层檐向下至 30 m 处,每两层檐应为连接成环状的接闪带</td><td>目测</td><td>DB11/T 741—2021 中 7.1.1.7</td></tr>
<tr><td>接闪器保护范围确定[a]</td><td colspan="2">按 GB 50057 给出的滚球法计算,其中滚球半径应符合 DB11/T 741—2021 中表 1 要求</td><td>器测</td><td>GB 50057,DB11/T 741—2021 中表 1</td></tr>
</table>

[a]应测量接闪器的高度、屋脊的高度、文物建筑屋顶的坡度、屋脊与接闪器之间的水平距离等数据,通过滚球法计算确定屋脊、屋檐及屋面设施处于接闪器保护范围内

6.2 引下线

引下线检测内容和要求应符合表 D.2 的规定。

表 D.2 引下线检测内容和要求

检测内容	要求	检测方式	依据标准
引下线敷设方式	专设(明敷/暗敷)	目测	DB11/T 741—2021 中 7.2.2.1
引下线数量	单体建筑引下线不应少于 2 根,并宜为沿文物建筑四周均匀或对称分布	目测	DB11/T 741—2021 中 7.2.1.2
建筑物周长(m)	测量外周及内庭院周边的总长	器测	DB11/T 741—2021 中 7.2.2.1

续表

<table>
<tr><th>检测内容</th><th colspan="2">要求</th><th>检测方式</th><th>依据标准</th></tr>
<tr><td>引下线平均间距(m)</td><td colspan="2">一类防雷文物建筑:不大于 18 m
二类防雷文物建筑:不大于 25 m
三类防雷文物建筑:不大于 25 m</td><td>计算</td><td>DB11/T 741—2021 中 7.2.2.1</td></tr>
<tr><td>引下线材料</td><td colspan="2">铜/热镀锌钢,优先为铜</td><td>目测或查阅资料</td><td>DB11/T 741—2021 中 7.2.1.1</td></tr>
<tr><td>引下线规格尺寸</td><td colspan="2">应符合 DB11/T 741—2021 中表 4</td><td>器测</td><td>DB11/T 741—2021</td></tr>
<tr><td rowspan="3">引下线现状</td><td colspan="2">应无断裂或倒伏;焊接处防腐涂漆应完整</td><td>目测</td><td rowspan="3">GB/T 21431、DB11/T 741—2021 中 7.2.2.1</td></tr>
<tr><td colspan="2">应固定牢靠</td><td>目测</td></tr>
<tr><td colspan="2">截面不应锈蚀 1/3 以上</td><td>器测</td></tr>
<tr><td rowspan="4">引下线连接方式、工艺与质量</td><td colspan="2">压接或焊接</td><td>目测</td><td rowspan="3">GB/T 21431、DB11/T 741—2021 中 5.4</td></tr>
<tr><td rowspan="2">钢材之间焊接</td><td>扁钢/扁钢,三面焊,长度不小于 $2D$
圆钢/圆钢,双面焊,长度不小于 6ϕ
圆钢/扁钢,双面焊,长度不小于 6ϕ</td><td>目测、器测</td></tr>
<tr><td>焊缝应饱满无遗漏,焊接处应防腐</td><td>目测</td></tr>
<tr><td>铜材之间或铜材与钢材之间焊接</td><td>焊接接头应将被连接的导体完全包在接头内,应保证连接部位的金属完全熔化,并应连接牢固</td><td>目测</td><td>GB 50601</td></tr>
<tr><td rowspan="3">引下线支架高度、间距、隔热措施等</td><td colspan="2">支架高度不小于 150 mm</td><td>器测</td><td rowspan="3">GB 50057,GB/T 21431</td></tr>
<tr><td colspan="2">支架间距 0.5～1.0 m</td><td>器测</td></tr>
<tr><td colspan="2">支架应采用隔热层与木质构件之间隔离</td><td>目测</td></tr>
<tr><td rowspan="3">引下线断接卡设置</td><td colspan="2">各引下线上距地面 0.3～1.8 m 装设断接卡</td><td>器测</td><td rowspan="3">GB/T 21431</td></tr>
<tr><td colspan="2">接触应良好</td><td>器测</td></tr>
<tr><td colspan="2">截面不应锈蚀 1/3 以上</td><td>器测</td></tr>
<tr><td rowspan="2">引下线近地面处防机械损伤措施</td><td colspan="2" rowspan="2">应有保护管(镀锌角钢、改性塑料管或橡胶管)
高度:−0.3～1.7 m。</td><td>目测</td><td rowspan="2">DB11/T 741—2021 中 7.2.1.6</td></tr>
<tr><td>器测</td></tr>
<tr><td>引下线上附着情况</td><td colspan="2">应无附着电气、电子线路</td><td>目测</td><td>GB/T 21431</td></tr>
<tr><td>各类信号线、电源线、室外安防监控系统与引下线之间距离(m)</td><td colspan="2">水平:不小于 1 m
垂直:不小于 0.3 m</td><td>器测</td><td>GB/T 21431</td></tr>
<tr><td>引下线与木质构件间距(m)</td><td colspan="2">≥0.1 m</td><td>器测</td><td>DB11/T 741—2021 中 7.2.1.7</td></tr>
<tr><td>雷击计数器</td><td colspan="2">应查看记录雷电流强度及对应的时间信息,并记录安装位置</td><td>目测</td><td>DB11/T 741—2021 中 7.2.2.4</td></tr>
<tr><td>引下线与接闪器过渡阻值(Ω)</td><td colspan="2">≤0.2 Ω</td><td>器测[a]</td><td>GB/T 21431</td></tr>
<tr><td colspan="5">[a]对于较高的文物建筑,可利用梯子、升降机、脚手架等登高类辅助工具协助测量过渡阻值</td></tr>
</table>

6.3 接地装置

接地装置检测内容和要求应符合表 D.3 的规定。

表 D.3 接地装置检测内容和要求

检测内容	要求	检测方式	依据标准
接地装置类型	独立接地/环形接地/共用接地，优先为独立接地	查看隐蔽工程记录	DB11/T 741—2021 中 7.3.1.1
接地装置埋设位置	埋设深度不小于 0.8 m	查看隐蔽工程记录	DB11/T 741—2021 中 7.3.1.1、7.3.1.6
	到文物建筑基础、外墙体或散水外距离不宜小于 1 m		
接地装置的材料、规格尺寸	电镀铜/热镀锌钢/铜包钢/离子接地体/接地模块；规格应符合 DB11/T 741—2021 中表 6 要求	查看隐蔽工程记录	DB11/T 741—2021 中表 6 以及 7.3.2.1
接地装置现状	检查接地装置的填土有无沉降情况	目测	GB/T 21431
	检查有无因挖土方、敷设管线或种植树木而挖断接地装置情况	目测	GB/T 21431
接地装置的外引长度(m)	$\leqslant 2\rho^{1/2}$（ρ 为土壤电阻率）	器测	GB/T 21431
相邻垂直接地体间距离及人工水平接地体间距离(m)	宜为 5 m，受条件限制时可适当减少	查看隐蔽工程记录	DB11/T 741—2021 中 7.3.1.6
接地装置连接方式、工艺与质量	焊接	查看隐蔽工程记录	GB/T 21431、GB 50601
	工艺与质量同引下线项		
接地阻值(Ω)[a,b]	一类防雷文物建筑：不大于 10 Ω 二类防雷文物建筑：不大于 10 Ω 三类防雷文物建筑：不大于 30 Ω	器测[c]	DB11/T 741—2021 中表 7

[a]在土壤电阻率相近情况下，测量单体文物建筑不同独立接地装置的接地阻值平衡度应符合 DB11/T 741—2021 中 7.3.1.7 要求。

[b]当土壤电阻率大于 1000 Ω·m，小于或等于 3000 Ω·m，且环形接地所包围的面积符合 GB 50057 规定时，检测时可不计及接地装置的冲击接地电阻值。

[c]测量接地阻值除了三极法外，当满足钳表法测量条件时（为专设引下线且宜大于 3 根，引下线与接闪器构成环路，接地装置为独立接地体），可按 DL/T 887 给出的钳表法进行测量，具体见附件 A。

6.4 等电位连接

等电位连接检测内容和要求应符合表 D.4 的规定。

表 D.4 等电位连接检测内容和要求

检测内容	要求	检测方式	依据标准
接地方式	独立/共地	目测	GB/T 21431
基准点类型	接地干线/等电位端子板	目测	GB/T 21431
等电位连接带 材料、规格(mm^2)	铜/钢 截面积不小于 50 mm^2	器测	GB/T 21431
连接线材料	铜/铝/钢	目测	DB11/T 741—2021 表 8

续表

检测内容	要求	检测方式	依据标准
连接线截面积(mm^2)	截面积不小于 6 mm^2,应符合 DB11/T 741—2021 表 8	器测	DB11/T 741—2021 表 8
连接线状态	连接处不应松动,不应锈蚀	目测	GB/T 21431
机房网络结构型式	S 型/M 型	目测	GB/T 21431
网格材料规格(mm^2)	铜箔/多股铜芯导体,截面积不小于 25 mm^2	器测	GB/T 21431
以下部位与等电位连接带(或等电位端子板)之间的连接情况: a)配电柜(盘)内部的保护接地排(PE排)及外露金属导体 b)不间断电源(UPS)及电池柜金属外壳 c)电子设备的金属外壳 d)设备机架、金属操作台、金属隔断 e)机房内消防设施、其他配套设施金属外壳 f)线缆的金属屏蔽层 g)光缆屏蔽层、金属防潮层和金属加强筋 h)金属线槽 i)配线架 j)防静电地板支架	M 型等电位连接机房,过渡电阻值不大于 0.02 Ω S 型等电位连接机房,过渡电阻值不大于 0.05 Ω	器测	GB/T 21431,DB11/T 634

6.5　电涌保护器(SPD)

电涌保护器检测内容和要求应符合表 D.5 的规定。

表 D.5　电涌保护器(SPD)检测内容和要求

检测内容		要求	检测方式	依据标准
电源 SPD	SPD 外观	表面应平整、光洁、无划伤、无裂痕、无烧灼痕迹或变形,标识应完整和清晰	目测	GB/T 21431
	SPD 的安装位置、数量、级数、品牌、型号、主要参数	各级 SPD 能量应匹配;SPD 参数符合 GB 50057 要求;抄录的参数包括最大持续运行电压 U_c、标称放电电流 I_n、冲击电流 I_{imp}、最大放电电流 I_{max}、电压保护水平 U_p 等	目测	DB11/T 741—2021 中 8.2.1.4,GB/T 21431
	SPD 的安装工艺	连接线应平直整齐,连接应牢固可靠,连接线色标应正确	目测	DB11/T 741—2021 中 8.2.2.1,GB/T 21431
	SPD 的运行状态	查看状态指示器,运行状态应正常	目测	GB/T 21431
	SPD 的两端连接线长度之和(m)	不宜大于 0.5 m	器测	DB11/T 741—2021 中 8.2.2.1
	SPD 连接线的截面积(mm^2)	应符合 DB11/T 741—2021 中表 9	器测	DB11/T 741—2021 中表 9

续表

检测内容		要求	检测方式	依据标准
电源SPD	多级 SPD 之间配合要求	开关型SPD与限压型SPD之间的线路长度小于10 m时,或者限压型SPD之间的线路长度小于5 m时,在两级SPD之间应有退耦装置。若SPD具有能量自动配合功能,SPD之间的长度不受限制	器测	DB11/T 741—2021中 8.2.2.3
	SPD的压敏电压、泄漏电流、绝缘电阻参数	限压型 SPD 的压敏电压 U_{1mA} 应符合 GB/T 21431 要求	器测	GB/T 21431
		限压型 SPD 的泄漏电流 I_{1e} 不大于 20 μA 或按生产厂家声称		
		SPD的绝缘电阻不小于 50 MΩ		
	SPD接地端子与等电位连接带或接地装置的过渡电阻值(Ω)	≤0.02 Ω	器测	DB11/T 634
	SPD对应的过流保护装置参数	参数应与主线路上熔断器电流值相配合,或根据SPD制造商推荐的过电流保护器最大额定值选择,或应符合设计要求	目测	DB11/T 741—2021 中 8.2.1.3,GB/T 21431
信号SPD	SPD安装位置、数量、级数、品牌、型号、主要参数	参数符合GB 50343要求;抄录的参数包括标称放电电流 I_n、电压保护水平 U_p、最大持续运行电压 U_c、传输速率、插入损耗等	目测	DB11/T 741—2021 中 8.3,GB/T 21431
	SPD连接线的截面积(mm^2)	≥1.5 mm^2	器测	DB11/T 634

6.6 防雷击电磁脉冲屏蔽

防雷击电磁脉冲屏蔽措施检测内容和要求应符合表 D.6 的规定。

表 D.6 防雷击电磁脉冲屏蔽检测内容和要求

检测内容	要求	检测方式	依据标准
低压配电线路	应全线穿金属管埋地或敷设在架空金属线槽内引入	目测	GB/T 21431
电子设备、线缆外加屏蔽层的材质、规格(mm)	宜为钢材或铜材	目测	GB/T 21431
	厚度宜为 0.3～0.5 mm	器测	
线缆外加屏蔽层	应为套金属管埋地或为金属铠装线缆,且屏蔽层两端应可靠接地或等电位连接,过渡阻值不大于 0.2 Ω	目测、器测	DB11/T 741—2021 中 8.1.1.3,GB/T 21431
不同段金属管(线槽)连接处以及线缆穿过不同防雷区界面时屏蔽体	应进行等电位连接,过渡阻值不大于 0.2 Ω	器测	GB/T 21431,DB11/T 634
防静电地板支撑金属网格、大尺寸金属件、屋顶金属龙骨、金属管(线槽)和线缆屏蔽层之间的过渡电阻值	≤0.2 Ω	器测	GB/T 21431

6.7 防接触电压和跨步电压

防接触电压和跨步电压检测内容和要求应符合表 D.7 的规定。

表 D.7 防接触电压和跨步电压检测内容和要求

检测内容	要求	检测方式	依据标准
防接触电压措施	检查接触电压应符合下列规定之一： a)设置有护栏、警告牌 b)人员通过或停留的地面、台明、城台等部位向上 2.7 m 的外露导体设有耐 1.2/50 μs 冲击电压 100 kV 的绝缘层隔离，或采用至少 3 mm 厚的交联聚乙烯层隔离 c)引下线 3 m 范围土壤地表层的电阻率不小于 50 kΩ·m，敷设 50 mm 厚沥青层或 150 mm 厚砾石层	目测、器测	DB11/T 741—2021 中 7.2.1.4
防跨步电压措施	检查防跨步电压应符合下列规定之一： a)设置有护栏、警告牌 b)为网状接地装置 c)引下线 3 m 范围土壤地表层的电阻率不小于 50 kΩ·m，敷设 50 mm 厚沥青层或 150 mm 厚砾石层	目测、器测	DB11/T 741—2021 中 7.3.1.2
引下线与人行道以及人员出入口的边沿距离	≥3 m	器测	GB 50057

7 检测报告

7.1 检测报告格式及内容应符合 QX/T 232 相关要求。

7.2 检测报告应真实、全面、准确，检测机构应对检测数据、结果负责。

7.3 使用的计量单位和符号应符合国家计量标准，其中接闪器高度、引下线间距、SPD 引线长度等大尺寸事物的计量单位为米(m)，保留一位小数；材料的规格、搭接长度和固定支架高度等计量单位为毫米(mm)，数值取整数；电阻值计量单位为欧姆(Ω)，接地电阻值保留一位小数，过渡电阻值保留三位小数。

7.4 检测报告应由检测员和校核员签字后，经授权签字人签发，加盖检测单位检测专用章。

8 档案管理

检测机构应将检测报告连同检测原始记录一并存档，存档应有纸质和电子存档两种形式，存档具体要求应符合 QX/T 319 相关规定。

附件 A　防雷接地电阻测量方法

1　文物建筑三极法测量接地电阻值

1.1　三极法具体技术方法见 GB/T 21431—2015 附录 D。

1.2　环境恶劣位置三极法测量方法

当文物建筑所处位置环境恶劣，如处于山上的文物建筑，周围多碎石、石块，测量其接地电阻值可按以下方法：

a)测量接地极插入不同的深度，选取土壤电阻率相对较小的地方测量；

b)换不同的位置，多测几组取平均值；

c)在测量接地极处加水降低接触电阻；

d)如果周围环境恶劣，接地极难以插进去，可采用斜插的方法，保证接地极与土壤的接触面积；

e)在插入接地极的地方铺设钢板，把接地极放在钢板上可测量，但误差可能较大。

2　文物建筑环路电阻测试仪的接地电阻值测量方法

2.1　环路电阻测试仪测量原理

环路电阻测试仪(即钳形表)的接地电阻值测量方法见图 A.1。

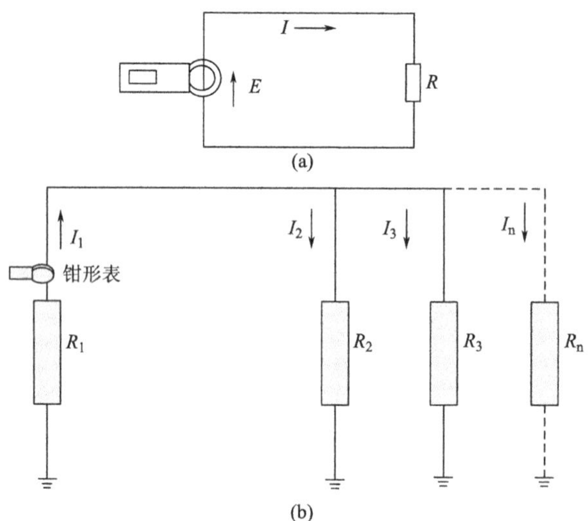

图 A.1　钳形表测试接地电阻原理图

对于 3 条引下线，可得到如下公式的方程组：

$$R_{S1} \approx R_1 + R_2//R_3$$

$$R_{S2} \approx R_2 + R_1//R_3$$

$$R_{S3} \approx R_3 + R_1//R_2$$

求解该方程组，即可得到每一条引下线的接地电阻数值 R_1、R_2、R_3。当引下线根数增多时，依次类推方法进行计算求解。由于 R_1、R_2、R_3 数值接近，分析图及公式，被测支路的电阻值将小于其他若干支路并联后的电阻值，随着引下线根数增多，单次测量显示的数据越接近被测引

下线的接地电阻值。

2.2 接地电阻测量步骤

a)按图A.2程序的要求，检查引下线的设置及数量。

b)将被测引下线置于钳形表钳口内的中央，并保持引下线与钳口垂直。

c)读数稳定后记录数据。

2.3 作业要求及常见问题处理

a)开机前，须扣压钳形表扳机数次，以使钳头开闭良好。

b)开机自校准时，不要打开钳头或使钳口夹有异物。

c)对于引下线数量1条的，不能直接使用“钳形表法”测量。对于2条引下线的情况，可以利用被测对象附近的其他接地装置，用导线将其与被测接地装置可靠连接，人为增加一个回路进行测试。

d)对于引下线数量为3～4条的，应将钳形表仪器示数解析后作为被测对象的接地电阻。

e)对于引下线数量在5条以上的，可直接将仪器示数作为被测对象的接地电阻。

2.4 环路电阻测试仪使用要求

a)首次测量专设引下线、接地线的接地电阻时，不应使用环路电阻测试仪；

b)测量接地电阻时，尽量不接触引下线本体，保证测量值稳定；

c)测量接地电阻时，如有其他信号线或电源线，分离以保证测量值准确；

d)测量接地电阻时，不能在环形接地体建筑物使用。

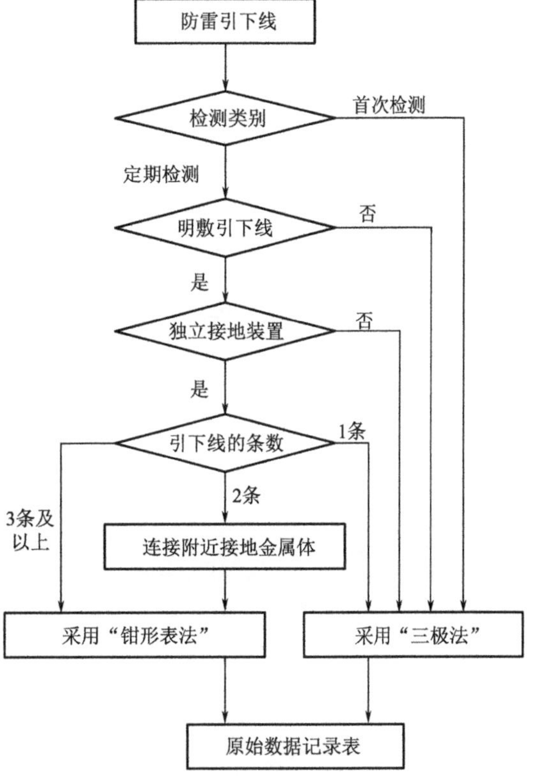

图A.2 接地电阻测试程序图

3 检测范围

检测范围包括：

——文物建筑本体；

——文物建筑的电子信息机房；

——文物建筑的消防控制室；

——文物保护单位内的非文物建筑。

4 相关辅助工具

对于文物建筑不容易到达的坡形屋顶，可以利用以下辅助工具进行检测：

a)利用文物建筑修缮期间的施工脚手架(可检查、测量，但时间有时不匹配)；

b)低矮文物建筑可利用木梯、钢梯(可检查、测量)；

c)利用可伸缩的测量加长杆(可测量，不能检查)；

d)利用可移动升降车(可检查、测量，但检测成本偏高)；

e)无人机(可检查，不能测量，同时报批手续繁杂，有空管要求)；

f)望远镜(可检查，不可测量)。

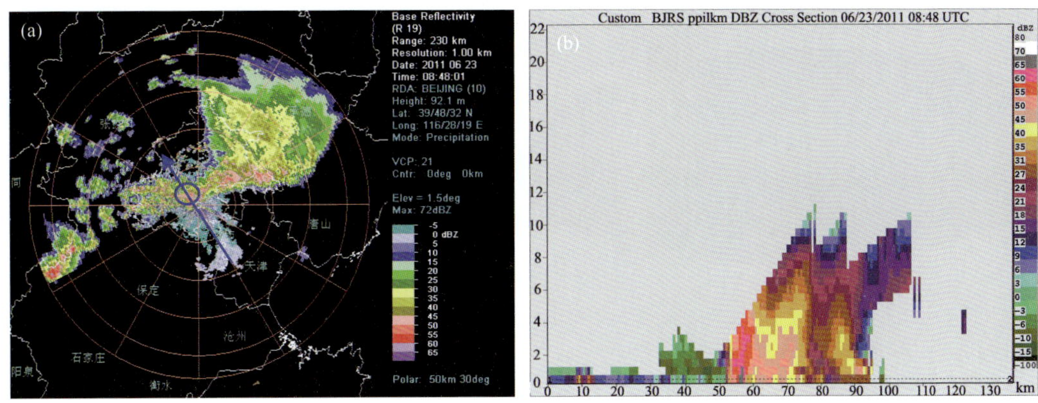

图 2.12 2011 年 6 月 23 日 16:48 时雷达图

(a)雷达回波图，图中椭圆为故宫所在的北京中心城区，(b)图(a)中箭头位置对应的垂直剖面图

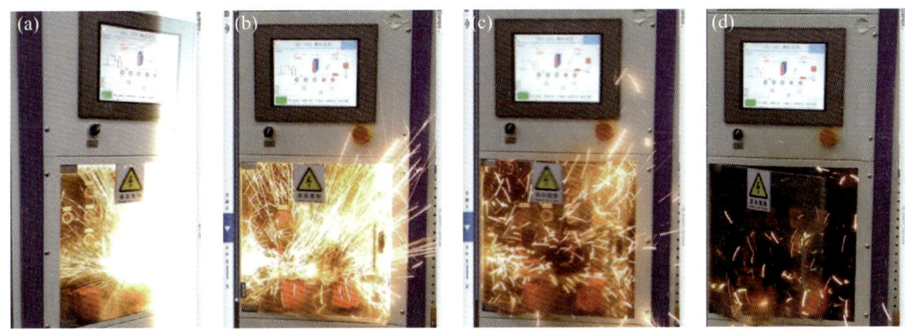

图 3.12 雷击木材过程不同状态(前后间隔几十毫秒)

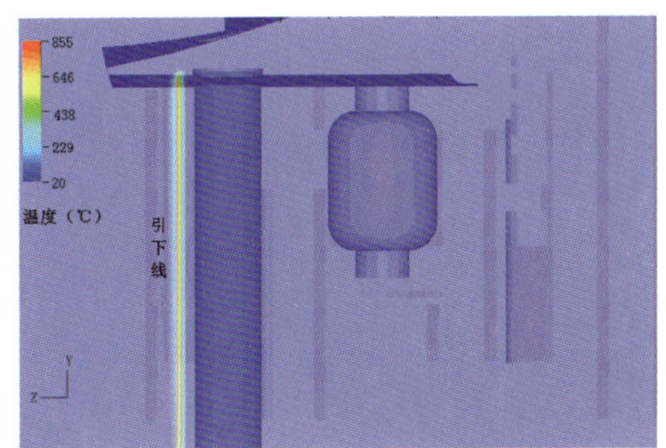

图 3.20 在组合雷击作用(150 kA+2000 A)下直径 5 mm 的钢引下线温度空间分布侧视图

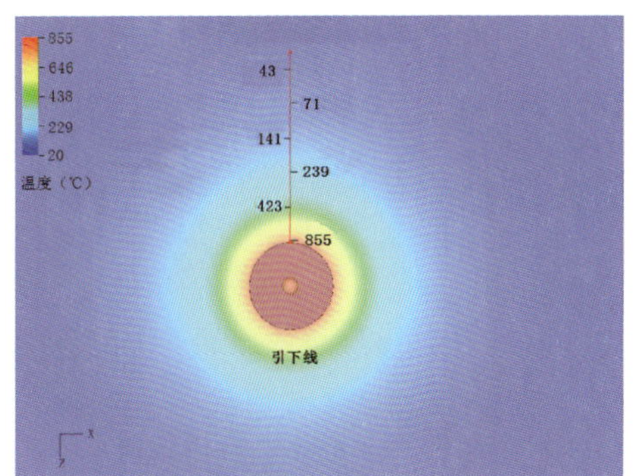

图 3.21 在组合雷击(150 kA+2000 A)作用下直径 5 mm 的钢引下线周围 10 mm 温度空间分布俯视图

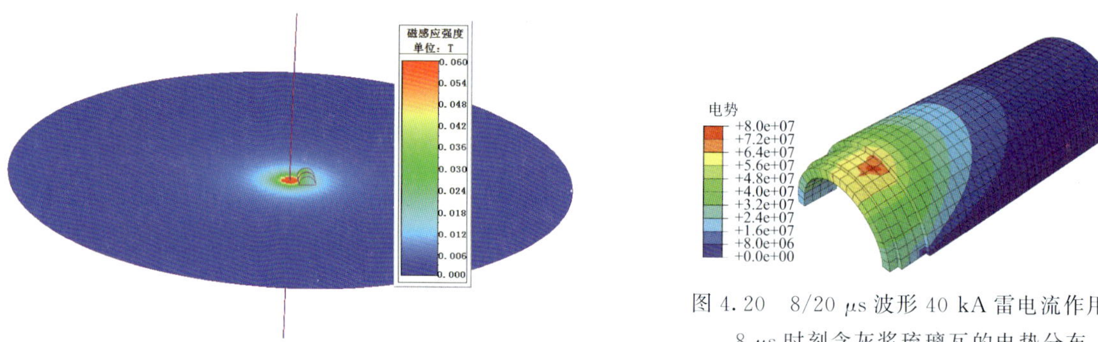

图 3.32　雷电通道周围空间磁感应强度图

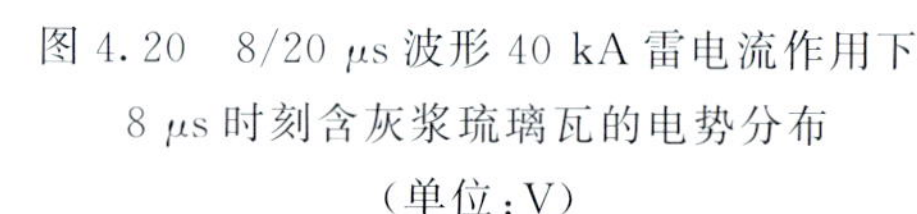

图 4.20　8/20 μs 波形 40 kA 雷电流作用下 8 μs 时刻含灰浆琉璃瓦的电势分布（单位：V）

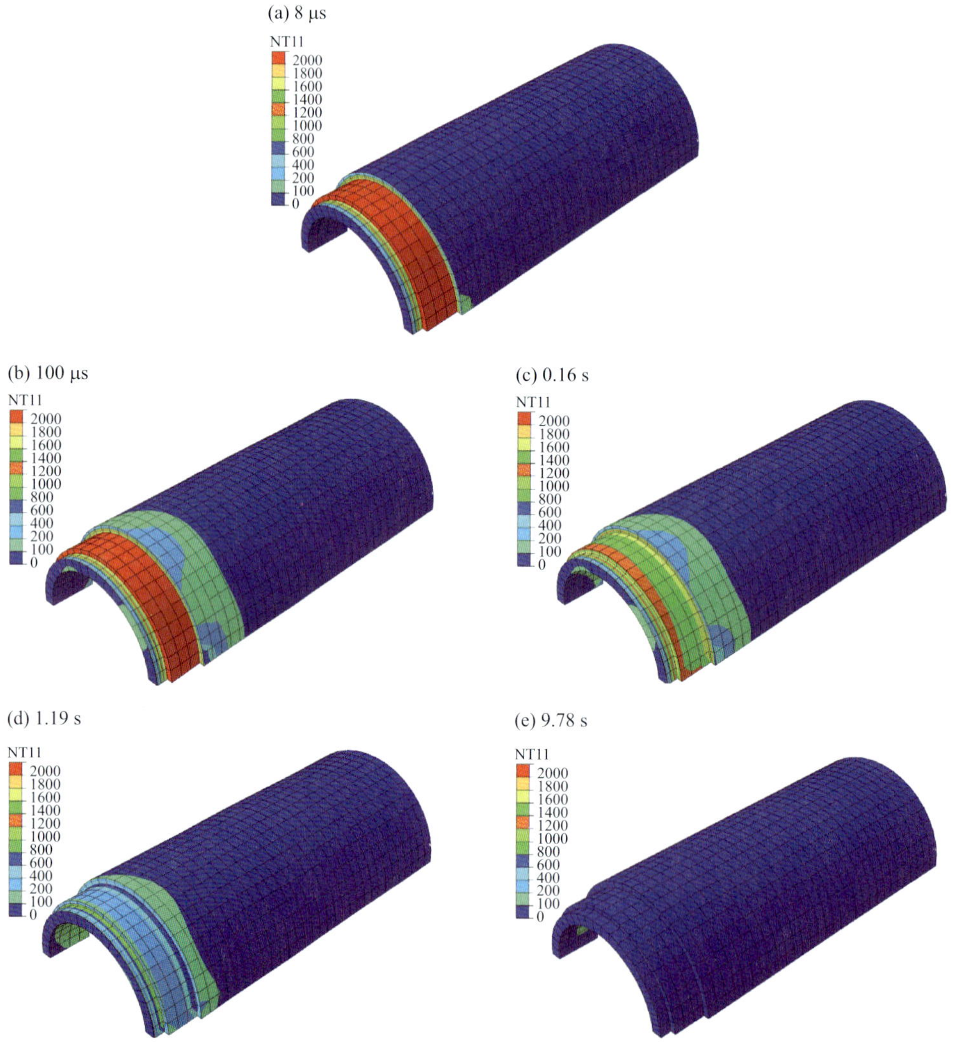

(a) 8 μs

(b) 100 μs

(c) 0.16 s

(d) 1.19 s

(e) 9.78 s

图 4.21　峰值为 40 kA 的 8/20 μs 雷电流作用下含灰浆琉璃瓦不同时刻的温度场分布（单位：℃）（NT11 为节点温度）

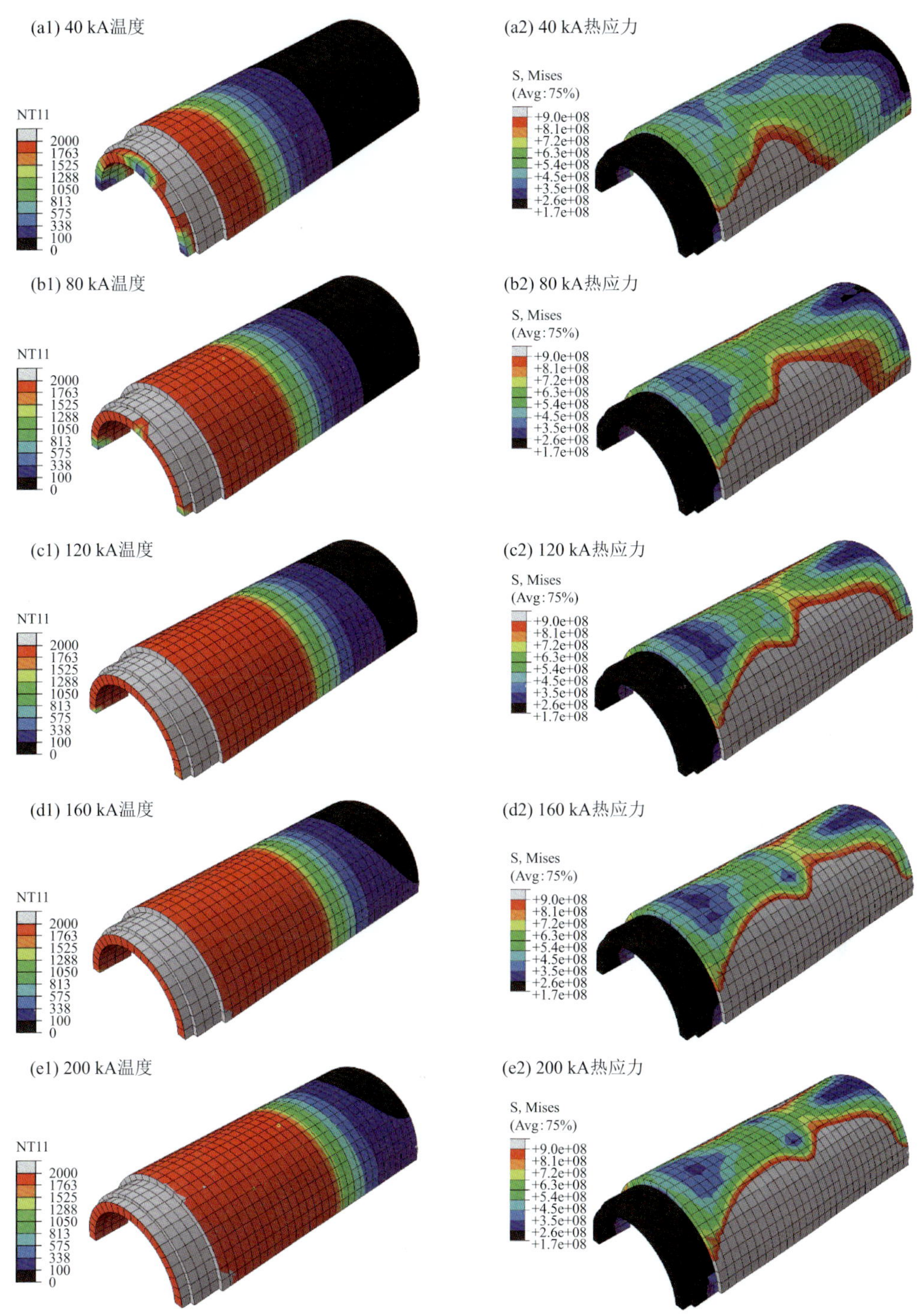

图 4.24　不同峰值 10/350 μs 电流加载结束时刻(2 ms)含灰浆琉璃瓦的温度场(单位:℃)及热应力分布(单位:Pa)

(NT11:节点温度,S:各方向应力,Mises:应力平均值)

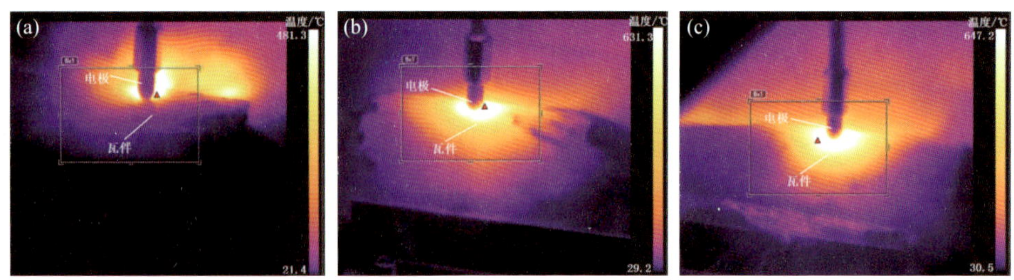

图 4.31　雷击釉质表面不同电流最高温度图
(a)20 kA,(b)40 kA,(c)60 kA

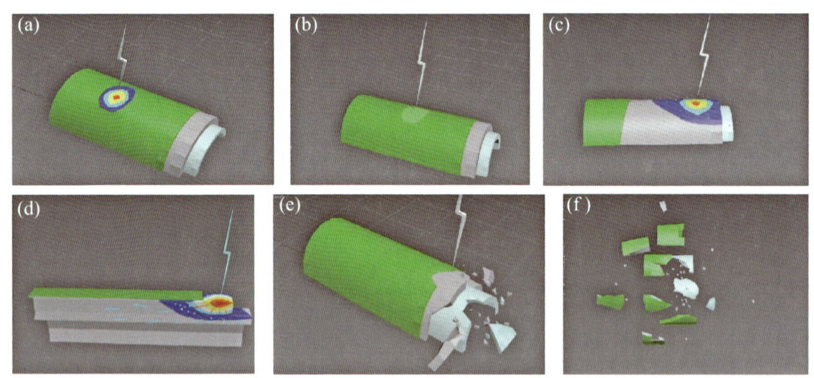

图 4.34　雷击琉璃瓦不同部位破坏模拟图分析
(a)雷击釉质出现褪色,(b)雷击釉质层脱落,(c)雷击胎体粉尘飞溅,(d)雷击灰浆(热应力和内压力,剖面图),(e)小电流雷击灰浆,(f)大电流雷击灰浆

图 5.3　文华殿区避雷装置综合防护范围三维模拟示意图

图 5.20　古建筑引下线周围跨步电压危险程度示意图